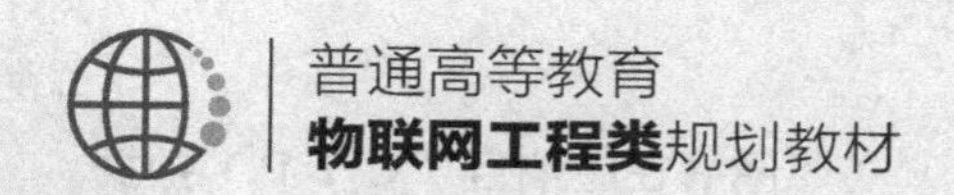

INTERNET OF THINGS, IOT

无线传感器网络概论

马飒飒 张磊 夏明飞 张勇◎编著

人民邮电出版社
北京

图书在版编目（CIP）数据

无线传感器网络概论 / 马飒飒等编著. -- 北京 : 人民邮电出版社, 2015.12（2023.1重印）
普通高等教育物联网工程类规划教材
ISBN 978-7-115-40762-7

Ⅰ. ①无… Ⅱ. ①马… Ⅲ. ①无线电通信－传感器－高等学校－教材 Ⅳ. ①TP212

中国版本图书馆CIP数据核字(2015)第248023号

内容提要

本书结合作者长期以来在无线传感网络领域的研究工作，全面、系统地论述了无线传感器网络的基本理论和最新技术。全书分九章，内容涉及无线传感器网络的结构、特征、关键技术；无线传感器网络物理层、数据链路层、网络层、传输层、传输层的通信标准；无线传感器网络的节点定位技术、时间同步技术以及无线传感器网络的应用实例。

本书既可以作为大学生本科高年级学生和研究生的教学参考书，也可以供相关教学科研和工程技术人员阅读和参考。

◆ 编　　著　马飒飒　张　磊　夏明飞　张　勇
责任编辑　邹文波
责任印制　沈　蓉　彭志环
◆ 人民邮电出版社出版发行　　北京市丰台区成寿寺路 11 号
邮编　100164　　电子邮件　315@ptpress.com.cn
网址　http://www.ptpress.com.cn
北京捷迅佳彩印刷有限公司印刷
◆ 开本：787×1092　1/16
印张：15.5　　2015 年 12 月第 1 版
字数：309 千字　　2023 年 1 月北京第 8 次印刷

定价 39.00 元

读者服务热线：(010)81055256　印装质量热线：(010)81055316
反盗版热线：(010)81055315

前　言

随着人们对信息获取需求的不断增加，由传统传感器网络所获取的简单数据越发不能满足人们对信息获取的全面需求，也随着人们对无线传感器网络研究的不断深入，无线传感器网络得到了很大的发展。随着无线通信、集成电路、传感器以及微机电系统（MEMS）等技术的飞速发展和日益成熟，传感器信息获取技术已经从过去的单一化逐渐向集成化、微型化和网络化的方向发展，无线传感器网络因此孕育而生。

无线传感器网络综合了计算技术、通信技术及传感器技术，其任务是利用传感器节点来监测节点周围的环境，收集相关数据，然后通过无线收发装置采用多跳路由的方式将数据发送给汇聚节点，再通过汇聚节点将数据传送到用户端，从而达到对目标区域的监测。无线传感器网络的应用已经由军事国防领域扩展到环境监测、交通管理、医疗健康、工商服务和反恐抗灾等诸多领域。它是继因特网之后，将对21世纪人类生活方式产生重大影响的IT技术之一。

本书从无线传感器网络绪论、无线传感器网络结构与通信协议、无线传感器网络的支撑技术和无线传感器网络的应用四个方面，对无线传感器网络做了系统的介绍。

本书内容丰富、条理清晰，既注重对基础知识的介绍，又紧密结合领域现状与发展趋势。第1章绪论介绍了无线传感器网络的基本概念、关键技术和应用现状，大部分为基础内容，建议学时数为4～6学时。第2章～第5章详细介绍了无线传感器网络结构与通信协议这一部分，从物理层、数据链路层、网络层和传输层这些方面进行了详细的论述，建议学时为12～14学时。第6章～第8章针对无线传感器网络的几大基本技术进行了详细的论述。在论述基本原理的同时，还将当前比较前沿的各种算法进行了分析和比较，并给出了各种算法的优缺点，建议学时为 18～20 学时。第 9 章为无线传感器网络的应用分析，对当前无线传感器网络的应用场景进行了详细论述，并从军事、工业和其他领域详细阐述了无线传感器的应用实例，建议学时为 4～6 学时。本书在深入介绍无线传感器网络基本原理的同时，给出了许多具有普遍指导意义的应用实例，是一本理论性与实践性结合得比较好的书。

本书第 1、2、9 章由马飒飒编写，第 3、4 章由张勇编写，第 5、6 章由夏明飞编写，第 7、8 章由张磊编写。全书由马飒飒主编并定稿。

编　者

2015 年 9 月

目录

第1章 绪论

从20世纪90年代末期开始，世界各国开始展开对无线传感器网络的研究，由于无线传感器网络具有巨大的应用价值，它已经引起了国内外学术界、工业界和各国军事部门的极大关注。从2000年起，国际上开始出现一些有关传感器网络研究结果的报道，美国国家自然基金委员会于2003年制定了无线传感器网络研究计划，支持相关基础理论的研究。美国国防部和各军事部门设立了一系列的军事传感器网络研究项目，高度重视对无线传感器网络领域的研究工作。日本、德国、英国、意大利等发达国家也对无线传感器网络表现出了极大的兴趣，纷纷在该领域展开了研究工作。美国英特尔公司、微软公司等信息行业巨头也开始了无线传感器网络方面的研究工作。

本章对无线传感器网络进行了基本的介绍，包括无线传感器网络的基本概念、体系结构、主要特征、无线传感器网络领域的关键技术，以及无线传感器网络的发展与应用。

1.1 物联网与无线传感器网络

为加快物联网发展，培育和壮大新一代信息技术产业，国家工业和信息化部制定了《物联网“十二五”发展规划》，进一步确定了物联网技术在新兴科技领域中的重要位置。通过无线传感器网络，物联网实现了对物理世界的感知，获取详细准确的目标信息和环境数据，以实现人、物和网三者之间的通信和信息交互，并在此基础上提供各种应用和服务。而无线传感器网络作为物联网中的重要组成部分，也需要更多的关注与研究，它对促进物联网的发展，加快转变经济发展方式具有重要的推进作用，使得物联网成为新的全球经济增长点。

1.1.1 物联网

物联网是通过射频识别、红外感应器、全球定位系统、激光扫描器等信息传感设备与互联网连接起来，进行信息交换和通信，以实现物品的智能化识别和信息的互联与共享。物联网由感知层、网络层和应用层构成。感知层通过射频识别技术、传感器等信息传感设备进行数据的采集工作；然后通过网络层，将数据及时准确地传递到数据中心；在应用层利用各种先进智能技术对大量的感知数据进行分析和处理，根据用户需要开发各种各样的应用，从而实现对物体的智能控制。

物联网最为明显的特征就是将物与物连接起来，在不需要人员的干预下，就可以自动对信息进行采集与处理，具有较高的效率，降低了由于人为因素造成的不稳定性。因此，物联网在各个行业中的应用潜力非常巨大，应用领域也非常广泛，如智能家居、智能医疗、智能城市、智能环保、智能交通、智能司法等。

1．智能家居

智能家居系统结合了自动化控制系统、计算机网络系统和网络通信技术，将家庭里的各种音频和视频设备、照明系统、窗帘、空调、安防系统、家用电器等设备通过互联网连接在一起，实现对家庭设备的远程操作及自动控制。智能家居不仅具有普通家居的功能，还可以实现更智能的家庭安防系统、全面的信息交互功能，将家居环境由原来的被动的静态结构转变为具有能动智慧的工具，提供一个更舒适、优质的家庭生活空间。

2．智能医疗

智能医疗系统依靠物联网技术，通过简易实用的家庭医疗传感设备实时监测家中病人或老人的生理指标，护理人或有关医疗单位可以通过无线通信技术实时查看患者的生理指标数据，建立医疗信息资源共享平台，实现患者与医务人员、医疗机构、医疗设备之间的信息交互。物联网的快速发展对于提升医院综合管理水平、服务效率和服务质量，实现护理工作无线化具有重要促进作用，将会帮助解决建立现代化数字医疗模式、实现智能医疗及健康管理、建设医院信息系统等问题，降低公众医疗成本，有效推动医疗事业快速发展。

3. 智能城市

智能城市系统是信息技术、网络技术渗透到城市生活各个方面的具体体现，主要包括对城市的数字化管理和对城市安全的统一监控两个方面。城市的数字化管理基于“数字城市”理论，在地理信息系统、全球定位系统、遥感系统等关键技术的基础上，深入开发和应用空间信息资源，建设信息基础设施和信息系统，为城市规划、城市建设和城市管理服务，为政府、企业和公众服务，为人口、资源环境和经济社会服务。城市安全统一监控是在宽带互联网和无线通信的基础上实现对整个城市实时远程监控、传输、存储与管理的业务。通过智能城市系统将这些分散的、独立的图像采集点连接起来构成网络，从而使对城市安全的统一监控、存储和管理成为可能，为城市管理者和建设者提供全新的城市规划、建设和管理的调控手段。

4. 智能环保

智能环保系统借助物联网技术，通过把各类感知设备安装到各种环境监控对象中，建设实时环境参数感知系统，通过云计算、模糊识别等技术，整合现有信息资源，建设具有高速计算能力、海量存储能力和并行处理能力的智能环境信息处理平台，以更加精细化和动态化的方式实现环境管理。例如通过全流程自动监测城市供水水质，实现水质的实时连续监测和远程监控，及时掌握主要水源地排污、水源建设、供水设施改造情况，预警、预报突发性水质风险，解决跨行政区域的水污染事故纠纷，保障城市用水安全，提高供水应急能力。

5. 智能交通

现阶段的城市交通管理基本是自发的，驾驶员根据自己对道路信息的判断选择行车路线，交通信号标志的指导作用是静态的、有限的。这导致城市道路资源的使用不能达到最高的效率，有可能造成不必要的交通拥堵甚至瘫痪。

物联网技术为智能交通的发展提供了更全面的认识，智能交通系统的应用有助于在整个城市交通管理系统上建立一种在大范围内全方面发挥作用的，实时、准确、高效的综合交通运输管理系统。安装在道路基础设施及车辆中的传感器可以实时对交通流量和车辆状态进行监控，通过泛在的移动通信网络将数据传输至管理中心，向用户提供泛在的网络服务。驾驶员能够通过智能交通系统实时了解道路交通状况以及车辆信息，降低交通事故、减少对环境污染，选择最优行车路线，以安全和经济的方式到达目的地。管理人员可以实时分析与处理通过智能交通系统采集上来的车辆、驾驶员和道路信息，实时进行车辆调度、道路监控等，提高管理效率和服务水平。公众在旅途中能够获得实时的道路和周边环境信息，享受高效、安全、便捷、舒适的出行服务。

6. 智能司法

智能司法系统是一个集监控、定位、管理、考核、矫正于一体的综合管理系统。借助物联网技术，可以实现对社区矫正人员精确定位、动态监控、位置监管，同时可以为每一位社区矫正人员建立电子档案，实现对矫正人员的全面管理与考核，为矫正工作人员的日常行为监控与预警提供信息化、智能化的高效管理平台。智能司法系统还可以帮助司法部门建立一套规范化、系统化的社区矫正管理综合解决方案，为社区矫正工作提供数据支撑，使社区矫正管理流程规范化，提升管理效率，降低刑罚成本，使社区矫正工作更加人性化、智能化、效率化。

1.1.2 无线传感器网络

随着人们对信息获取需求的不断增加，由传统传感器网络所获取的简单数据越发不能满足人们对信息获取的全面需求，人们对无线传感器网络的研究不断深入，已经使得无线传感器网络得到了很大的发展。无线传感器网络作为物联网底层网络的重要技术形式，它将大量传感器节点部署在监测区域内，这些传感器节点相互通信，形成一个多跳自组织网络系统。无线传感器网络的传感器节点有很多类型，可以用来探测包括地震、电磁、温度、湿度、噪声、光强度、压力、土壤成分等多种多样的现象。无线传感器网络综合了计算机技术、通信技术及传感器技术，其任务是利用传感器节点来监测节点周围的环境，收集相关数据，然后通过无线收发装置采用多跳路由的方式将数据发送给汇聚节点，再通过汇聚节点将数据传送到用户端，从而达到对目标区域的监测。无线传感器网络可以帮助人们在任何时间、任何地点、任何环境条件下获取所需要的信息，无论是在理论上还是在实际应用中对无线传感器网络的研究都具有非常重要的意义。

无线传感器网络是一种全新的信息获取平台，能够实时监测和采集网络分布区域内的各种检测对象的信息，并将这些信息发送到网关节点，以实现复杂的指定范围内目标检测与跟踪，具有快速展开、抗毁性强等特点，有着广阔的应用前景。在物联网中，物品能够彼此进行“交流”，物联网利用射频识别技术，通过计算机互联网实现物品的自动识别和信息的互联与共享，而无需人的干预。

无线传感器网络与物联网最根本的区别在于无线传感器网络是基于传感器节点构成的网络，传感器节点通过无线通信协议进行相互通信，目的是解决如何感知和获取物理世界信息的问题；而物联网需要通过无线传感器网络以及射频识别技术实现感知数据的采集，另外还要把采集上来的大量感知数据完成传输、存储、提取、分析、处理以及相应的管理和控制等。在物联网中，从多个无线传感器网络获取的大量数据在传输过程中可能需要跨越多个异构通信网络才能到达管理中心，因此无线传感器网络只是物联网的一个重要组成部分，而不是物联网的全部。

1.2 无线传感器网络的结构与特征

无线传感器网络是一种大规模的分布式网络，通常部署在无人值守、环境恶劣的区域内，而且在大多数情况下传感器节点的使用都是一次性的，不会回收，从而决定了传感器节点是廉价的无线通信设备，且其资源是极度受限的。

1.2.1 无线传感器网络的结构

在无线传感器网络的监测区域内，部署了大量的廉价微型的静止或移动的传感器。这些传感器以自组织和多跳的方式构成无线网络，相互通信及合作，以完成在网络覆盖地理区域内感知、采集、处理和传输被感知对象信息的任务，然后将这些信息发送给观察者。传感器、感知对象和观察者构成了无线传感器网络的三个要素。

1. 无线传感器网络体系结构

无线传感器网络通常包括传感器节点、汇聚节点和任务管理节点。在监测区域内部或附近随机部署大量的传感器节点，这些传感器节点能够通过自组织及多跳的方式构成网络。传感器节点监测到的数据经本地简单处理后沿着临近的传感器节点多跳地进行传输并路由到汇聚节点，在传输过程中每个传感器节点都有可能对监测数据进行处理，这些监测数据在汇聚节点进行聚集后再通过互联网或卫星通信网络到达管理节点。用户通过管理节点可以配置和管理无线传感器网络，向网络发布查询请求和控制命令以及接收传感器节点返回的监测数据。无线传感器网络结构如图 1.1 所示。

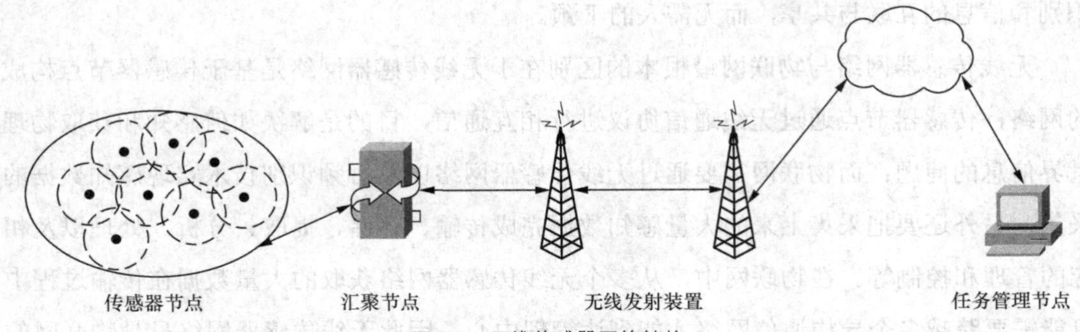

图 1.1　无线传感器网络结构

（1）传感器节点

数据转发使用的是自组织网络和无线通信技术，每个传感器节点都可以在采集数据的同时，进行数据融合转发。节点当前处理的数据包括节点本身采集到的数据和其他节点转发给它的数据，节点对这些数据进行初步的数据处理和数据融合之后以相邻节点中继的方式向基站传输信息，然后通过互联网、卫星通信等方式用户从基站获取有效信息。

（2）汇聚节点。

汇聚节点主要负责连接无线传感器网络与互联网等外部网络，负责实现协议栈之间两种通信协议间的转换，同时向传感器网络发布来自用户在管理节点设置的监测任务，并向外部网络转发传感器节点监测到的数据。汇聚节点是一个具有增强功能的传感器节点，具有较强的数据处理能力、足够的能量供给和更多的存储空间，可以对传感器节点传送来的大量数据进行处理、融合、打包，并能够稳定地与外部网络进行通信，管理和监控整个无线传感器网络的运行。

（3）任务管理节点。

用户通过任务管理节点对无线传感器网络进行高效配置、管理和实时发布监测任务，采集监测数据。

一般情况下，无线传感器网络的工作流程大致可以分为以下 5 个步骤。

步骤一：用户在监控区域内通过使用飞机播撒、炮弹发射或者其他人工方式随机部署大量廉价的微型的传感器节点。

步骤二：用户通过任务管理节点对部署的无线传感器网络进行正确的配置。

步骤三：用户通过任务管理节点发布网络监测任务。

步骤四：无线传感器网络实时采集监测区域内的数据并进行数据处理，一旦监测到与监测任务相一致的事件或信息，就立即通过多跳路由的方式发送到汇聚节点。

步骤五：任务管理节点借助外部网络接收需要的数据信息。

2. 无线传感器网络节点结构

无线传感器网络是与应用相关的网络，不同的应用背景对无线传感器网络的要求是不同的，无线传感器网络在监测区域内部署了大量具有传感、数据处理、通信功能的传感器节点，这些传感器节点的结构也是不同的，一般情况下由以下 4 个基本单元组成：数据采集单元、控制单元、无线通信单元以及能量供应单元，如图 1.2 所示。

（1）数据采集单元。

数据采集单元主要由传感器和模数转换这两个子模块构成，其中传感器子模块通常负责采集数据，而模数转换子模块主要负责将采集到的模拟信号转换成数字信号。由于节点采集到的信号通常是模拟的，而处理器仅用于对数字信号进行处理，因此需要先将采集的模拟信号转换为数字信号，然后才能作为控制单元的输入。

（2）控制单元。

控制单元对整个传感器节点的运行负责，一般由微处理器和存储器两个子单元构成。微处理器单元的主要作用是对节点自身采集到的数据以及其他传感器节点转发而来的数据进行实时的处理，而存储器单元的主要作用是对节点自身采集到的数据、其他传感器节点转发而来的数据和数据处理过程中的临时数据等进行存储。

（3）无线通信单元。

无线通信单元的主要作用是负责实现与其他传感器节点之间的通信，与其他传感器节点交互控制信息和收发数据。

（4）能量供应单元。

能量供应单元的主要作用是负责给传感器节点提供持续的能量，保证传感器节点的正常运行，它对整个系统能否安全可靠工作具有至关重要性。无线传感器网络大部分采用电池对传感器节点进行供电，由于传感器节点工作环境通常比较恶劣，而且数量非常大，更换电池十分困难，所以在传感器节点进行设计时要把低功耗作为最重要的设计准则之一。

传感器节点结构如图 1.2 所示，除了以上 4 个单元外，传感器节点还包括其他辅助单元，如移动系统、定位系统和自供电系统等。

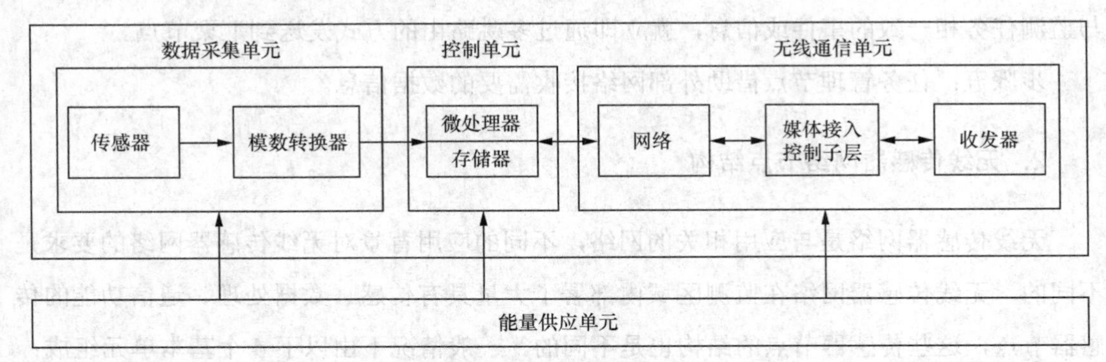

图 1.2　传感器节点结构

3．无线传感器网络节点拓扑结构

无线传感器网络主要特点之一就是不需要底层的基础设施。当在监测区域内部署传感器节点后，传感器节点将自行组织并构成网络。其基本节点拓扑结构可分为基于簇的拓扑结构和基于平面的拓扑结构两种。

（1）基于簇的拓扑结构。

具有某种关联的网络节点集合被称为簇。每个簇由一个簇头和多个簇成员组成。基于簇的拓扑结构具有天然的分布式处理能力。每个簇成员都把数据传给簇头，簇头完成对数据的分布式处理和融合，然后经过其他簇头多跳转发或直接传送给用户节点。簇头负责大量的通信和计算任务，能量消耗也更快，但是其结构与普通的传感器节点并无区别，为避免这种情况发生，簇中的成员按顺序或者每次选择剩余能量最多的成员作为簇头。图 1.3 显示了传感器节点基于簇的拓扑结构。

（2）基于平面的拓扑结构。

基于平面的拓扑结构可分为两种：基于网的平面结构和基于链的线结构。基于网的平面结构中，传感器网络节点组织成一张网，每个传感器节点结构相同，功能特性完全一致，且只允许与其距离最近的节点通信。这种结构下，在个别链路和传感器节点发生故障时不会引起网络瘫痪，网络的容错能力和鲁棒性很好。从图 1.4 中可以看出，基于网的平面结构下，信源可以通过多跳传输通道到达信宿。当个别传输链路发生问题后，不会造成数据传输中断，节点可以自适应改变传输通道，传输可靠性很高。基于链的线结构中，多跳链路可以经过同一个传感器节点，用户节点与链尾相连。在无线传感器网络初始化时，基于链的线机构更易于实现，因此一般采用该种网络拓扑。图 1.4 显示了传感器节点基于平面的拓扑结构。

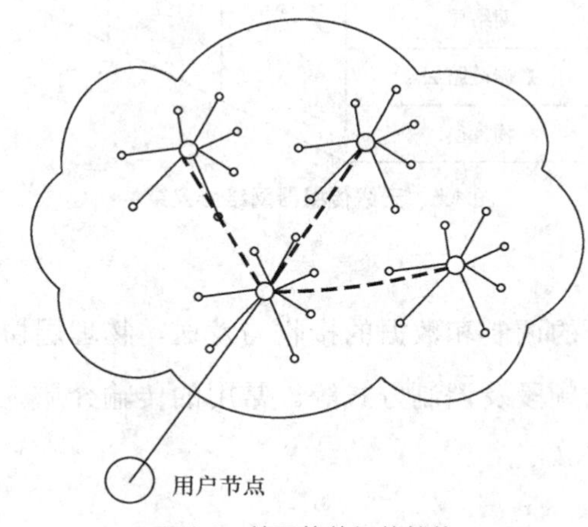

图 1.3 基于簇的拓扑结构

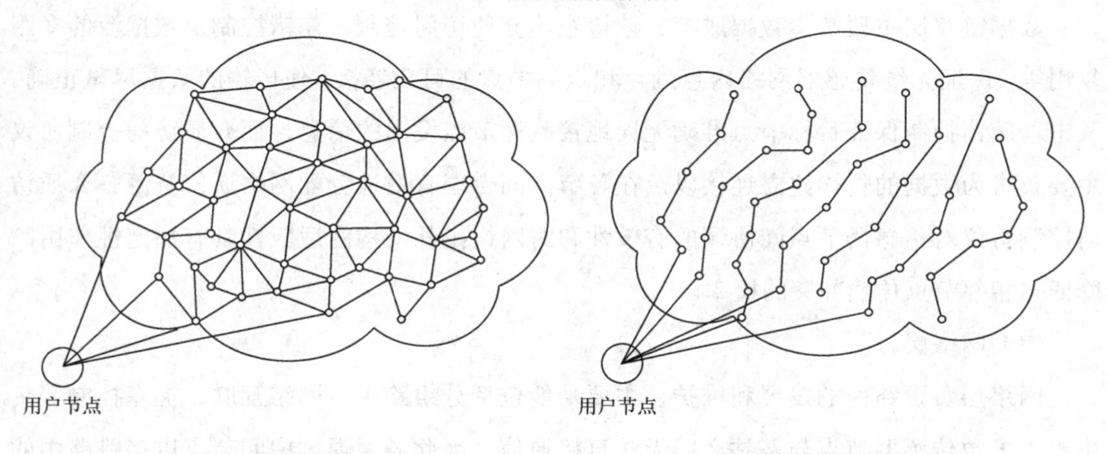

图 1.4 节点的平面拓扑结构

4. 无线传感器网络协议栈

由于无线传感器网络节点资源有限，为了使节点能够高效地进行协同工作、拓扑管理和任务调度，在基于物理层、数据链路层、网络层、传输层及应用层的协议栈中融入了能量管理平台、移动管理平台和任务管理平台，如图 1.5 所示。

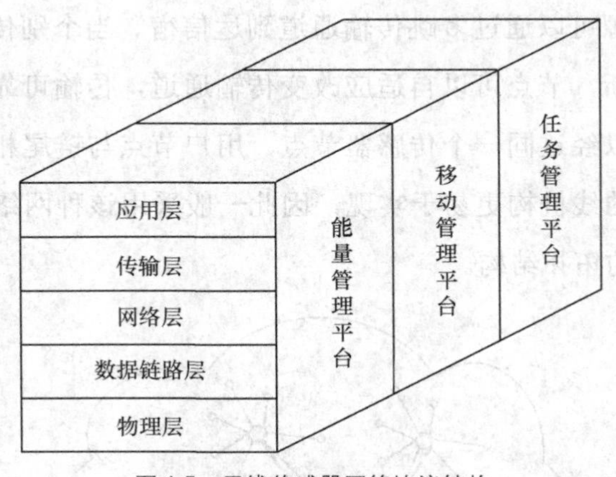

图 1.5　无线传感器网络协议结构

（1）物理层。

物理层主要负责信号的调制和数据的接收与发送，物理层协议涉及无线传感器网络采用的传输介质、选择的频段及调制方式等。常用的传输介质主要有无线电、红外线和光波等。

（2）数据链路层。

数据链路层主要负责数据成帧、帧检查、介质访问控制、差错控制及数据流的多路复用等，保证无线传感器网络内点到点和点到多点的可靠连接，使传输的数据尽量正确。其中，差错控制保证目标节点准确无误地接收源节点发出的信息，而介质访问控制协议主要负责为数据的传输建立连接以及在各节点间合理有效地分配网络通信资源。介质访问控制协议对传感器节点间协调的有效性和对网络拓扑结构的适应性具有决定性作用，降低与相邻节点传输冲突的概率。

（3）网络层。

网络层负责路由的发现和维护，主要功能包括分组路由、网络互联、拥塞控制等。由于大多数传感器节点与基站之间无法直接通信，因此需要通过中间节点以多跳路由的方式将数据传至汇聚节点，在无线传感器网络传感器节点和汇聚节点之间需要特殊的路由协议，建立它们之间的传输路径，保证数据的可靠传输。

（4）传输层。

传输层的主要功能是负责数据流的传输控制，也就是传感器网络内部和外部网络之间的数据格式的转换，在网络层的基础上向应用层提供可靠的、高质量的数据传输服务。无线传感器网络监测的数据在汇聚节点融合，经由互联网、卫星通信网络及移动通信网络等与外部网络连接，将传感器网络内部以数据为基础的寻址变换为外部以 IP 地址为基础的寻址，保证用户享受高质量的服务。

（5）应用层。

根据应用的具体要求不同，不同的应用程序可以添加到应用层中，来构成应用层的软件系统。应用层为不同的应用提供一个相对统一的高层接口。应用层的主要任务是获取数据并进行初步处理，包括一系列基于监测任务的应用软件。其与具体的应用场合和环境密切相关，因此必须针对应用的需求进行设计，根据感知任务的类别设计不同类型的应用软件。

（6）能量管理平台。

能量管理平台负责管理传感器节点如何合理、有效地使用自己的能量，以便节点能够高效地利用能量，这直接关系到整个网络的生存周期。例如，一个节点接收到其邻近节点发送过来的消息之后，为避免接收重复的数据，它会关闭接收通道。同样，当节点的能量太低时，它会发送一个广播消息给周围节点，表示自己已经没有多余的能量来参与数据的转发，保留剩余能量以用于感知数据及自身消息发送。

（7）移动管理平台。

在无线传感器网络的某些应用中，传感器节点可以自由移动，移动管理平台负责对节点的移动进行记录，维护各个传感器节点到汇聚节点的路由。此外，节点还可跟踪其邻居节点，以平衡能源消耗和任务。为了支持移动性，必须在物理层进行测量，在媒体接入控制层进行切换控制操作，在网络层对路由进行调整和维护，而更上层提供数据缓存和拥塞解决方案等。

（8）任务管理平台。

任务管理平台用于在特定区域内平衡、规划及调度传感器感知任务，因为在监测区域内并不需要所有节点同时参与到监测活动中。任务管理平台根据任务量的大小以及各节点能量的多少对各个节点的任务量进行协调与分配，剩余能量较高的节点需要承担更多的感知任务。

这些管理平台用于监控无线传感器网络中能量的使用、节点的移动和多任务的管理与分配，提高传感器节点协同工作效率。在这些管理平台的帮助下，传感器节点可以在相对较低的能耗下合作完成某些监测任务，可以通过移动的节点来传输数据，可以实现节点之间的资源共享。

1.2.2 无线传感器网络的特征

无线传感器网络可实现数据的采集量化，处理融合和传输应用。它是信息技术的一个新领域，它除了具有无线自组织网络的移动性、电源能力局限性等共同特征以外，还具有很多其他鲜明的特点。

1. 规模大

为了获取准确的信息及提高网络的可靠性与稳定性，传感器节点通常被部署在很大的监测区域范围内，如在森林中采用无线传感器网络进行环境监测及防火时，需要部署成千上万甚至更多的传感器节点。另外，也有可能在较小的监测区域内密集部署大量的传感器节点从而实现对目标的可靠识别与跟踪。

无线传感器网络系统采用分布式处理技术对采集到的大量数据进行处理，能够使监测的精确度提高，对单个传感器节点的精度要求降低。无线传感器网络通过大规模地部署传感器节点，具有较高的节点冗余，网络链路冗余以及采集的数据冗余，使得系统容错能力提高，减少盲区。

2. 自组织性

无线传感器网络中所有的传感器节点是对等的，不需要预先指定控制中心，管理和组网都非常简单灵活。每个节点都具有路由功能，可以通过自我协调、自动布置而形成网络，不需要其他辅助设施和人工干预。在无线传感器网络应用中，传感器节点的布置不依赖固定的基础设施，可以将其随意布置在监测区域内。而且不能预先对传感器节点的位置进行精确设定，也不确定节点之间的相互邻居关系，如在广阔的原始森林中通过飞机播撒大量的传感器节点，或者将传感器节点随意部署在人类不能到达的危险区域内。另外，无线传感器网络在运行过程中，由于传感器节点能量耗尽或受周围环境影响进入失效状态而必须退出网络，或者为了提高监测精度，在运行着的网络中重新加入更多的传感器节点，网络的拓扑结构因此而动态地变化。由于网络没有控制中心，传感器网络的自组织性使网络能够适应拓扑结构的动态变化，网络不会由于有传感器节点加入或者退出而不能正常运行。

3. 动态性

在无线传感器网络使用过程中，网络的拓扑结构可能会动态地变化。比如说部分传感器节点由于能量耗尽或环境因素造成故障或失效而退出网络；为了提高监测精度以及弥补失效节点，需要随时在无线传感器网络中补充新的节点；有些节点可能处于关闭状态，没有参与网络通信，但是需要根据监测任务随时唤醒，重新加入到网络中来；环境条件的变化也会对无线通信链路带宽造成影响。这样在传感器网络中的节点个数就动态地增加或减少，同时传感器节点处于不断变化的环境中，它的状态也会相应地发生变化，无法提前准确预测网络的变化。

4. 可靠性

无线传感器网络特别适合应用于恶劣的环境或人类不能到达的区域，一般情况下节点都是暴露在露天环境中，遭受风吹日晒、雨雪腐蚀，甚至遭到人为或动物的破坏，工作环境极其恶劣。而且传感器节点往往在指定区域内通过飞机播撒随机部署在监测区域内。这些都要求传感器节点非常坚固，不易损坏，能够适应各种恶劣的环境。

由于监测区域环境条件恶劣以及网络中传感器节点的数量往往非常巨大，维护整个网络的运行十分困难甚至不可能将每个传感器节点都照顾到。无线传感器网络的通信保密性和安全性同样重要，要防止网络运行过程中监测数据被盗取和获取伪造的监测信息现象的发生。因此，在设计无线传感器网络的软硬件时，必须将系统的鲁棒性和容错性纳入考虑范围之内。

5. 以数据为中心

传感器网络是任务型的网络，脱离传感器网络谈论传感器节点没有任何意义。无线传感器网络中采用编号对传感器节点进行标识，但是否需要对节点编号取决于网络通信协议的设计。无线传感器网络系统中的传感器节点往往是通过随机播撒的方式部署在监测区域内，传感器节点的位置与节点编号不是对应的。用户使用无线传感器网络执行查询任务时，是将要执行的查询事件本身发布给整个网络，而不是需要知道节点的编号。网络在获得指定事件的信息后汇报给用户。无线传感器网络以数据本身作为查询条件，因此被称作是以数据为中心的网络。例如，在应用于目标跟踪的无线传感器网络中，用户只关心目标出现的位置和时间，并不关心哪个节点监测到目标。事实上，在目标移动的过程中，目标的位置信息必然是由多个传感器节点提供的。

1.3 无线传感器网络关键技术分析

无线传感器网络的出现，产生了许多新型应用。而为了支撑各种各样的应用，需要范围广且复杂的实现技术。无线传感器网络方向具有大量的应用及相应支撑技术。这些技术是支撑传感器网络完成任务的关键，这些技术的解决是保障网络用户功能正常运行的前提与保证。

1.3.1 基础服务

无线传感器网络作为当今信息领域新的研究热点，有许多亟待解决的关键技术问题。在基础服务领域包括传感器节点管理、数据存储与访问、数据融合技术、时间同步技术、定位技术等。

1. 传感器节点管理

传感器节点的管理已经成为现阶段无线传感器网络研究的核心内容之一，而节点管理的重心则是在保证无线传感器网络应用需求的前提下实现节点能量利用率最大化。目前针对无线传感器网络节点的管理机制主要包括两个方面：节点的休眠/唤醒机制和节点的功率管理机制。

由于无线传感器网络中节点往往密集分布在监测区域内，相邻传感器节点采集的感知数据存在高度相关性，有较大的冗余性，而且在数据传输的过程中数据冲突的可能性也会加大。传感器节点的休眠/唤醒机制就是为了解决这一问题的。在同一监测区域内传感器节点数量越多，各个传感器节点会对信道产生的竞争越激烈，从而很可能会产生数据包冲突。所以对传感器节点进行有效调度，使各个传感器节点间相互交替工作，能够有效节省节点有限的能量，延长网络的生命周期。

节点的功率管理机制是通过降低节点无线通信发射功率来实现整个无线传感器网络的能量消耗的减少。在无线传感器网络中，传感器节点采用多跳的通信方式实现相互间的数据传输，且通常情况下，节点的通信半径比节点确定邻居节点的探测半径要大。通过降低节点的发射功率及短距离多跳来完成传感器节点间的通信，可以有效地提高网络的空间复用率及网络吞吐量。不过如果传感器节点的发射功率过低，可能会造成节点与网络断开的现象。所以，对传感器节点进行功率控制时，尽量降低节点的发射功率的同时，必须确保网络中节点的双向连通性，以实现对传感器节点的动态管理。

2. 数据存储与访问

无线传感器网络是把数据作为中心的网络，它由分布在监测区域内的传感器节点组成，目的是实现对物理世界环境信息的感知、监测以及采集。虽然其应用场所和硬件部署不同，但如何有效地存储各个传感器节点实时所感知的数据，以及如何使访问历史数据变得高效、可靠和实时才是用户关心的方面。因此，数据存储与访问策略及其相关技术是无线传感器网络领域目前研究的热点。

无线传感器网络中的数据存储与访问技术主要研究在网络中存储传感器节点产生的感知数据，包括如何将数据存储在网络中适当的位置以及查询请求如何路由到无线传感器网络上所需要数据的存储位置。这实际上是一个信息中介的过程，信息中介指的是无线传感器网络中的传感器节点把采集到的感知数据按照一定的存储策略存储在网络上某个特定的位置，而其他传感器节点或者基站根据数据访问请求按照相应的访问策略路由到相关数据的存储位置，然后将满足数据访问请求的结果反馈给用户。

3. 数据融合技术

以数据为中心的无线传感器网络要求数据在从源节点经过多个中间结点转发到汇聚节点的过程中，中间节点要根据数据的内容通过一定的算法对来自临近多个传感器节点的数据及自身数据进行融合操作，去除其中的冗余信息，只保留有意义的数据结果并传输给汇聚节点。通过数据融合技术将冗余的、无效的和可信度较差的数据删除，提高数据的准确性，减少无线传感器网络中数据量及通信量的传输需求，减少数据冲突，降低网络拥塞，从而有效地降低能量消耗，延长网络的寿命。

数据融合技术在节省能量、提高信息准确度的同时，是以网络延迟和降低系统鲁棒性为代价的。在数据传送过程中，传感器节点需要寻找易于进行数据融合操作的路由，并且为了信息的完整性需要等待其他数据，这都可能造成网络平均延迟的增加。另外，无线传感器网络由于工作环境的特殊性及组网的方式，节点失效率及数据丢失率更高。

采用数据融合技术虽然可以降低数据的冗余性，但是相对于传统网络而言，在数据丢失率相同的情况下有可能丢失更多有效的信息。

4. 时间同步技术

时间同步技术是无线传感器网络中的一项重要技术，也是其他协议可靠运行的保证。由于无线传感器网络对于时钟的准确度和精确性要求较高，再加上能量的制约，传统网络中时间同步算法已经无法满足无线传感器网络性能的要求。

由于传感器节点的物理位置是分散的，不同的节点都有自己的本地时钟，网络无法为所有的传感器节点提供统一的全局时钟。由于不同节点本地时钟的晶振频率存在偏差、运行环境不同，因此即使在某一时刻所有的传感器节点达到同步，随着运行时间的增加，这些传感器节点本地时钟之间也会慢慢产生差异。时间同步就是通过对传感器节点本地时钟采取某些操作，为分布式系统提供一个统一的时间标度。

5. 定位技术

无线传感器网络在信息获取和处理技术方面的突破，使其在目标跟踪、入侵监测及一些定位相关领域的应用前景广阔。然而无论是在军事侦察或地理环境监测，还是交通路况监测或医疗卫生中对病人的跟踪等应用场合，很多获取的监测信息需要与位置信息相对应，因此，获取传感器节点的位置信息是无线传感器网络领域大多数应用的基础。

节点定位是指确定每个传感器节点在无线传感器网络中的相对位置或绝对地理坐标。通过确定每个传感器节点的位置，无线传感器网络可以智能地选择一些特定的节点来完成任务，这种工作模式可以大大降低整个系统的能量消耗，提高系统的生命周期。在无线传感器网络领域，目前普遍使用的定位方法是为每个节点装载全球卫星定位系统（GPS）。但是，由于体积、功耗、成本和 GPS 对部署环境有一定要求等因素，导致方案的可实施性较差。因此，一般情况下少量的传感器节点采用 GPS 进行定位或将部分节点预先部署在特定位置，大部分的待定位传感器节点通过与已知位置的参考节点进行通信及几何测量方法来获取节点的位置信息。

此外，无线传感器网络的节点定位还涉及很多方面的内容，包括定位精度、网络规模、锚节点密度、网络的容错性和鲁棒性以及功率功耗等。可以说节点定位技术很大程度上决定了无线传感器网络的应用前景。因此，节点定位问题的研究不仅是必要的，而且具有非常重要的现实意义。

1.3.2 网络与通信

无线通信网络的功能与性能是决定无线传感器网络应用成败的关键因素，因此它作为无线传感器网络应用研究的核心任务之一受到更多的重视与关注，它主要包括网络协议、网络拓扑技术、网络安全三个方面。

1. 网络协议

由于传感器节点的计算能力、存储能力、通信资源以及能量都是有限的，每个传感器节点只能获取网络的一部分拓扑信息，因此运行在传感器节点上的网络协议不能过于复杂。同时，不断变化的网络拓扑结构及网络资源对网络协议提出了更高的要求。无线传感器网络协议的任务是使各个独立的传感器结点相互连接并通信，形成一个多跳的网络，保证数据在网络上的正确传输。目前针对无线传感器网络协议的研究主要集中在网络层协议和数据链路层协议上。网络层的路由协议主要是确定传感器节点监测到的感知数据在网络上的传输路径，使它们能够快速、高效、准确地到达用户；数据链路层的媒体接入控制层用来构建底层的基础结构，控制传感器节点的通信过程和工作模式。

在无线传感器网络中，网络层的路由协议关心的是整个无线传感器网络的能量消耗是否均衡，而不只是单个节点消耗的能量。同时，由于无线传感器网络是以数据为中心的，不需要对每个传感器节点进行全网统一编址，传输数据时，传输路径的选择可以不根据节点的地址，而是根据感兴趣的数据建立数据源到汇聚节点之间的转发路径，而不需要知道是由哪个传感器节点采集的数据。

2. 网络拓扑技术

网络拓扑结构对于任何一个通信网络而言都是十分重要的。良好的网络拓扑结构一方面有益于网络的健壮性，另一方面可以使网络协议的工作效率提高，有利于节约传感器节点的能量，使数据传输更加可靠，给数据融合、时间同步和节点定位技术等奠定基础。现阶段的无线传感器网络的拓扑控制主要分为两大类：节点功率控制和层次型拓扑结构控制。

节点功率控制的主要思想是通过调节传感器节点的发射功率，在满足网络连通性的前提下，使传感器节点发送数据时的发射功率尽可能低，从而使节点消耗的能量较少。层次型拓扑结构控制的主要思想是将网络中的所有传感器节点进行分簇，选择一部分节点作为簇头节点，由簇头结点完成网络中数据处理和转发的任务，非簇头节点将采集的数据发送给簇头结点后就可以进入休眠状态以节省能量。

3. 网络安全

无线传感器网络作为一种源于军事应用领域的自组织网络，其安全通信和认证技术显得尤为重要，它需要一套有效的安全机制。无线传感器网络由于部署环境和传播介质的开放性，很容易受到各种攻击。无线传感器网络安全技术研究主要包括通信安全及信息安全。通信安全是面向网络基础设施的安全，以保证无线传感器网络内数据采集、融合和传输等基本功能正常进行；信息安全是面向用户应用的安全，其保证了网络所传数据的真实性、完整性和保密性。在密钥管理方面，由于内存和能量等资源严格受限的情况下，基于公开密钥的加密、鉴别算法不适合在无线传感器网络中使用，目前主要研究集中在基于对称加密和鉴别协议上。传感器网络安全协议（Security Protocols for Sensor Networks，SPINS）是个典型的多密销协议，是目前安全机制中比较实用的无线传感器网络安全机制，它在数据机密性、完整性和可认证性等方面都作了充分的考虑。

1.3.3 故障诊断

近年来，无线传感器网络中对节点的硬件设计、无线通信、计算处理、高效节能、网络协议等方面的研究不断加深，同时无线传感器网络对系统的可靠性和可持续性有更高的要求，因此研究无线传感器网络的故障诊断的方法是非常必要的，通过故障诊断技术及时准确地对各种故障状态做出诊断，使系统能更加可靠、安全、有效地运行。

故障诊断是指根据设备或系统运行状态信息查找故障源，并确定相应诊断策略。无线传感器网络系统的故障节点会降低整个系统的服务质量，故障节点感知的数据有可能是错误的并经过其他传感器节点传送给汇聚节点，导致用户获取错误的监测信息，进而产生错误的决定。同时由于大量廉价的传感器节点被随机部署在不可控、恶劣的环境中，传感器节点在运行一段时间后很容易发生故障而变得不可靠，因此无线传感器网络系统相比其他系统发生故障的概率要高很多。另外一般采用电池对传感器节点供电，节点需要用有限的能量进行大量的数据处理与传输工作，由于能量耗尽而失效的节点是很常见的。如果通过由基站集中式地收集每个传感器节点信息来诊断故障节点，会消耗大量的能量。在无线传感器网络中，许多应用都要求网络采用一种低能耗、高效率且实时性强的节点故障诊断方法来排除网络中的故障节点。

无线传感器网络系统故障主要包括网络级故障和节点级故障两方面。网络级故障是指网络通信协议或协作管理方面的问题或其他原因造成的较大规模的故障，导致整个网络不能正常工作，而且网络级故障很大一部分原因是由于构成节点的部件故障引起。节点级故障是指故障节点不能与其他节点进行正常的通信，对网络的连通性和覆盖性造成影响。另外还包括故障节点虽然能够与其他节点进行正常通信，但其测量值是错误的，会对整个网络监测任务造成影响。

对于无线传感器网络系统的网络级故障诊断，根据网络拓扑结构的不确定性分为固定拓扑结构故障诊断和动态拓扑结构故障诊断。对于无线传感器网络系统的节点级故障诊断，分类方法有很多，主要有：根据故障持续时间分为间歇性故障和永久性故障；按照故障的性质，分为硬故障和软故障。在实际的无线传感器网络中，目前还没有通用的无线传感器网络系统故障诊断方法，对于不同类型的故障，应该采取不同的诊断方法。

1.4 无线传感器网络的应用

无线传感器网络包含大量的可探测震动、磁热、图像和声音等信息的传感器节点，可以用于实现对周边环境进行连续监测、物体探测、位置识别和跟踪，执行器的本地控制等任务。它是一门涉及微电子、传感器以及无线通信技术的交叉学科，目前被广泛应用于军事、农业、环境、工业、医疗、家庭等领域，同时在空间探索、土木工程、物流管理等领域有广阔的应用前景。

1.4.1 无线传感器网络在军事领域的应用

军事领域是无线传感器网络技术最初被应用的领域。因其具有隐蔽性强、可密集分配和快速部署、容错性高和自组织的特点，使其在恶劣的战场环境中被广泛应用。它可以对战场状况进行现场评估监测。除此之外，它还能实现对敌军地形和战略布防的监测和勘察，对重点区域进行定向攻击和搜索等功能。

在战争中，战场信息决定领导者的合理决策。因此往往需要领导者及时、准确地了解战场情况和敌我对比信息，同时对后勤供给的掌控也至关重要。这些都可以通过利用炮弹或飞机播撒等方式来把大量的传感器设备密集地散布在战场上，获取该区域内重要的战争信息，并通过无线网络传输给指挥所。而无线传感器网络节点具有体积微小、价格低廉、可自组织、隐蔽性强等优点。这些优点使它可以满足不同战争场合下的信息获取。这一技术已受到各个发达国家的重视。

未来战争将向技术战争靠拢，而无线传感器网络必将广泛应用于不同的军事场合。其主要体现在：可进行环境侦察与监视；可设立地面传感器群；准确探测爆炸中心，减少战争伤亡；拦截信息，探测我军是否受到攻击；引导武器准确打击目标建筑物和高危目标，大幅度提高武器进度；减弱对方的干扰信息；进行水下探测等。其中代表性的军事应用研究项目包括“沙地直线”、枪声定位系统、战场“超视距”的传感设备等。

“沙地直线”项目是美国在2003年8月中研制的一套完整的无线传感器网络系统，该系统实现了将低成本传感器遍布整个战场，可以实时获得精准的战场信息，实现对战场的完全掌控和信息的及时处理。另外，美国军方在2005年采用Crossbow公司节点构建了枪声定位系统，节点部署于目标建筑物周围，系统能够有效地自组织构成监测网络，监测突发事件（如枪声、爆炸等）的发生，为救护、反恐等提供有力的支持。战场“超视距”的传感设备是由美国国防部远景计划研究局（DARPA）资助的Sensor IT项目研究的一种应用。该计划希望可以将多种传感器、通用处理器和无线通信技术结合起来，建立一个无处不在的网络系统，可以用来检测光学、声学、磁热、湿度等物理量。该计划有29个在研项目，在25个研究机构进行。UCB的教授主持的Sensor Web是Sensor IT的一个子项目。该项目证明了无线传感器网络技术可以用于跟踪监测，即通过无人机翼下携带无线传感器网络传感器节点飞抵目标区域上空，进行抛洒，使传感器节点散落在被检测区域。通过感知震动可以探测到外部目标，并根据信号强弱估算位置，通过对多个节点数据的处理，来确定目标位置，并跟踪目标移动。

尽管无线传感器网络存在许多优势，但如今的技术水平还不能够支持其在军事上的广泛应用，目前该技术也只是用于演习使用，但随着无线传感器网络技术的进一步发展，无线传感器网络一定能在信息化战争中发挥重要作用。

1.4.2 无线传感器网络在民用领域的应用

无线传感器网络由于现有传感技术以及网络技术的制约，在商用领域还不能大范围使用。但近几年，随着网络技术的快速发展，硬件成本不断下降和制作工艺的上升，少数无线传感器网络开始投入使用。目前无线传感器网络主要应用在下述相关领域中。

1．环境保护

随着人们对环境的日益关注，需要采集大量的环境数据。无线传感器网络的出现为大量的环境数据的采集和研究提供了便利，并且避免了原有技术条件下环境检测对于环境本身的破坏作用。无线传感器网络可以广泛应用于跟踪候鸟和昆虫的迁移、生活习惯等，研究气象和地理环境；还可用于监测自然和人为灾害，比如说地震、洪水、火灾等。

2．商业应用

无线传感器网络技术可以用于故障诊断、生产现场的监控、建筑物状态的监测以及设备的看护等。通过将无线传感器网络技术与射频识别技术融合，可以实现智能交通、车流监测等，为道路规划提供数据支持。在危险作业的场合，也可以通过该技术保障人身安全和获得现场数据等第一手资料。

在机械故障诊断方面，Intel公司通过在芯片制造设备上安装大量传感器节点，来监控设备是否正常运转，并在机器产生故障时提供实时的监测报告和数据。美国贝克特营建集团公司在伦敦地铁系统中同样采用了无线传感器网络。同时，通过对重要建筑安装传感器，来使建筑物感知并回报自己的状况。

3．医疗应用

无线传感器网络在医疗方面也有很深的渗透：人体生理据的远程采集、医护人员和患者之间的互动和药品的管理等。

（1）人体生理数据的远程采集。

通过在人体上安装微型传感器，在线测得并传输人体的生理参数信息（血压、脉搏等）。通过对人体的持续监测和数据比对分析，得出人体正常的生理参数范围。如果发现异常情况可以通过网络将数据传到医护端，及时进行治疗，保障人体健康。

（2）医护人员和患者之间的互动。

通过无线传感器网络技术，医护人员可方便地对患者进行定位追踪。通过在医院搭建无线传感器监测网络，为每位患者佩戴无线传感器节点，实现医护人员对患者的全程追踪监测，并通过传感器网络保持医患的联系。

（3）药品管理。

因为每个患者佩戴着独特的标志，可实现药品电子标签与治疗药物的一一对应。这样可以大大降低患者误用药物的概率。

4．空间探索

空间探索一直是人类梦寐以求的理想，但空间探索范围广阔，通过发射的少量航天器难以对其他天体及外太空进行全面广阔的探测。

通过借助于航天器部署大量的无线传感器网络节点到人类现在还无法到达或无法长期工作的其他天体上，这些传感器节点积小、成本低、相互之间可以通信，也可以和地面站通信，能够实现对天体表面大范围、长时间、近距离的监测和探索，大大降低了勘探成本。美国国家航空与航天局（NASA）的喷气推进实验室（JPL）的 Sensor Webs 计划，已经在火星探测中发挥了重要的作用。

5．家庭应用

随着微电子技术的发展，可以在电动窗户、吸尘器、电饭煲、冰箱等家电设备中嵌入智能的传感器节点，构建智能家庭无线传感器网络。这些传感器节点可以彼此交互并通过互联网与外部网络交互，使用户可以通过手机或移动终端对家电进行远程操作和监控。

此外，在房间里布置用于监测温度、湿度、光照和空气成分等因素的无线传感器节点，可以实现对房间内环境的局部控制，也可以通过图像传感设备随时监控家庭安全情况，为人们提供更加舒适、方便和更具人性化的智能家居。

6. 物流与运输

物流在社会经济发展中的作用越来越重要，可以将无线传感器网络应用于与物流和供应链管理领域，包括生产物流中的设备监控、运输车辆和货物的跟踪与监控、危险物品物流管理等，对产品运输过程中产品的质量变化情况进行监测，控制和保障产品的质量和安全，为建立完善的物流监管机制提供技术支持，向交通管理部门、物流企业等提供物流与货物信息并可据此进行管理，建立高效、低成本、数字化的现代物流跟踪系统和服务平台。

此外，无线传感器网络系统还可以广泛应用于灾难拯救、交互式博物馆、交互式玩具、工厂自动化生产、交通等众多领域。德国某研究机构将无线传感器网络技术应用于足球比赛中，足球裁判借助于无线传感器网络辅助系统，能够有效降低足球比赛中越位和进球的误判率。在浙江温州的奶牛牧场，结合无线传感器网络和射频识别技术，给奶牛戴上身份标识，防止走失。英特尔公司在工厂的40台设备上安装了210个传感器节点形成一个无线传感器网络并进行了测试，通过该网络可以大幅降低检查设备的成本，提前发现设备隐患，减少停机时间、提高效率，延长设备的使用时间。

习　题

1.1 什么是无线传感器网络？特点是什么？

1.2 典型的无线传感器网络结构包括哪几部分？

1.3 无线传感器网络与物联网有什么区别？

1.4 无线传感器网络有哪些典型的应用（除了书中提到的应用，讨论其他潜在应用）。

第2章 无线传感器网络的物理层

无线传感器网络的物理层主要负责为网络数据终端提供数据传输通路、传输数据和完成其他管理工作。详细地说，就是传输介质的选择、频段的选择、信道编码、调制和解调技术以及扩频技术。无线传感器网络的传输介质主要为电磁波，源信号经过信道编码，通过调制技术变成高频信号，然后依靠电磁波传输，当传输信号抵达接收端时，又通过解调技术还原成原始信号。目前采用的调制方法包括模拟调制和数字调制两种，区别在于两种调制方法所调制的信号所用的基带信号模式不同。此外，经过调制的信号还需要进行扩频。扩频就是将待传输数据进行频谱扩展的技术，以增强抗干扰能力、提高保密性、实现多地址通信。本章详细阐述了无线传感器网络物理层的基本概念、无线传感器网络物理层的关键技术，以及物理层调制解调方式与编码方式。

2.1 无线传感器网络物理层概述

物理层是整个开放系统的基础，处于OSI参考模型的最底层，它与传输介质直接相连，完成数据的发送和接收。物理层的设计是无线传感器网络协议性能的决定因素。

2.1.1 物理层的基本概念

国际标准化组织（International Organization for Standardization，ISO）对开放系统互连（Open System Interconnect，OSI）参考模型中的物理层进行了定义：物理层为建立、维护和释放数据链路实体之间的二进制比特传输的物理连接，提供机械的、电气的、功能的和规程性的特性。无线传感器网络物理层的主要任务是对在物理连接上传输二进制比特流数据负责，为设备之间的数据通信提供传输媒体、互连设备以及可靠的传输环境。

1. 物理层传输介质和互连设备

传输介质是承载网络上的各种设备数据收发业务的通道。无线传感器网络物理层的传输介质主要包括电磁波和声波。电磁波在无线传感器网络通信中应用较为广泛，而声波一般仅用于水下的无线通信。根据波长的不同，电磁波分为无线电波、红外线、光波等。

（1）无线电波。

作为目前无线传感器网络的主流传输媒介，无线电波容易产生，传播距离远，且穿透性强，被广泛应用于室内外无线通信领域。无线电波可以沿任意方向传播，但是其传播特性与频率有关，采用较低频率时，无线电波能轻易地通过障碍物，但是无线电波能量随着与信号源距离的增大而急剧衰减；采用较高频率时，无线电波趋于直线传播，受周围环境的影响，传播特性变差。

另外，由于无线电波传播距离远且易受其他电子设备干扰，每个国家都对频率使用授权进行了规定，以防止用户间相互串扰的问题。在无线电波频率选择方面，一般选择无需注册的公用 ISM 频段。

（2）红外线传输。

使用红外线作为无线传感器网络的传输媒介具有很多优点，不易被发现和拦截，保密性强；几乎不会受到无线电、天气、人为干扰，抗干扰性强，且红外线的使用不受国家无线电管理委员会的限制。但是，红外线不易于穿透非透明物体，只能在一些特殊的无线传感器网络应用中使用，应用范围比较狭窄。

（3）光波传输。

与无线电波传输相比，光波传输的调制、解调并不需要复杂的机制，接收器的电路简单，传输单位数据消耗的能量较少，但是它极易受障碍物的遮挡而使通信过程中断，只能在一些特殊的场合中使用。

数据通信中所采用的互连设备是指数据终端设备（Data Terminal Equipment，DTE）和数据电路终端设备（Data Circuit Terminal Equipment，DCE）间的互连设备。DTE 是指具有发送、接收数据能力的设备，且具有一定的数据处理能力，如计算机、I/O 终端等。DCE 是指介于 DTE 与传输介质之间的数据通信设备或电路连接设备，如调制解调器等。物理层通信过程中，在 DTE 与 DCE 之间，既需要传输数据信息，也需要传输控制信息。DCE 在 DTE 与传输介质之间提供信号变换和编码功能，并负责建立、维护和释放物理连接。一方面它要将 DTE 传送的二进制比特流数据按顺序通过传输介质发送出去，另一方面将接收到的二进制比特流数据按顺序传送给 DTE。

2. 物理层功能

物理层直接面向实际承担传输数据的物理介质，它负责使在两个网络主机之间透明传输二进制比特流数据成为可能，为在物理介质上传输比特流建立规则，以及在传输介质上收发数据时定义需要何种传送技术。首先，当数据链路层需要发送数据时，物理层为其进行载波监听并反馈信道状态，从而尽量降低碰撞概率。如果信道是空闲的，则数据链路层调用物理层的发送命令，将数据分组发送给物理层，然后物理层将其预处理成字节、比特流，并按照移位方式，由射频单元通过无线信道发送；其次，当射频单元检测到有数据待接收时，就开始接收并将比特流预处理成字节，然后提交给数据链路层供其组装成分组数据。无线传感器网络物理层除了对数据的调制解调、发送与接收负责外，还向上为数据链路层提供信道能量检测、链路质量指示、信道空闲评估和频率选择等服务。

信道能量检测是网络层选择信道的依据，信道能量检测功能负责检测目标信道中接收到的信号的功率强度，由于信道能量检测过程中不需要对信号进行解码操作，因此信道能量检测的结果是有效信号功率和噪声信号功率之和。

链路质量指示负责在媒体接入控制子层或应用层接收数据帧时提供无线信号的强度和质量信息，这与信道能量检测是不同的，链路质量指示功能需要对接收到的信号进行解码，并且生成的是一个信噪比指标，然后将其与物理层数据单元一并提交给上层处理。

信道空闲评估负责判断信道是否处于空闲状态。IEEE 802.15.4 定义的空闲信道评估模式有 3 种：第一种采用简单的方法对信道的信号能量进行判断，当信道的信号能量低于某一阈值时就认为信道是空闲的；第二种是通过对无线信号的两个特征进行检测与分析，包括扩频信号特征和载波频率，对信道是否空闲做出判断；第三种模式综合利用前面两种方法，同时对信号强度和信号特征进行检测，判断信道是否处于空闲状态。

3. 物理层接口标准

物理层接口标准实际上是各种传输介质和接口或其他通信设备之间的一组约定，主要解决信号传输过程中如何连接的问题。无线传感器网络物理层接口标准对物理接口具有的机械特性、电气特性、功能特性、规程特性进行了描述。

（1）机械特性：物理层的机械特性对物理连接时所使用可接插连接器的形状和尺寸，连接器中引脚的数量与排列情况等进行了规定。

（2）电气特性：物理层的电气特性对在物理连接上传输二进制比特流时，线路上信号电平高低、阻抗及阻抗匹配、传输速率与距离限制进行了规定。

（3）功能特性：物理层的功能特性对物理接口上各条信号线的功能分配给出了确切定义。物理接口信号线一般分为数据线、控制线、定时线和地线。

（4）规程特性：物理层的规程特性对信号线进行二进制比特流传输线的一组操作过程，包括各信号线的工作规则和时序进行了定义。

2.1.2 物理层协议

作为一种无线网络，无线传感器网络物理层协议涉及传输介质和频段的选择、调制、扩频技术方式等，同时实现低能耗也是无线传感器网络物理层的一个主要研究目标。目前可以作为无线传感器网络物理层的标准主要有 IEEE 802.15.4 和 IEEE 802.15.3a。

1. IEEE 802.15.4

IEEE 于 2002 年开始研究制订低速无线个人局域网（Wireless Personal Area Network, WPAN）标准—IEEE 802.15.4。该标准把低能量消耗、低速率传输、低成本作为关键目标，旨在个人或者家庭范围内不同设备之间建立统一的低速互连标准。IEEE 802.15.4 标准的特性主要包括以下方面。

（1）有 16 个信道工作于 2.4GHz ISM 频段，2.4GHz 频段提供的数据传输速率为 250kbit/s，对于高数据吞吐量、低延时或低作业周期的场合更加适用。

（2）有 1 个信道工作于 868MHz 频段以及 10 个信道工作于 915MHz 频段。868MHz、915MHz 频段提供的数据传输速率分别为 20kbit/s、40kbit/s，这两个频段的传输速率较低。其目的是提高灵敏度和增大覆盖面积。868MHz、915MHz 频带的扩频和调制方式是基于直接序列扩频的方式，每个数据位被扩展为长度为 15 的序列，然后使用二进制相移键控调制技术。

（3）保证低功耗的电源管理。IEEE 802.15.4 标准考虑了能量有限的情况，由电池进行供电的标准设备在不使用时处于睡眠状态，通过周期性地监听无线信道来判断是否有消息等待处理。

ZigBee 协议是依据 IEEE 802.15.4 标准指定的，基于 ZigBee 协议的传输带宽比 Wi-Fi 和蓝牙下的传输带宽要低，同时具有较低的能耗，在无线传感器网络领域非常适用。

2．IEEE 802.15.3a

IEEE 802.15.3a 工作组在 2002 年 11 月针对 WPAN 的物理层建立了技术要求和选择标准，如表 2.1 所示。

IEEE 802.15.3a 标准中采用了超宽带（Ultra Wideband，UWB）技术，该标准确定了高速数据传输的速率为：10m 距离内速率达 110Mbit/s，4m 距离内速率达 200Mbit/s，2m 距离内速率达 480Mbit/s。这些短距离高速传输方式可以支持包括图像和视频在内的多媒体传输，不仅可以满足一些特殊工业控制中对传输图像和视频的需求，更重要的是可以利用其速率快、带宽宽的优势来弥补如误码率高等无线技术在工业环境中的先天不足，其物理层技术参数如表 2.1 所示。

表 2.1　IEEE 802.15.3a 的物理层技术参数

参　数	值
数据速率	110Mbit/s、200Mbit/s、480Mbit/s
距离	10m、4m 及以下
功耗	100mW、250mW
可并存的微网络	4 个
抗干扰性能	长度为 1 024 字节的分组的传输错误率≤8%
成本	类似于蓝牙设备
信号捕获	从引导到数据头的时间＜20μs

UWB 技术基于 IEEE 802.15.3 标准，是一种无载波通信技术，即它不采用载波，而是利用纳秒级窄脉冲发射无线信号，适用于高速、近距离的无线个人通信，是一种极具潜力的无线通信技术。UWB 技术有很多优点，比如说对信道衰落不敏感、发射信号功

率谱密度低、截获能力低、系统复杂度低等，尤其适合在无线传感器网络系统中应用。

2.2 无线传感器网络物理层关键技术

在无线传感器网络中，物理层设计的好坏对无线传感器网络系统性能具有决定性的影响。无线传感器网络物理层的关键技术主要包括频段的选择、信道编码、调制和解调技术以及扩频技术等。

2.2.1 频段的选择

对于一个特定的基于射频的无线传感器网络，需要精心选择载波频率。这是因为载波频率决定了传输特性和信道的传输容量。由于单一频率不能提供信息的容量，因此，对于通信问题来说，信号的电磁频谱要占据一定的范围，通常称这个范围为频段。在射频通信中，一般来说可用的无线电频率范围从最低的甚低频一直到最高的极高频，如表 2.2 所示。

表 2.2　　频段分配

名称	甚低频 VLF	低频 LF	中频 MF	高频 HF	甚高频 VHF	超高频 UHF	特高频 SHF	极高频 EHF
频率	3～30kHz	30～300kHz	0.3～3MHz	3～30MHz	30～300MHz	0.3～3GHz	3～30GHz	30～300GHz
波段	超长波	长波	中波	短波	米波	分米波	厘米波	毫米波
波长	10～100km	1～10km	100m～1km	10～100m	1～10m	10cm～1m	1～10cm	1mm～1cm

在系统设计中，频段的选择是一个非常重要的工作。除了 UWB 技术以外，目前使用中的大部分的射频系统均工作在低于 6GHz 的频率范围。由于不同的用户和系统之间可能会相互干扰，在使用无线电时，对频率范围的选择要受到规章的约束。一些系统需要实行许可证制度，以便在特定的频率范围内工作，例如在欧洲，GSM 系统专用 GSM 900（880～915MHz）和 GSM 1 800（1 710～1 785MHz）这两个频段。但是比如工业、科学和医疗用的 ISM 频段没有实行许可证制度，用户在使用时不需要通过许可。ISM 频段是由国际通信联盟无线电通信局规定，由个人和无许可证的无线电用户使用的，但是需要遵守一定的规定，而且不能对其他频段造成干扰。表 2.3 列出了一些常用的 ISM 频段。

表 2.3　一些 ISM 频段

频 率 范 围	说　明
13.553～13.567 MHz	
26.957～27.283 MHz	
40.66～40.70 MHz	
433～464 MHz	欧洲标准
902~928 MHz	美国标准
2.4～2.5 GHz	全球 WLAN/WPAN 使用
5.725～5.785 GHz	全球 WLAN/WPAN 使用
24～24.25 GHz	

在无需许可证的频段进行工作，用户使用无线电设备进行传输数据时，如果选择无需许可证的频段，就不必获取政府或频率分配机构的许可。这些频段不仅在传感器网络中，而且在其他无线电技术中都是比较常用的。例如 2.4GHz 的 ISM 频段被用于 IEEE 802.11、蓝牙技术和 IEEE 802.15.4 中。

频段的选择由很多因素决定，但对无线传感器网络来说，则必须要根据实际应用场合来决定。因为频率的选择直接决定无线传感器网络传感器节点的尺寸、电感的集成度以及节点功耗。在选择无线传感器网络物理层工作的频段时需要考虑以下问题。

（1）工作在公共 ISM 频段的无线传感器网络系统极易受这个频段中其他系统干扰，这些系统可能使用相同的或不同的技术。例如，许多系统共享 ISM 的 2.4GHz 频段，包括 IEEE 802.11b、蓝牙及 IEEE 802.15.4 的 WPAN 等，这些系统在同一个频段内共存。因此，工作在同一个频段中的所有系统必须能够稳定抵抗来自其他系统的干扰，否则受其他系统的影响而不能正常工作。要实现共存，需要在系统的物理层和媒体接入控制（Media Access Control，MAC）子层做适当的处理。

（2）天线效率是传输系统的一个重要的参数，定义为辐射功率与天线输入总功率之比。其余的能量作为热量消耗了。通常，较小的无线传感器节点使用较小的天线。例如，频率为 2.4GHz 的无线电信号波长为 12.5cm，比许多传感器节点的直径要长很多。一般来说，当天线的尺寸比波长小时，要实现一个高效率的天线是很困难的。随着天线效率的降低，要得到一定的辐射功率，就必须为天线提供更多的能量。

2.2.2 信道编码

信道是 OSI 参考模型中不同协议层之间的业务接入点。信道模式有三种，包括逻辑信道、传输信道与物理信道。

（1）逻辑信道根据不同的消息类别，将业务和信令消息进行分类，以获得相应的信息。传输内容是由逻辑信道决定的，它是 MAC 子层向无线链路控制（Radio Link Control，RLC）子层提供的服务，RLC 子层可以使用这些逻辑信道向 MAC 子层发送与接收数据。

（2）由于空中接口上不同信号的基带处理方式不同，传输信道就是根据处理方式的不同来描述信道的特性参数。由于信号的信道编码方式、交织方式（交织周期、块内块间交织方式等）的选择、CRC 冗余校验的选择，以及块的分段等过程是不同的，不同种类的传输信道就是根据这些不同进行定义的。传输信道是物理层向 MAC 子层提供的服务，MAC 子层可以通过传输信道向物理层发送与接收数据。而且传输信道决定如何在物理层传送信息，比如说下行共享信道是指业务及一些控制消息通过共享空中资源来传输，它会指定调制与编码方式，空间复用方式等。

（3）物理信道是在特定的频域、时域、码域上采用特定的调制编码等方式发送数据的通道。不同类别的物理信道是根据物理信道所承载的上层信息的不同而定义的，它是空中接口的承载媒体，根据它所承载的上层信息的不同定义了不同类的物理信道。物理信道则由物理层用于具体信号的传输，它决定信号在空中传输的承载，比如物理广播信道（Physical Broadcast Channel，PBCH），也就是在实际的物理位置上采用特定的调制编码方式来传输广播消息。

信道编码是指在传输数据时，首先将待传输的信息比特按照一定的约束关系生成校验比特，它们之间的约束关系必须是已知的，然后将待传输信息比特与校验比特进行编码发送出去。无线传感器网络通信中，信息传输路径上存在的各种噪声、衰落和干扰会不可避免地造成分组数据在传输过程中产生误码，从而使接收节点不能正确地接收分组数据。当编码后的码字在传输过程中受噪声、干扰等因素的影响引起错误时，码字信息比特和校验比特之间的对应关系被破坏，而接收端可以根据校验比特中对信息比特的约束关系将错误比特进行纠正，确保带宽有限时通信的可靠性。为保证通信的可靠性，尽可能减小信道干扰对分组数据接收正确率的影响，常用的方法有两种：一是提高信号的发射功率，二是采用纠错性能较强的信道编码。在选择信道编码方法时，考虑到这种信道编码方法不仅仅需要起到抗干扰、提高传输质量的作用，同时还应当可以具备对传输的数据中发生的少量错误进行纠正的作用。目前最常用的信道编码是 Turbo 码和低密度奇偶校验码（Low-Density Parity Check Codes，LDPC）。

1．Turbo 码

Turbo 码，又称 PCCC 码（Parallel Concatenated Convolutional Code，并行级联卷积码），是由 C.Berrou 等在 ICC93 会议上提出的。它将卷积码和随机交织器结合在一起，实现了随机编码的思想，同时采用软输出迭代译码来逼近最大似然译码。

Turbo 码编码器主要由交织器、编码器、分量删余矩阵和复接器组成，典型的 Turbo 码编码器结构框图如图 2.1 所示。

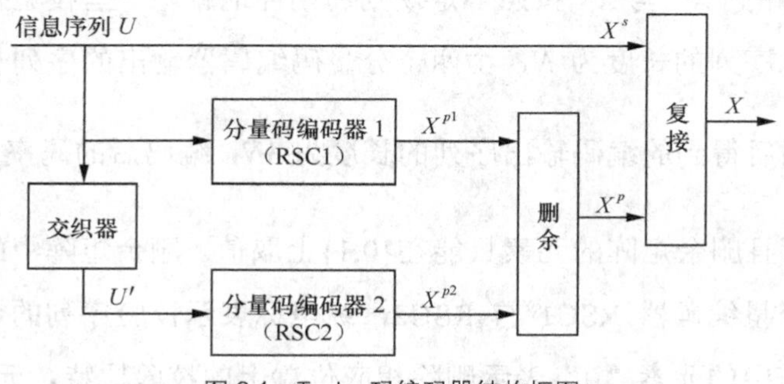

图 2.1　Turbo 码编码器结构框图

Turbo 码编码器是由两个分量码编码器通过一个随机交织器并行连接而成，编码后的校验位经过删余矩阵，从而产生不同码率的码字。下面就 Turbo 码编码原理、交织器的选择进行介绍。

（1）交织器。

交织器是 Turbo 码编码器的重要组成部分之一，交织器的作用是使信息序列结构发生变化，将传输过程中可能出现的突发错误进行分散化和不规则化。在 Turbo 码中，信息序列 U 首先经过交织器，使信息序列 U 进入分量码编码器之前比特位置进行随机重置，使输入到分量码编码器中的码元符号的顺序最大程度上随机分布，降低码元符号之间的相关性。但是，由于 Turbo 码编码时是以帧的形式进行编码的，交织器的存在使得 Turbo 码存在时延，帧越长，时延越大。所以 Turbo 码的优势在那些允许有较大时延的业务中可以得到充分发挥，而 Turbo 码在那些不允许有较大时延的业务中应用受到限制。

（2）分量码编码器。

分量码编码器在 Turbo 码编码器中作用同样很重要。一般情况下选择递归系统卷积码作为分量码，也可以选择分组码、非递归卷积码和非系统卷积码，但是如果采用递归系统卷积码编码器可以改善误码率，且 Turbo 码在低信噪比条件下具有性能优势，所以 Turbo 码编码器中的分量码编码器一般采用递归系统卷积码。

分量码编码器 RSC1 与 RSC2 的码率分别为 R_1 和 R_2，R_1 和 R_2 可以相同，也可以不同。Turbo 码的码率为

$$R = \frac{R_1 R_2}{R_1 + R_2 - R_1 R_2} \tag{2-1}$$

（3）删余单元。

为了提高编码码率，可以在 Turbo 码中采用删余单元将两个分量码编码器 RSC1 与 RSC2 生成的校验序列 X^{p1} 与 X^{p2} 按照一定规则周期性地删除一些校验位比特。如果不采用删余技术，信息序列的长度为 N，由两个分量码编码器输出的序列长度也都是 N，因此经过 Turbo 编码后得到的编码输出序列的长度为 $3N$，编码后的码率为 $\frac{1}{3}$。删除的规则就是删余矩阵，而且删余矩阵的元素只能在{0,1}上取值。删余矩阵中的第一行和第二行分别对应于两个分量编码器 RSC1 与 RSC2，纵坐标表示校验序列的奇偶位是否进行删余处理。删余矩阵中的元素“0”表示删除相应位置上的校验比特，元素“1”表示保留相应位置的校验比特。

在 Turbo 码编码过程中，信息序列 $U=\{u_1,u_2,\cdots\cdots,u_N\}$ 经过一个 N 位随机交织器，形成一个新序列 $U'=\{u'_1,u'_2,\cdots\cdots,u'_N\}$，随机交织器将信息序列 U 中的比特位置进行重新排列，输出为 U'。但是 U' 的长度与内容并不会发生变化，与信息序列 U 是相同的。U 与 U' 分别送到两个分量码编码器（RSC1 与 RSC2），生成校验序列 X^{p1} 与 X^{p2}，同时信息序列 U 作为系统输出 X_S 直接送至复接器。序列 X^{p1} 与 X^{p2} 需要经过删余矩阵 $\boldsymbol{P}$，采用删余技术从这两个校验序列中周期地删除一些校验位，形成校验序列 X^p。X^p 与未编码序列 X_S 经过复接，生成 Turbo 码序列 X。

假设输入信息序列为 U=(1011001)，经过交织后的信息序列为 U'=(1101010)。信息序列 U 与 U' 分别经过 RSC1 与 RSC2 后，形成校验序列 X^{p1}=(1100100)与 X^{p2}=(1000000)，而序列 $X_S = U = (1011001)$。如果不使用删余矩阵，码率是 1/3，此时输出序列为

$X=(111,010,100,100,010,000,100)$。为了得到码率为 $\frac{1}{2}$ 的 Turbo 码，可以采用这样的删余矩阵 $\boldsymbol{P}=\begin{bmatrix}1 & 0\\0 & 1\end{bmatrix}$，即删去来自 RSC1 的校验序列 X^{p1} 的偶数位置比特与来自 RSC2 的校验序列 X^{p2} 的奇数位置比特，此时输出序列为 X=(11,00,10,10,10,01,00,10)。

2. LDPC 码

1962 年 Gallager 在他的博士论文中首次提出 LDPC 码，但是由于受到当时技术条件的限制，缺乏可行的译码算法，LDPC 码并没有引起人们的关注。直到 20 世纪 90 年代中后期，Mackay 和 Neal 重新深入研究了 LDPC 码，并且提出了可行的译码算法。随后，关于 LDPC 码的研究取得了突破性的进展，LDPC 码的相关技术也日趋成熟。

LDPC 码是一种典型的前向纠错（Forward Error Correction，FEC）码。根据稀疏矩阵的特点，按照稀疏矩阵中每行或每列 1 的个数是否相同将 LDPC 码分为规则 LDPC 码与非规则 LDPC 码。根据稀疏矩阵的组成元素取值范围的不同将规则 LDPC 码分为二元规则 LDPC 码和非二元规则 LDPC 码。二元规则 LDPC 码是指码长为 n 时，其稀疏矩阵的组成元素在 GF(2)域上取值，每个码元参与校验方程的个数为 p，每个校验方程有 q 个码元参与，而且任意两个校验方程包含相同码元的个数不会超过两个，记为（n, p, q）二元规则 LDPC 码。GF（2）域是一个有限域，它只包含 0, 1 两个元素，并且作“加”和“乘”两种运算时，结果都要对 2 求余。例如 0+1=1+0=1, 1+1=0，0*1=1*0=0。

LDPC 码编码方式是根据生成矩阵 $\boldsymbol{G}$ 将待传输的信息序列 X 和码字序列 C 对应起来。生成矩阵 $\boldsymbol{G}$ 一般是通过其对应的奇偶校验矩阵 $\boldsymbol{H}$ 获得的。而校验矩阵 $\boldsymbol{H}$ 与编码后的码字序列 $\boldsymbol{C}$ 之间满足 $\boldsymbol{HC}^{\mathrm{T}}=0$ 的关系。奇偶校验是指 LDPC 编码后的码字序列中根据校验矩阵 $\boldsymbol{H}$ 将信息比特和校验比特组成奇偶校验方程，对信息比特和校验比特进行约束。

一般情况下，规则 LDPC 码可以通过校验矩阵和 Tanner 图来进行描述。一个（n, p, q）规则 LDPC 码对应的校验矩阵为 $\boldsymbol{H}$，$\boldsymbol{H}$ 的维数为 $m\times n$。校验矩阵 $\boldsymbol{H}$ 的列与信息比特相对应，行与校验比特相对应。它满足以下条件：①$\boldsymbol{H}$ 是稀疏矩阵，$\boldsymbol{H}$ 中的大部分元素为 0，非零元素只占很小的一步分；②每一行含有 q 个 1，每一列含有 p 个 1；③任两行或两列之间位置相同的 1 的个数λ不大于 1；④$q<<n$，$p<<m$，密度 $r=q/n=p/m$。

Tanner 图里有两类节点：变量节点和校验节点。变量节点与 LDPC 码的码元一一对应，其数量与码长 n 相等；而校验节点是与校验方程相对应的，其数量与校验矩阵 $\boldsymbol{H}$ 的行数相对应；变量节点 i 与校验节点 j 之间的连线表示与之对应的第 j 个校验方程的第 i 个码元，其中 $i=1,2,\cdots,n$；$j=1,2,\cdots,m$。

LDPC 码（6,2,4）对应的校验矩阵 $\boldsymbol{H}$ 如式（2-2）所示及对应的 Tanner 图如图 2.2 所示。通过矩阵的初等变换，把矩阵 $\boldsymbol{H}$ 变换成系统形式 $\boldsymbol{H}=[\boldsymbol{P}^{\mathrm{T}},\boldsymbol{I}]$，该矩阵对应的生成矩阵为 $\boldsymbol{G}=[\boldsymbol{IP}]$，如式（2-4）所示。

$$\boldsymbol{H}=\begin{bmatrix}1&1&0&1&1&0\\1&0&1&0&1&1\\0&1&1&1&0&1\end{bmatrix} \tag{2-2}$$

$$\boldsymbol{P}=\begin{bmatrix}0&1&0\\1&0&0\\0&0&1\end{bmatrix} \tag{2-3}$$

$$\boldsymbol{G}=\begin{bmatrix}1&0&0&0&1&0\\0&1&0&1&0&0\\0&0&1&0&0&1\end{bmatrix} \tag{2-4}$$

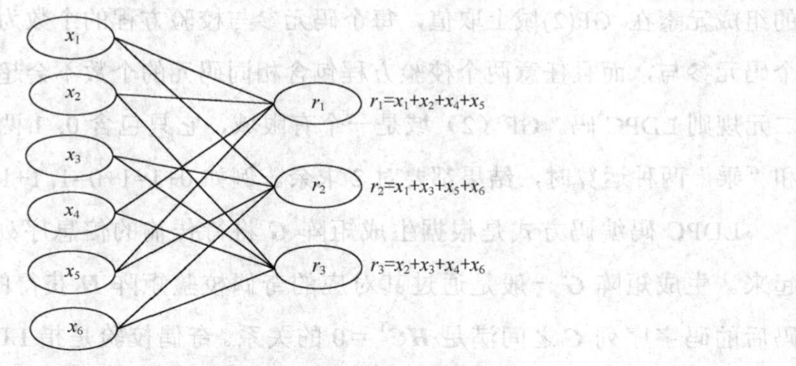

图 2.2 （6,2,4）规则 LDPC 码对应的 Tanner 图

基于生成矩阵的编码形成的码字序列 $\boldsymbol{C}$，可通过式（2-5）得出：

$$\boldsymbol{C}=\boldsymbol{X}\cdot\boldsymbol{G} \tag{2-5}$$

LDPC 码的优点有很多，比如说具有更大的灵活性和更低的差错平底特性；不需要用深度交织来换取较高的误码性能；描述简单，对严格理论分析具有可验证性；译码过程不依靠网格，复杂度相比于 Turbo 码要低，且可实现完全的并行操作，硬件复杂度较低，易于硬件实现；吞吐量大，是一种译码潜力高的编码方式。

LDPC 码在深空通信、卫星数字广播、微波接入等众多领域得到广泛应用，而且它也已应用于多项标准。如全球微波互联接入（Worldwide Interoperability for Microwave Access，WiMax）系统对应的 IEEE802.16e 标准、卫星数字广播对应的 DVB-S2 标准、近地应用和深空应用的 CCSDS 标准以及 GB20600 标准等。

2.2.3　调制和解调技术

调制与解调技术的目的是在较短的天线长度内实现较远距离的信息传输，是无线传感器网络系统的关键技术之一。调制过程就是将基带信号注入到载波信号中，使高频载波的幅度、相位或者频率跟随基带信号幅度的变化而变化，从而将基带信号转变成适合传输的无线电信号。解调过程则是从载波信号中将基带信号提取出来，以便预定的接收者处理和接收的过程。调制是各种通信系统的重要基础，广泛用于广播、电视、雷达、测量仪等电子设备，其主要性能指标是频谱宽度和抗干扰性，如图 2.3 所示。

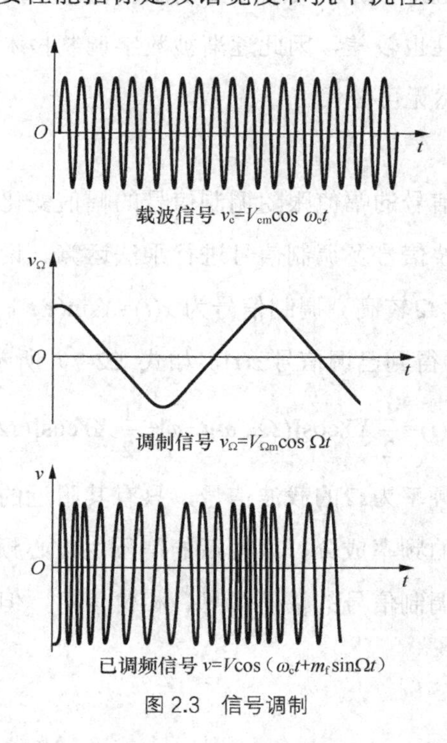

图 2.3　信号调制

一般情况下，信号源的编码信息包括直流分量和频率分量，但是频率分量的频率较低，称为基带信号。一般来说，基带信号不能直接传输，需要把基带信号转变为频率比基带信号频率高很多的带通信号以适合于信道传输。经过转换之后的带通信号称为已调信号。

信号调制的目的是把待传输的低频模拟信号或数字信号转换成高频信号，从而更适合信道传输。一般根据基带信号的类型，信号调制可以分为模拟调制和数字调制。

1. 模拟调制

模拟调制就是用模拟基带信号控制高频载波信号的某一参数，使高频载波信号随着模拟基带信号的变化而变化。在模拟信号调制过程中，基带信号被称为调制信号。在典型的调制方案中，一般选择正弦波作为调制信号，如式（2-6）所示。

$$x(t) = X\sin(\omega t + \varphi) \tag{2-6}$$

调制信号有 3 个参数：幅值、频率和相位，通过改变调制信号的不同参数，调制分为幅度调制（Amplitude Modulation，AM）、频率调制（Frequency Modulation，FM）和相位调制（Phase Modulation，PM），如图 2.4 所示。由于采用模拟调制技术消耗的能量较大，且抗干扰性及灵活性也较差，因此逐渐被数字调制技术取代。但目前模拟调制技术在变频处理中的作用仍然无可替代。

（1）AM。

AM 就是使高频载波信号的幅值跟随调制信号的幅值变化而变化。调幅电路应用较广，其基本原理就是对载波信号及调制信号进行乘法运算。设载波信号为 $y(t)=Y\sin\Omega t$，例如 $y(t)=5\sin100t$，其频率Ω较高。调制信号为 $x(t)=X\sin(\omega t+\varphi)$，例如 $x(t)=10\sin5t$，其频率ω较低，两路信号相乘得到已调信号 $z(t)$，如式（2-7）所示。

$$z(t)=x(t)y(t)=\frac{1}{2}XY\cos[(\Omega-\omega)t-\varphi]-\frac{1}{2}XY\cos[(\Omega+\omega)t+\varphi] \tag{2-7}$$

调幅后的信号中没有频率为Ω的载波信号，只有其附近的一对边频，称为抑制调幅波。若调制信号包含较多的频率成分，调幅后的信号由中心频率Ω附近的很多对边频组成。抑制调幅波中包含有调制信号的幅值信息、相位信息，但必须采用同步解调，才能恢复原调制信号。

（2）FM。

如果高频载波信号的幅值保持不变，频率按调制信号变化规律而变化的调制过程称为调频。瞬时频率可以定义为角位移Φ对时间的导数$\frac{\mathrm{d}\Phi}{\mathrm{d}t}$，正弦波的角位移可表示为

$\frac{\mathrm{d}\Phi}{\mathrm{d}t} = \Omega =$ 常数，调频时瞬时频率为 $\frac{\mathrm{d}\Phi}{\mathrm{d}t} = \Omega[1 + x(t)]$。

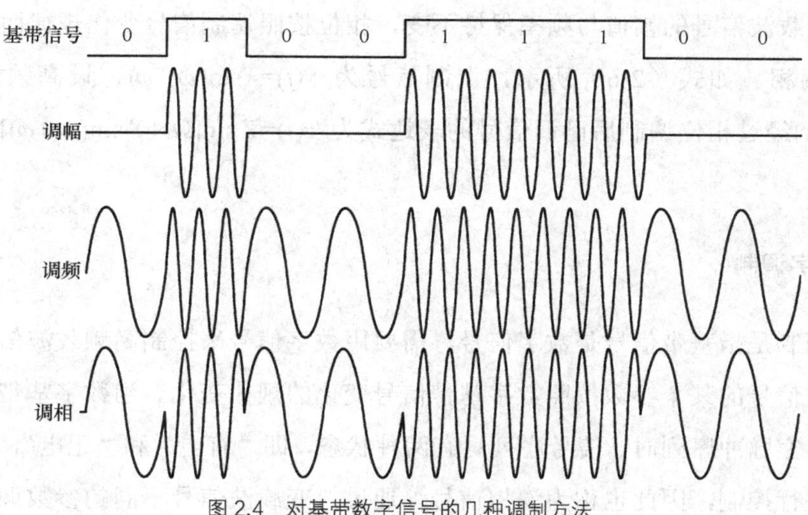

图 2.4　对基带数字信号的几种调制方法

设调制信号为 $x(t)=X\cos\omega t$，则角位移为

$$\Phi = \Omega t + \frac{\Omega}{\omega} X \sin \omega t \tag{2-8}$$

已调信号为

$$\begin{aligned} z(t) &= Y \sin \Phi = Y \sin\left(\Omega t + m_{\mathrm{f}} \sin \omega t\right) \\ &= Y \sin \Omega t \cos\left(m_{\mathrm{f}} \sin \omega t\right) + Y \cos \Omega + \sin\left(m_{\mathrm{f}} \sin \omega t\right) \end{aligned} \tag{2-9}$$

其中，$m_{\mathrm{f}} = \frac{\Omega}{\omega} X$ 称为调频指数。为了研究调频波的频谱，利用贝赛尔函数将式（2-9）展开。

$$\begin{aligned} z(t) = Y\big[& J_0 m_{\mathrm{f}} \sin \omega t + J_1 m_{\mathrm{f}} \sin(\Omega + \omega)t - J_1 m_{\mathrm{f}} \sin(\Omega - \omega)t + \\ & J_2 m_{\mathrm{f}} \sin(\Omega + 2\omega)t - J_2 m_{\mathrm{f}} \sin(\Omega - 2\omega)t + \cdots + \\ & J_{\mathrm{n}} m_{\mathrm{f}} \sin(\Omega + n\omega)t - J_{\mathrm{n}} m_{\mathrm{f}} \sin(\Omega - n\omega)t + \cdots \big] \end{aligned} \tag{2-10}$$

式（2-10）中 $J_{\mathrm{n}}m_{\mathrm{f}}$ 是 m_{f} 的 n 阶贝塞尔函数。式（2-10）表明，当调制信号为正弦波时，且大多数的信号都可以表示成正弦波的形式，调频波中含有无穷多的频率成分，调频比调幅所要求的带宽要大得多，但因调频信号所携带的信息包含在频率变化中，而一般干扰作用主要引起信号幅度变化，对于调频波很容易通过限幅器消除干扰，所以调频能有效地改善信噪比，高性能的磁带记录仪往往采用调频技术。

（3）PM。

若高频载波信号的幅值与频率保持不变，相位按照调制信号变化规律而变化的调制过程称为调相。如式（2-6）所示，调制信号为 $x(t)=X\sin(\omega t+\varphi)$，设高频载波信号为 $y(t)=Y\sin(\Omega t)$经过相位调制后已调信号的表达式为 $z(t)=Y\sin[\Omega t+Y\sin(\omega t+\varphi)]$，与频率调制过程相似。

2．数字调制

数字调制是指基带信号是数字信号，需要用数字信号来控制高频载波信号的参数，使高频载波信号的某个参数按照数字基带信号变化的规律变化。当数字基带信号为二进制矩形全占空脉冲序列时，信号序列只有两种状态，即“有电”和“无电”，可以通过电键对信号进行控制，因此也称为键控信号。通过改变载波信号不同的参数调制方式分为三种类型：幅移键控（Amplitude Shift keying，ASK）、频移键控（Frequency Shift Keying，FSK）和相移键控（Phase Shift Keying，PSK）。它们对应于分别用载波信号的幅值、频率和相位来传递数字基带信号，下面以二进制为例进行说明。

（1）ASK。

ASK 是指载波信号的幅值随二进制调制信号的变化而变化的数字调制技术，而载波信号的频率和相位保持不变。当发送为“1”时，有载波信号输出，幅值不为 0；当发送为“0”时，无载波信号输出，幅值为 0。

（2）FSK。

在 FSK 中，用数字信号去调制载波的频率，载波信号的频率随基带信号比特流的变化而变化，由于基带信号的比特流只能取“0”或“1”，因此载波频率也仅在两值之间变化。它的优点有很多，主要包括易于实现，抗噪声与抗衰减的性能较好，已广泛应用于中低速数据传输。

（3）PSK。

由于数字基带信号只有“有电”和“无电”两个电平状态，PSK 就是指根据数字基带信号的两个电平状态使载波信号的相位在两个不同的数值之间相互变换。在 PSK 中，载波信号的相位随比特流的变化而变化。当比特流从“1”变为“0”或者从“0”变为“1”时，相移 180°。根据用载波相位表示数字信息的方式不同，又可以将相移键控分为绝对相移键控和相对相移键控两种方式。

绝对相移键控是利用已调信号中载波的不同相位直接来表示数字基带信号。例如在二进制绝对相移键控中，规定数字基带信号为“1”时，已调信号与未调载波信号同相；数字基带信号为“0”时，已调信号与未调载波信号反相。如式（2-6）所示，设载波信号为 $x(t)=X\sin(\omega t+\varphi)$，已调信号可表示为

$$s(t)=\begin{cases}X\sin(\omega t+\varphi) & \text{，发“1”时}\\ X\sin(\omega t+\varphi+\pi) & \text{，发“0”时}\end{cases} \tag{2-11}$$

采用绝对移相方式，因为发送端是以载波相位为基准的，所以接收端也必须采用相同的载波相位作为基准。如果接收端作为基准的载波相位与发送端的载波相位是反相的，这样恢复出来的数据是错误的，会将接收到的数字信息“0”误恢复为“1”，将“1”误恢复为“0”。在实际的通信系统中，接收端在恢复载波时可能存在相位模糊的现象，相位有可能出现随机跳变，可能与发送载波同相，也有可能与发送载波反相。因此，在实际应用中，进行相位调制时往往采用相对移相方式。

相对移相键控是根据前后相邻的两个码元之间已调信号中载波相位的相对变化程度来对数字基带信号进行描述。载波相位的相对变化通常是指将本码元初相与前一码元的终相进行比较，相位是否发生变化。

2.2.4 扩频技术

信号仅经过调制是不行的，还需要进行扩频。扩频是一种在传输数据之前，发送端将待发送的数据通过扩频技术实现频谱扩展，而且接收端采用相同的扩频码序列对接收到的数据进行解扩及相关处理，恢复原始数据的通信方式。一个典型的扩展频谱系统如图 2.5 所示。

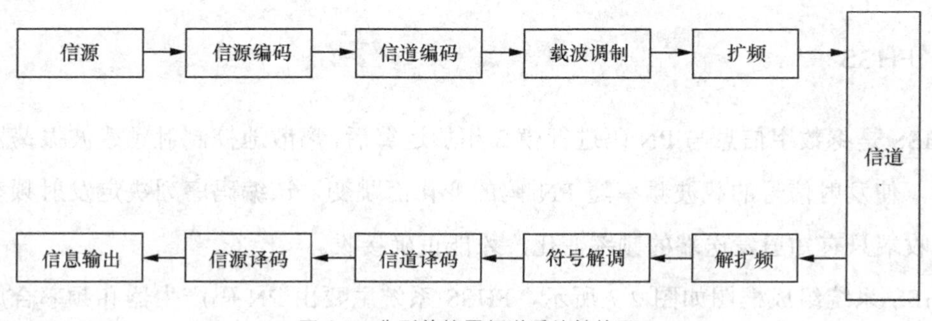

图 2.5 典型的扩展频谱系统结构图

与常见的窄带通信方式不同的是，扩频通信是指将带传输的数据进行频谱扩展后再进行宽带通信，在接收端经过相关处理恢复成窄带信号解调出数据。扩频通信采用高速编码技术，使传输信息的频带宽度得到提高，这样经过扩频技术处理后的传输信息的带宽远大于待传输数据本身所占的带宽，例如待传输数据本身的带宽为Δf，传输信息的带宽为ΔF，则$\Delta F > \Delta f$。在接收端使用相应解调技术进行解扩，恢复所传输的原始数据。它的优点是增强了系统的抗干扰能力，可以实现多址通信，保密性得到提高。常见的扩频技术包括直接序列扩频（Direct Sequence Spread Spectrum，DSSS）、跳频扩频（Frquency Hoping Spread Spectrum，FHSS）、跳时扩频（Time Hoping Spread Spectrum，THSS）以及线性扩频（chirp Spread Spectrum，chirp-SS）等方式。

待传输的原始信号通过扩频技术使其频谱展宽，一般采用 PSK 调制对频谱展宽后的序列进行射频调制，然后通过天线发射出去。在接收端，将接收到的射频信号进行混频处理，然后采用与发射端相同的扩频码序列进行解扩，解扩后的信号通过解调器恢复成原始信号。

1．DSSS

DSSS 是指在发射端采用高码率的扩频码序列扩展源信号的频谱，并且在接收端采用相同的扩频码序列对接收到的序列进行解扩，把接收到的扩频信号还原成源信号。具体说，就是将源信号与一定扩频码（PN 码）进行模二加运算。例如在发射端为了实现扩频，可以将“1”用序列“11000100110”表示，将“0”用序列“00110010110”表示。而在接收端，将接收到的序列“11000100110”恢复成“1”，将接收到的序列“00110010110”恢复成“0”，以实现解扩。通过直接序列扩频，信源速率提高了 11 倍，处理增益达到 10dB 以上，可以有效地提高整机信噪比。DSSS 系统的工作原理如图 2.6 所示。

2．FHSS

FHSS 是将数字信息与 PN 码进行模 2 相加运算后，离散地控制射频载波振荡器的输出频率，使发射信号的载波频率随 PN 码的变化而跳变，该编码序列决定发射频率的次序。接收端只有知道发送端的频率变化，才能正确接收。

FHSS 系统组成框图如图 2.7 所示，FHSS 系统主要由 PN 码产生器和频率合成器两部分组成。在 FHSS 系统的发射端，由 PN 码序列随机设定频率合成器，使发射频率能随机地跳变，在很宽的频率范围内不断地随机跳变。接收机端的频率合成器也由相同的PN 码进行设定，使其与发射端的频率做相同的改变，即收发调频必须同步，就可以保证通信的建立，将频率跳变信号转换为一个固定频率的信号。

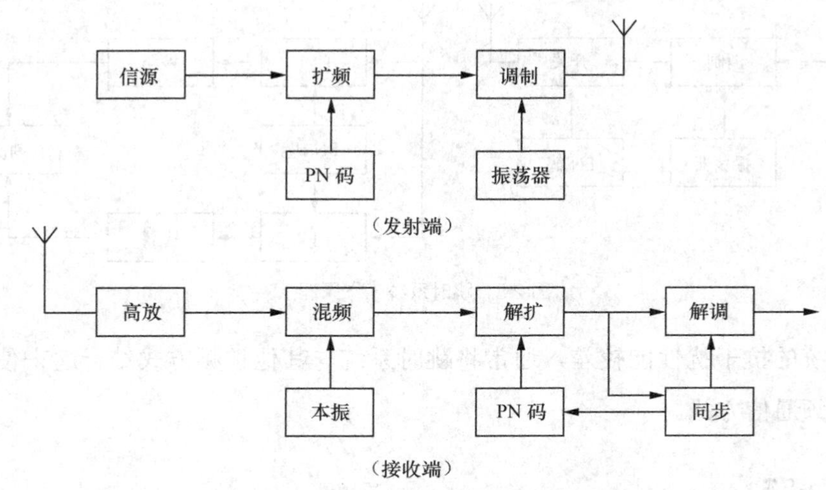

图 2.6 直接序列扩频系统的工作原理图

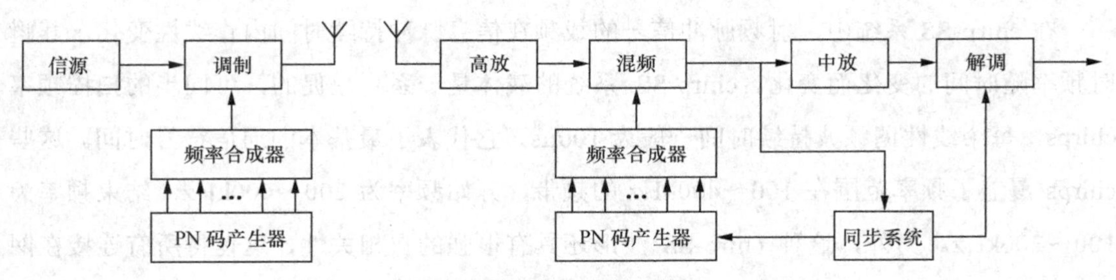

图 2.7 跳频扩频系统组成框图

定频通信系统是指载波频率固定的通信系统，如通常接触到的移动电话等。使用定频通信系统容易暴露目标且易于被截获，一旦受到干扰，就将使通信质量下降，甚至使通信中断。跳频通信的优点包括隐蔽性强、不容易被截获、抗干扰、抗截获，并能实现频谱资源共享。跳频通信的巨大的优越性，使其在现代化电子以及民用通信中应用广泛。

3. THSS

THSS 是用 PN 码来控制信号发送时刻及发送持续时间的长短，它与 FHSS 的差别在于前者控制频率，后者控制时间。THSS 系统与时分系统有些相似，时分系统是指在一帧中固定分配一定位置的时片，而跳时系统中，将一个信号分为若干时隙，由伪随机码控制时隙选择和发送持续时间的长短，发射信号的“有”、“无”同 PN 码一样是伪随机的。THSS 系统工作原理如图 2.8 所示。

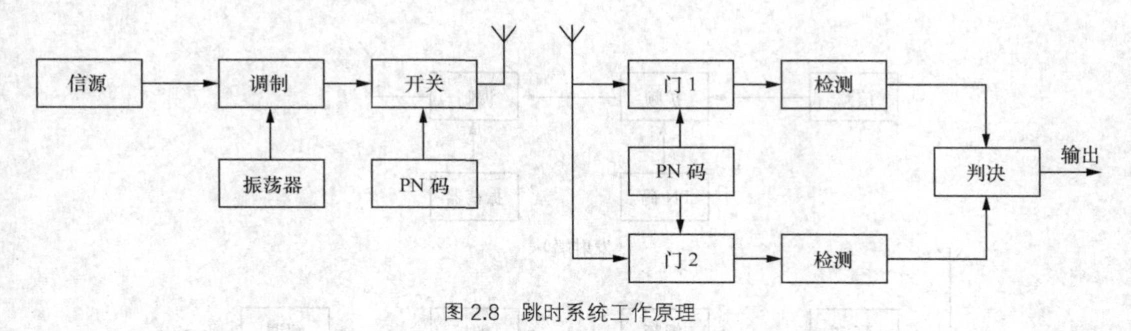

图 2.8　跳时系统工作原理

跳时系统的抗干扰性能较差，通常将跳时系统与其他扩频方式结合起来使用，构成各种混合扩频通信方式。

4．chirp-SS

在 chirp-SS 系统中，射频脉冲信号的载频在信息脉冲持续时间内作线性变化，其瞬时频率随时间的变化而变化。chirp-SS 系统的载体是一系列短促的，可同步的扫描频率 chirps，每个线性调频波持续时间一般为 100μs，它代表了最基本的通信符号时间。这些 chirps 覆盖了频率范围在 100～400kHz 的频带，开始频率为 200～400kHz，结束频率为 100～200kHz。另外，这种 chirp-SS 波形还具有很强的自相关性，这使得所有连接在网络上的设备同时识别从网络上任意设备发出的这种独特波形成为可能，并且发送设备和接收设备之间不需要同步。

2.3　物理层调制解调方式与编码方式

物理层调制解调方式主要包括脉冲位置调制机制和差分脉冲位置调制机制。而且由于无线传感器网络的传输信道是多径衰落的和随机时变的，信道状态信息会不断发生变化，信号传输过程中可能会突发严重的错误，需要采用自适应编码调制技术来解决信道质量波动的问题。

2.3.1　差分脉冲位置调制机制

脉冲位置调制（Pulse Position Modulation，PPM）是一种改变脉冲发生时间的调制方式，是无线传感器网络系统最典型的调制方式。PPM 衍生出的差分脉冲位置调制（Differential Pulse Position Modulation，DPPM）通过去除符号中多余的时隙，以提高传输速率，同时由于符号是以脉冲结束的，系统不需要符号同步，因此 DPPM 相比 PPM 具有系统结构简单和传输速率高的特点。

1．PPM

由于在脉冲位置调制系统中，接收端只需要检测时隙中有无脉冲，而不需要考虑脉冲的持续时间和幅度，因此 PPM 相比脉冲幅度调制以及脉冲宽度调制等有较好的性能。PPM 通过改变脉冲之间的延迟来实现，所调制的脉冲持续时间和幅度相同。若采用二进制的脉冲位置调制，经过 PPM 调制后，将传输数据“0”调制为“0 1”；将传输数据“1”调制为“1 0”。若为四进制的脉冲位置调制，如果待传输的数据为“0 3 1 2”，则经过 PPM 调制后数据为“0001 1000 0010 0100”。每个待传输的数据经过 N 进制的脉冲位置编码后，数据位数为 N，需传输的数据信息表示为脉冲所在的不同位置。以四进制脉冲位置调制为例，当传输数据为“2 0 1”时，经过 PPM 后序列为“0100 0001 0010”，对应的脉冲波形及位置如图 2.9 所示。

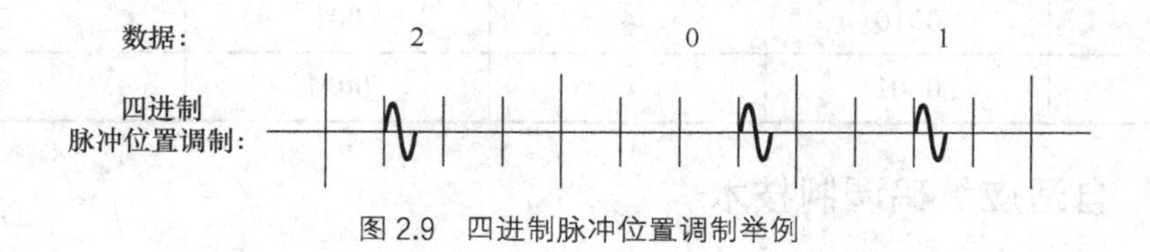

图 2.9　四进制脉冲位置调制举例

假设 PPM 具有单位脉冲幅度，$p(t)$是发射脉冲波形，T_{f}是经过 PPM 调制后的符号长度，$a_j^{(k)}$ 是用户 k 发送的第 j 个数据。$a_j \in \{0,1,\cdots,M-1\}$，$T$ 是时隙时间，考虑多用户情况，则第 k 个用户的 M 进制的 PPM 信号可以表示为

$$s^{(k)}(t)=\sum\nolimits_{j=-\infty}^{\infty} p(t-T_{\mathrm{f}}-a_j^{(k)}T) \tag{2-12}$$

2. DPPM

由于 PPM 需要时隙以及符号同步，这使接收端的复杂度较高。DPPM 对 PPM 进行了修改，DPPM 信号将对应的 PPM 信号中脉冲“1”后面的“0”去除，使系统的功率及带宽效率得到提高，而且 DPPM 信号长度是不固定的，不需要符号同步。

表 2.4 对比了四进制 PPM 和 DPPM 的符号映射关系。如表 2.4 所示，DPPM 符号去除了对应 PPM 符号中“1”后面的“0”。第 j 个 DPPM 符号 B_j 的长度由所调制的数据决定，$\lambda_j=a_j+1$。累计 DPPM 符号长度Λ_j 可以表示为

$$\Lambda_j=\begin{cases}\sum_{k=0}^{j-1}\lambda_k, & j>0\\ 0, & j=0\end{cases} \tag{2-13}$$

$\Lambda_j T$ 表示第 j 个符号的开始时间。M 进制 DPPM 就可以表示为

$$s^{(k)}(t)=\sum_{j=-\infty}^{\infty}p\left(t-\Lambda_j T-a_j^{(k)}T\right) \tag{2-14}$$

表 2.4　　四进制 PPM 和四进制 DPPM 符号映射对比

数据	4PPM		4DPPM	
	符号	长度	符号	长度
0	1000	4	1	1
1	0100	4	01	2
2	0010	4	001	3
3	0001	4	0001	4

2.3.2　自适应编码调制技术

自适应编码调制技术是基于信道状态信息来确定当前信道的容量，从而进一步选择更合适的编码调制方式，以实现最大限度地发送信息，这样可以达到较高的速率；而且，自适应编码调制技术针对固定用户的信道质量变化提供相应的调制编码方案，从而使其传输速率和频谱利用率提高。

1. 自适应编码技术

自适应编码技术的基本思想是根据信道特性的变化，自适应地改变信道编码方式或

者改变同一编码方式中的相关参数（如码率），保证其系统整体性能不变。其实质是通过不同码率的编码增益来补偿信道衰减带来的损失。

图 2.10 为某一频段无线通信自适应编/译码系统框图。地面站 A 为信号发射端，经过编码后的原始信号经过相应频段的传输信道后到达接收端，即地面站 B。当 B 站受环境或其他原因影响时，接收到的信号可能会发生衰减。B 站通过信道估计检测出当前的信道衰减情况，经过反向链路通道传送到地面站 A，A 站相适应地改变编码参数（码率或者码长）以提供不同的编码增益来抵抗信道衰减带来的损失。同时 B 站译码器也相应地改变参数，完成自适应编/译码过程。

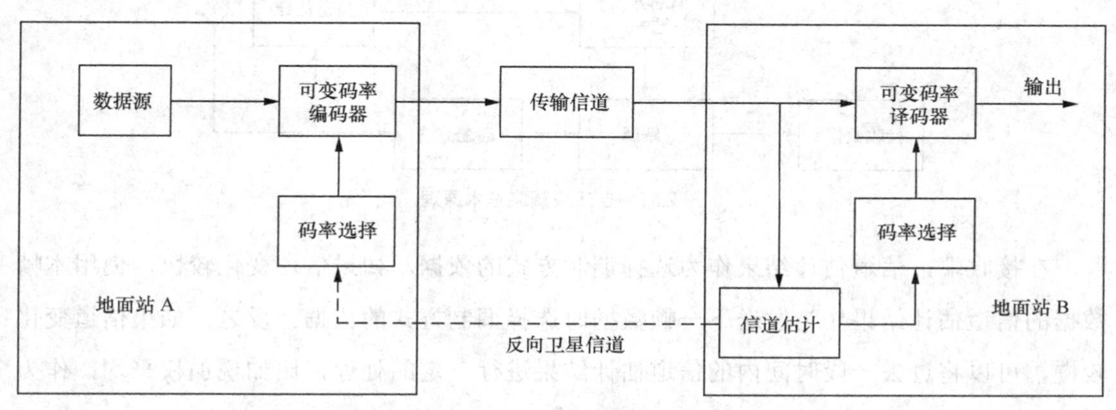

图 2.10　一种自适应信道编译码系统框图

自适应编码技术在进行信道编码方案选择时需要考虑以下几个问题。

（1）编码增益。信道编码方案的选择必须能够提供较大的编码增益来抵抗由于环境影响或其他原因造成的信道衰减。

（2）实现复杂度。信道编码方案的选择应该使编/译码复杂度较低，硬件实现起来较容易。

（3）码率。码率越高，频带利用率越高，但是编码增益越小，这与高的编码增益是互相矛盾的，在实际应用时要将两者综合考虑。

（4）同步。要求译码器有很强的自同步能力，使码率切换要和信道变化同步，否则数据有可能丢失。

2．自适应调制技术

自适应调制技术是一种根据信道特性的变化自适应地改变信号调制方式的技术，其目的是在一定的误码率水平下使频带利用率达到最大。自适应调制技术的原理是，当信道特性良好时，系统载噪比增大，采用高阶调制方式使系统信息传输速率尽可能提高。当信道特性较差时，系统载噪比降低，为了保证系统的通信质量，采用低阶调制方式降低信息传输速率。图 2.11 为一种典型的自适应调制原理框图。

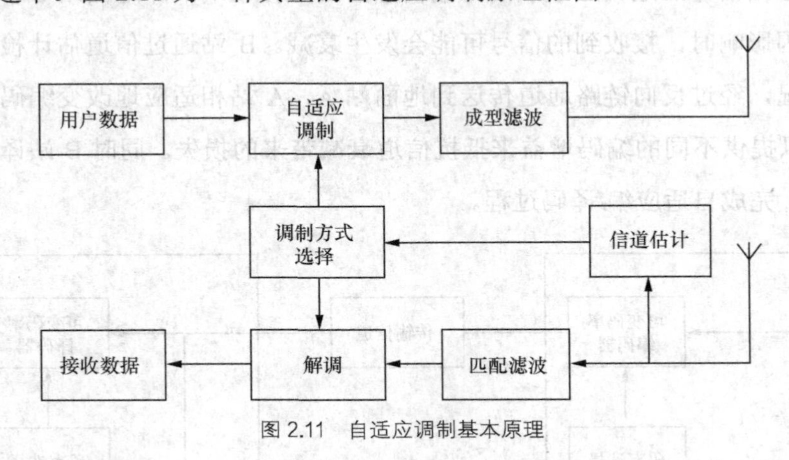

图 2.11　自适应调制基本原理

在接收端，信道估计结果作为选择调制方式的依据。如果信道变化较快，使用本帧数据的信道估计结果作为发送下一帧数据时选择调制方式的依据。反之，如果信道变化较慢，可以将过去一段时间内的信道估计结果进行一定的处理，比如说加权平均，作为未来一段时间发送数据时选择调制方式的依据。

自适应调制系统中，在不同调制方式之间相互转换需要预先确定转换的门限值，门限值的选择对系统的性能有直接的影响。根据确定不同调制方式之间转换的门限值的方式不同，可以分为两类：基于误比特率/误符号率的选择算法和基于最大吞吐量的选择算法。基于误比特率/误符号率的选择算法主要是为了保证系统的可靠性，首先设置一个能保证通信质量的最高误码率水平，在不同的调制方式下，该误码率都与一个信噪比阈值相对应，根据信噪比估计值落在的阈值区间不同来选择调制方式。而基于最大吞吐量的选择算法主要是为了保证系统的有效性，根据当前信噪比的估计结果选择能够使系统吞吐量达到最大的调制方式。

3．自适应编码调制技术

自适应编码调制技术的基本原理是保持发射端信号发射功率不变，根据不断变化的信道状态质量自适应地改变调制和编码方式，从而不论信道状态的好坏而获得最大的数据吞吐量，保证数据传输质量。采用自适应编码调制技术的目的在于提高传输链路频谱利用率，降低系统误比特率，保持发射功率恒定，最大程度避免对其他用户造成的干扰或者满足传输不同类型数据时的不同需求。

根据实现方式的不同，自适应编码调制技术大致可以分为两类：基于混合自动回询重传（Hybrid Automatic Repeat request，HARQ）体制的自适应编码调制技术和基于信道状态信息的自适应编码调制技术。

（1）基于 HARQ 体制的自适应编码调制技术。

典型的 HARQ 系统包括 FEC 编码与自动回询重传（Automatic Repeat request，ARQ）两部分。FEC 技术通过将纠错的冗余信息添加到待传输的分组数据中，可以在一定程度上保证有效地和可靠地传输分组数据。但如果在传输过程中，造成分组数据的出错超出了纠错码的保护范围时，FEC 技术将不能起作用。ARQ 技术是通过简单地出错重传来应对分组数据传输错误。而 HARQ 系统把 FEC 技术与 ARQ 技术结合在一起：首先分组数据在传输过程中常见的错误由 FEC 技术纠正，如果 FEC 技术不能纠正分组数据在传输过程中出现的全部错误时，则再由接收端向发送端发送请求，请求发送端重新传送分组数据。HARQ 系统结合了 FEC 和 ARQ 的优点，同时具有前向纠错与出错重传机制，可以显著提高分组数据传输的完整性和可靠性，并能够通过出错重传机制动态适应信道的变化，但是 HARQ 系统的缺点是具有较大的传输时延。

（2）基于信道状态信息的自适应编码调制技术。

数字通信中，信道状态信息指在接收端获取的信道信息，可以通过辅助信道或直接检测信噪比来获取信道状态信息。在实际应用中，信道状态信息可以用多种形式表示。比如说，可以从物理层获得信噪比或信干燥比，而在数据链路层，信道状态信息可以通过 CRC 得到的误包率或误比特率得到。

接收端在接收分组数据的同时，根据接收到数据信号的幅值变化以及错误率等信息来估计和预测发送下一帧数据时的信道状态信息并将其传送给发射端，发射端根据反馈回来的信道状态信息选择发送下一帧数据时采用的编码调制方式。通过基于信道状态信息的自适应编码调制技术，在传输分组数据时能够更好地适应信道的变化。

图 2.12 所示的是基于信道状态信息的自适应编码调制系统管理框图。发射端由参数可调的信道编码器和可调速率的调制器构成。接收端利用信道估计器检测出当前信道的状态信息，并通过反馈信道将信道估计结果传送给发射端。发射端依据自适应调

整算法，修改信道编码器和可调速率调制器的参数，改变编码调制方式，从而保证接收端信噪比恒定，使系统平均频谱利用率最大。同时，接收机通过解调器和译码器获得所需的数据。

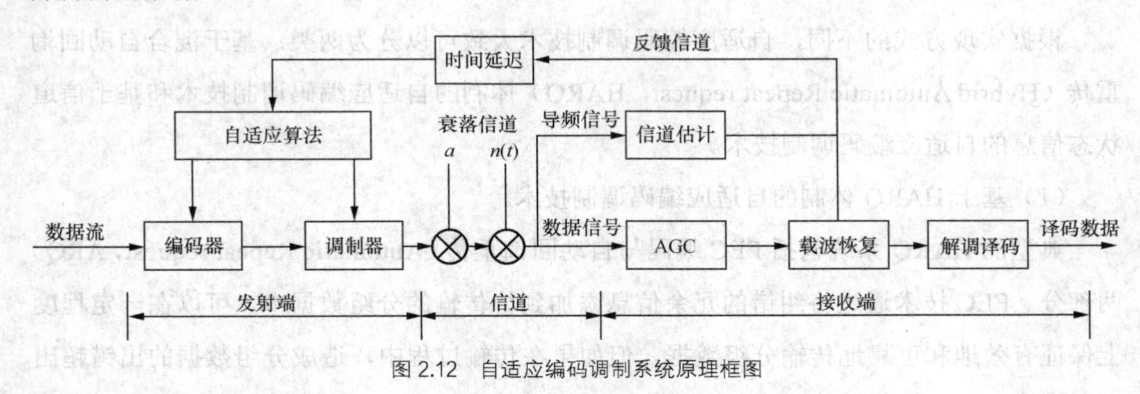

图 2.12　自适应编码调制系统原理框图

在这种自适应编码调制技术中，它是根据信道状态信息来设计自适应调整策略，具体的自适应调整方法如下。

① 基于信噪比获取信道状态信息的自适应调整策略。

首先接收端对信道的信噪比进行测量，并把测量的结果反馈给发射端。在每个候选编码调制方式的基础上，发射端把信噪比指标转换成相应的误比特信息，然后基于系统对误比特率指标的要求，选择一个能达到最大吞吐量的工作模式。根据发射端对信噪比的测量结果，实时调整系统的编码调制模式，从而动态适应信道特性的变化。

② 基于误包率获取信道状态信息的自适应调整策略。

系统所选择的编码调制方式与误包率之间存在着一定的对应关系。首先统计一段时间内系统的误包率，然后根据误包率来确定系统在哪种编码调制方式下性能最佳。但是这种调整策略的性能受到统计时间的限制，因此需要选择一个合适的统计时间长度。基于误包率获取信道状态信息的自适应过程比较缓慢，产生的时延较大，所以一般将该策略与其他自适应调整策略相结合使用。

③ 基于信噪比和误包率相结合获取信道状态信息的自适应调整策略。

基于信噪比获取信道状态信息的自适应调整策略的自适应过程相对较快，但是采用这种自适应策略时，需要通过计算机仿真获取自适应调整的阈值，这与实际的阈值会有所不同。在这一点上，可以考虑结合更高层次上的统计特性来改进自适应调整阈值的精度。即采用基于信噪比获取信道状态信息的自适应调整策略进行粗调，然后再根据基于误包率获取信道状态信息的自适应调整策略进行细调。

在移动通信系统中采用自适应编码调制技术有很多特点，随着信道环境的变化而调整编码调制方式，从而改变数据传输的速率。在信道质量好时，用户可以获得较高的数据传输速率，从而增加系统的吞吐率，而在信道条件较差时，用户通信的数据传输速率很低。因此自适应编码调制方式仅适用于对数据速率和延时没有要求的分组交换业务，如网页浏览和文件下载业务。而在自适应编码调制过程中，需要保持发射功率恒定而自适应调整编码调制方式，因此应用于多用户系统时，用户间的干扰不会那么剧烈。

习 题

2.1 无线传感器网络的通信传输介质有哪些？各有什么特点？

2.2 IEEE 802.15.4 标准主要工作是什么，有哪些特点？

2.3 IEEE 802.15.3a 标准具体特点是什么？

2.4 为什么要进行信道编码?

2.5 目前无线传感器网络通信采用的频段有哪些？原因是什么？

2.6 无线通信为什么要进行调制和解调？都有哪些方法？

第3章 无线传感器网络的数据链路层

数据链路层是 OSI 参考模型中的第二层，介于 PHY 和网络层之间。数据链路层在物理层提供的服务的基础上向网络层提供服务，其最基本的工作是将来源于网络层的数据安全稳定地传输到相邻节点的目标机网络层。无线传感器网络的数据链路层的功能主要包括：将数据以数据块的形式组装起来，这种形式在无线传感器网络中被称为帧，它是数据链路层的传送单位；控制帧在无线信道上的传输，这种传输必须是稳定的，主要工作包括对错误的传输做出反应，调节发送参数，使得发送方和接收方能顺利完成传输以及做一些准备工作供数据链路通路的建立、维持和释放。

3.1 无线传感器网络数据链路层概述

在无线传感器网络的协议标准中，数据链路层是极其重要的一层，尤其是多媒体访问控制，其原因在于无线传感器所携带的能量是有限的，因此使得功率控制在各个环节都显得尤为重要，媒体访问控制旨在降低节点访问媒体时的功耗。

3.1.1 数据链路层的功能

数据链路层主要负责数据流的复用技术、数据帧检测技术、介质访问接入技术和差错控制技术，实现接入控制以及在节点之间建立可靠的通信链路。

数据链路层就是将 PHY 的物理连接链路转换成逻辑连接链路，在这个过程中利用了 PHY 提供的数据传输功能，形成一条正确的、可靠的链路。数据链路层同时也向它的上层，即网络层提供透明的数据传送服务，主要包括数据流多路复用、数据帧监测、媒体介入和差错控制，使得无线传感器网络内点到点、点到多点都能顺利连接。

1．成帧（帧同步）

数据链路层先使用 PHY 提供的服务，在此基础上再向网络层提供服务。PHY 是以比特流进行传输的，但比特流并不能保证完全正确地传输数据，接收方接收到的位数量可能等于或不等于发送的位数量。而且它们还可能有不同的值，这时数据链路层为了能实现数据的正确传输，就采用了一种被称为“帧”的数据块进行传输。而要采用帧格式传输，就必须有相应的帧同步技术，这就是数据链路层的“成帧”（也称为“帧同步”）功能。

2．差错控制

在数据通信过程中可能会因为物理链路层的性能和网络通信环境等因素出现一些传送错误，为了确保数据通信的可靠性，必须尽可能降低这些错误发生的机率。这一功能也是在数据链路层实现的，就是它的“差错控制”功能。

3．流量控制

在双方的数据通信中，控制数据通信的流量也是需要重视的问题。流量控制既可以确保数据通信的有序进行，还可以避免通信过程中出现因为接收方忙，来不及接收而造成的数据丢失。这就是数据链路层“流量控制”功能。

4．链路管理

数据链路层的“链路管理”功能包括数据链路的建立、链路的维持和释放三个方面。当网络中的两个节点要进行通信时，数据的发送方需要确定接收方是否已做好接收数据的准备，为此通信双方必须先交换一些必要信息，以建立一条基本的数据链路，并且在传输数据时维持数据链。

5．MAC（介质访问控制）寻址

MAC 寻址是数据链路层中的 MAC 子层主要的功能。寻址所寻找的地址是计算机网

卡的 MAC 地址，也称“物理地址”、“硬件地址”，而不是 IP 地址。在以太网中，一般采用 MAC 地址进行寻址，而 MAC 地址被烧入到每个以太网网卡中。

MAC 层给上层提供的服务有：数据传输，这里面隐含了对上层数据处理，比如优先级处理和逻辑信道数据的复用；无线资源分配与管理，包括调制与解码策略的选择、数据在物理层中传输格式的选择以及无线资源的使用管理，因此 MAC 层掌握了所有物理层资源的信息。

3.1.2 数据链路层的主要研究内容

数据链路层研究的主要内容分为 MAC 和差错控制两部分。在无线传感器网络中，差错控制有自动重发请求、前向纠错两种方式。自动重发请求需要额外的传输功耗和系统开销，所以不适用于无线传感网。然而，当需要保证一定纠错能力时，前向纠错编码的编码复杂度最高，自动重发方式的应用能更大程度上节省传感器节点处理器的开销。自动重发请求和前向纠错方式已有非常成熟的理论，因此无线传感器网络数据链路层的设计主要集中在介质访问控制协议上。

在无线传感器网络中，节点与节点间的数据传输通过无线信道来完成。无线信道特有的广播特性使得某发送节点发送的信号会被该节点附近的节点接收。若两个距离较短的节点在同一时刻发送数据时，在它们的邻居节点，即数据的接收方处通常会发生信号碰撞，使得信息传输失败。所以，在无线传感器网络中，如果同一无线信道被多个节点共享，此时应该在节点间合理分配信道，避免因为信号叠加而产生的传输失败。MAC 协议解决的就是节点接入信道的时机问题。一个高效合理的 MAC 协议，可以使得凡是需要发送数据的节点，在较短的一段时间内都能顺利的接入到信道当中。同时，在数据的传输过程时不会发生频繁的信号冲突。

3.1.3 无线传感器网络数据链路层关键问题

无线传感器网络的数据链路层在设计时需要考虑一些关键问题来保障数据能够安全、准确、持续地传输。数据链路层最基本的工作是将来源于网络层的数据安全稳定地传输到相邻节点的目标机网络层，因此在数据链路层的设计中，首先要被关注的问题就是传输的安全，除此之外，还有以下几项关键性问题。

1. 网络性能的优化

在 MAC 协议中，无线传感器网络的关键性能指标是互相影响的，而不是独立存在的，提高一种性能时也有可能会降低无线传感器网络的其他性能。而现在所提出来的 MAC 协议往往只考虑一种或两种性能指标，而不是综合考虑各种指标之间的相互影响，使之达到更好的性能。

2. 跨层优化

无线传感器网络各层之间能够实现合作和信息共享，这是无线传感器网路与传统的无线网络最大的不同。无线传感器网络中的跨层设计使得各层之间能够共享一些信息，这样能够达到共同调节网络性能的目的。

3. 能量效率问题

在无线传感器网络中，无线信号的收发是能量的主要消耗环节。无线通信模块一般有 4 个状态，即发送、接收、空闲和休眠，在这 4 个状态中，能量消耗逐级递减。协议如果能够合理地调整节点侦听和休眠的时间比例，考虑休眠期间节点的接收和唤醒期间节点收发的最大利用率，就能最大限度地节省能量，达到持续的目的。

在无线传感器网络的数据链路层上，MAC 协议的多余能量消耗主要体现在以下几个方面。

碰撞：在无线信道上，同时发送数据的两个节点会因为发射信号的碰撞而发射不成功，这造成了能量的大量浪费。

持续侦听：在无线传感器网络中，接收节点无法获知数据到达的时间，此外每个节点还需要了解各节点的拥塞状况，因此节点必须始终保持侦听状态，但这里包含了许多没必要的侦听，从而浪费了许多能量。

控制开销：为了保证无线传感器网络的可靠性，MAC 协议需要使用一些控制分组来调节节点，但这些控制分组中不存在有用的数据，因此也是多余的能量消耗。

4. 公平性

每个节点都有相同的权力来访问信道，每个节点的能量消耗应该保持大概的平衡从而达到延长整个网络生存寿命的目的。

5．可扩展性

无线传感器网络域具有规模大、分布密集的特点，这是和其他无线网络相比较为优越的地方。无线传感器网络的 MAC 协议必须具有可扩展性，才能保证网络的节点分布结构能够动态变化。

6．信道共享问题

在无线网络中存在三种信道共享方式，即点对点、点对多点、多点对多点。无线传感器网络采用的就是多点对多点的共享方式，更准确地说应该是以一种多跳共享方式，也可以说这是一种信道的空间复用方式。

而信道共享容易造成两个问题：数据的冲突和串扰。

数据的冲突：当同一信道上有两个节点都在发送数据时，若它们相互干扰则将导致数据包发送不成功，这会使数据的时延增加，也将消耗一些不必要的能量，因此避免信道上的冲突是信道共享所必须考虑的一个问题。

串扰：在一个共享的无线信道中，每个节点都能够接收到信道中传输的数据，但是有许多数据是自己不需要的，接收之后再将其抛弃，在这个过程中也将造成能量的大量浪费。

3.2 MAC 协议概述

MAC 协议决定了节点什么时候允许发送，控制对物理层的所有访问。MAC 协议的主要作用是保证资源公平和有效地共享。MAC 机制主要分为基于竞争的协议和无竞争的协议。基于竞争的协议的基本思想是每个节点通过竞争媒体资源来进行信息的传输，当超过一个节点同时发送时，就会发生信息的碰撞。与基于竞争的协议不同，无竞争的协议为每个通信的节点分配了专用的信道资源，有效地减少了信息发送冲突，缺点是因此降低了突发数据业务时的信道利用率。

3.2.1 MAC 协议基础

在无线传感器网络中，MAC 协议决定了无线信道分配给节点的方式。MAC 协议处于无线传感器网络协议的底层部分，能在很大程度上影响传感器网络的性能，无线传感器网络的高效通信需要几个重要的网络协议，MAC 协议就是其中之一。无线传感器网络内大量节点之间的合作实现了无线传感器网络的强大功能，多个节点之间的通信分为局部通信和全局通信，前者需要 MAC 协议负责无线信道分配，后者则需要由路由协议来确定通信路径。

1. 信道接入机制

信道接入技术为点到点、点到多点或者多点共享建立了可靠的通信链路。信道接入技术能够达到网络低功耗、良好自适应和自组织的目的，与此同时还能满足其他的特定应用需求，如实时性与效率公平性。

不同方式的信道接入机制具有不同的优劣势，也分别有适合自己的应用场景。无线网络的信道接入方式分类如图 3.1 所示，下面对 MAC 协议的信道接入机制进行分析和归纳如下。

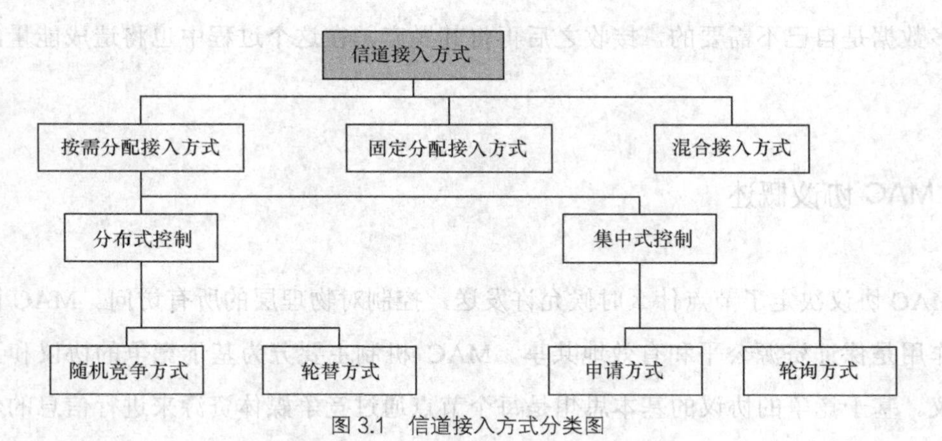

图 3.1 信道接入方式分类图

（1）按需分配接入方式。

在按需分配接入方式中，所有竞争节点共享无线信道资源，节点需要收发数据时，会暂时获得所需要的带宽，并在该带宽内完成数据的收发；当节点没有业务需要时，分配到的带宽就会被释放掉以供其他节点使用。

① 分布式控制。

在分布式控制中，节点自主获得信道带宽的使用权，无需控制中心统一协调。节点自主获得信道使用权时需要按照某种规则，这些规则的机制主要包括随机竞争方式和轮替方式两种类型。

② 集中式控制。

在集中控制方式中，有一个负责分配信道的控制中心，根据节点的业务需求，以某种方式统一的协调和分配无线信道资源。这些规则的具体机制可以分为申请方式和轮询方式两类。

（2）固定分配接入方式。

在固定分配方式中，把多个节点共享的某一条信道分割成若干个相互独立的子信道，每个子信道又分配给一个或多个节点专用。当有发送任务时，节点用自己被分配到的信道进行发送，在这个过程中不存在竞争。这种类型的典型协议为时分多址（Time Division Multiple Access，TDMA）、频分多址（Frequency Division Multiple Access，FDMA）、码分多址（Code Division Multiple Access，CDMA）和空分多址（Space Division Multiple Access，SDMA）系统。TDMA 技术将时间轴划分为若干时隙，不同的节点有不同的时隙，节点在自己占用的时隙来时才发送分组。在 FDMA 技术中，可用的无线资源信道以频段被划分为许多子频段，每个子节点都分配有单独的频段，各个节点在其专有的子频段上发送数据。

固定分配方式能够保证每个节点都能获得满足发送任务的信道和发送时延。但是，固定分配方式无法适应网络业务的动态变化，当节点无业务需要时，该节点被分配到的信道不会被释放，从而影响信道利用率。此外，该分配方式也不适用于固节点破坏和节点数目增加的情况，因此，固定分配方式只适用于网络拓扑结构相对固定，业务稳定、连续的应用场合。

（3）混合接入方式。

任何信道接入方式都肯定有自身的局限性，不能适用于所有的场景。在同一个无线传感器网络中可能存在多种发送需求，或者希望充分利用某种方式的优点并且减少其缺点，为了达到这些目的，通常将几种接入方式一同使用，这种优化的接入方式被称为混合型信道接入方式。在实际应用中有许多这样的例子。基于 TDMA 的 MAC 协议虽然具有很多优点，但在使用时节点间必须有严格的时间同步，这样高的要求对于所携带能量和计算能力都有限的传感器节点来说是很难达到的，此时通常采用 FDMA 或者 CDMA 与 TDMA 相结合的方法，为每个需要传输数据的节点分配互不干扰的信道，用这样的方法防止发生信道的碰撞，同时协议的可扩展性也有了很大的提高。

2. 隐终端和暴露终端

隐终端是指在发送节点的侦听范围之外，而在接收节点的干扰范围之内的节点。隐终端因为不能获知数据的发送方和接收方，可能也会向同一节点发送报文，这样在接收节点处就会有报文冲突。发生报文冲突后，发送节点要重新发送报文，信道的利用率就会被降低。

如图 3.2 所示，当节点 A 向节点 B 发送报文时，节点 C 在 B 的覆盖范围内，在节点 A 的覆盖范围外，因此节点 C 是隐终端，节点 C 侦听不到节点 A 的发送，如果节点 C 在节点 A 向节点 B 发送报文时也向节点 B 发送报文，就会引起报文在节点 B 的冲突。

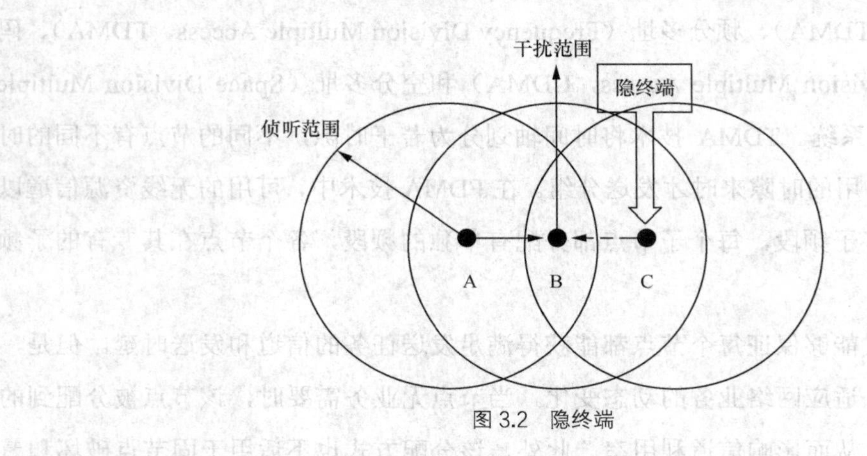

图 3.2 隐终端

暴露终端是指在发送节点的侦听范围之内，而在接收节点的干扰范围之外的节点。暴露终端能够侦听到发送节点的发送，此时为了防止碰撞所以延迟发送自己的信息，而它在接收节点的通信范围之外，它的发送不会影响接收节点的信号接收，这就引入了不必要的延迟，使得信道的利用率下降，所以也要想办法解决。

如图 3.3 所示，在节点 B 和节点 A 之间发生数据传输，节点 C 在节点 A 的传播范围圈外，在节点 B 的传播范围圈内，它是暴露终端，节点 C 可以侦听到节点 B 的发送，此时会延迟向外传输数据，但实际上这是不必要的，这样造成了能量的浪费。MAC 层协议只有满足了节点 B 与节点 A 的通信不和节点 C 与节点 D 的通信相互影响才是真正能够使用的 MAC 协议。

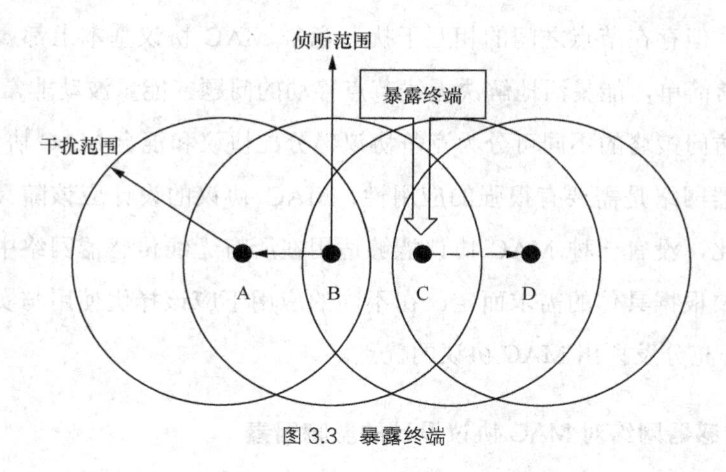

图 3.3 暴露终端

3. MAC 协议的分类

目前，由于无线传感器网络的广泛应用，有许多现行的 MAC 协议，但对 MAC 协议进行分类，还缺乏统一的标准。因为无线传感器网络和它的应用密不可分，本节根据节点的接入方式、使用信道的数目、采用的控制方式、节点访问信道的方式和信道访问策略对 MAC 协议进行分类。

根据节点接入方式可划分为侦听、唤醒和调度三种 MAC 协议。

根据 PHY 所采用的信道的数目划分，可以分为单信道、双信道和多信道 MAC 协议。这些信道不同的协议都有自己的优缺点，虽然基于单信道的 MAC 协议因为浪费带宽，降低了信道利用率，并且有延迟和能量浪费的缺点，与基于多信道的 MAC 协议节约能量，减少延迟的优势相比有很大不足，但是基于多信道的 MAC 协议最大的缺点是对节点的硬件要求高，网络节点庞大的数目不能满足这样的要求，所以目前无线传感器网络中采用的主要是单信道 MAC 协议。

根据采用的控制方法，将 MAC 协议分为集中式控制协议和分布式控制协议。集中式控制协议容易实现，缺点是不能应用于网络规模较大的环境；与之不同的是分布式控制协议能够应用于规模较大的网络。集中式网络中协调器节点执行数据的处理工作，但对时钟同步的要求较高；分布式网络具有良好的网络扩展性，但网络节点之间的相互协调管理耗能大，且组网过程比较复杂。

根据节点访问信道的方式分为固定分配信道和随机访问信道，固定分配信道采用时分复用 TDMA 的方式避免了节点之间的相互干扰，而随机访问信道的方式虽然有节省信道带宽的优点，但存在节点之间的相互干扰。竞争 MAC 协议基本上都属于随机接入协议，其实现非常简单，能灵活地解决无线节点移动的问题，能量波动非常小。

根据信道访问策略的不同可分为竞争协议、分配协议和混合 MAC 协议。

无线传感器网络是需要有很强的应用性，MAC 协议的设计应该随具体应用网络需求的变化而变化，没有一种 MAC 协议能够适用在所有无线传感器网络中，具体选择哪种 MAC 协议要根据具体的需求而定。在不同的应用下应该择优使用与实际情况相适应的 MAC 协议，充分发挥出 MAC 协议的优点。

4．无线传感器网络对 MAC 协议设计的影响因素

无线传感器网络无法直接利用现有的无线网络 MAC 协议。多方面的因素对符合无线传感器网络特性的 MAC 协议的设计有影响。

（1）无线传感器节点对 MAC 协议的影响。

① 节点能量有限。无线传感器网络的能量一般由干电池提供，因此每个节点能够携带的能量十分有限。并且由于无线传感器网络节点分布范围广泛、部署环境复杂，能量补充无法现实。所以为了尽可能延长无线传感器网络的生存寿命，其所采用的 MAC 协议应尽量降低能耗。

② 无线传感器节点的处理和存储能力是有限的，这是由节点的体积和成本等因素影响的。所以设计的 MAC 协议应尽量简单，不会占用太多资源，才能为节点进行检测感知任务留有足够的使用资源。

（2）无线传感器网络的业务特性对 MAC 协议的影响。

无线传感器网络的业务特性与传统无线通信网络差别较大。这些特性要求影响了 MAC 协议的设计。

① 业务类型相对单一，用于感知对象检测的无线传感器网络负载较小，与传统自组织网络相比，它的业务类型较为单一，节点产生的数据也少。一般情况下，无线传感器网络的负载远低于传统无线通信网络。

② 业务流向有一定规律。无线传感器网络能够远程监测，即将节点采集到的信息传输给远距离的观察者，而这些观察者也可以向与自己距离较远的监测区域内的传感器节点分配监测任务。在网络中，数据的传输有十分明显的方向性，一般是传感器节点与汇

聚节点间的双向通信。如果在MAC协议设计时充分利用无线传感器网络的业务流向，能够设计出效率更高的MAC协议，增强网络性能。

（3）无线传感器网络节点拓扑结构对MAC协议的影响。

无线传感器网络中的节点并不是一动不动的，无线传感器网络与传统的通信自组织网络也有很大不同。在无线传感器网络中，节点随着观察目标的移动而移动，但是这种空间上的位置上的改变并不是剧烈的。节点的移动相对传统的自组织无线通信来说并不频繁，因此无线传感器网络的节点是处于一种准静止的状态中。因此无线传感器网络使用的MAC协议相对于传统的无线自组织通信网络来说相对简单。虽然如此，信道的分配方案也要具有能够适应无线传感器网络结构变化的能力。

5. MAC协议的设计

在设计无线传感器网络的MAC协议时，需要着重考虑以下几个方面。

（1）资源受限。

在无线传感器网络中，每个节点携带的电源是有限且不能更换的。为了保证无线传感器网络能够长时间的正常工作，MAC协议在满足应用要求的前提下，需要把节省能量放在首位，尽量延长无线传感器网络的使用寿命。

（2）可扩展。

由于传感器网络的节点数目、节点分布密度等在传感器网络使用过程中根据需求不断变化，节点位置可能移动，节点数目可能增加，即无线传感器网路的拓扑结构是动态变化的，因此在MAC协议的设计时应考虑协议的可扩展性，使之能够适应拓扑结构的动态变化，保证数据通信的安全性和稳定性、正确性。

（3）网络效率。

网络效率包括网络的公平性、实时性、安全性、网络吞吐率以及带宽利用率等。无线传感器网络是一种应用性很强的系统，通常被应用于某些需要强实时性的领域，此时就要求无线传感器网络具有较强的实时通信能力。

6. MAC层状态转换的实现

MAC层的状态变量有两个，一个用来标记射频电路的工作状态，另一个用来标记MAC层的工作状态。射频电路的工作状态有睡眠、空闲、发送和接收。MAC层的工作状态有如下几种：空闲、睡眠、监听、发送、退避、等待允许发送（Clear To Send，CTS）、等待数据（Data）、等待确认字符（Acknowledgement，ACK）、等待冗余 CTS 和等待冗余数据等，两个状态变量的初始状态都是空闲。MAC 层为每个状态设置一个定时器，依靠定时器中断来实现状态转换，在定时器超时后做出相应的动作。MAC 协议状态机转换示意图如图 3.4 和图 3.5 所示。

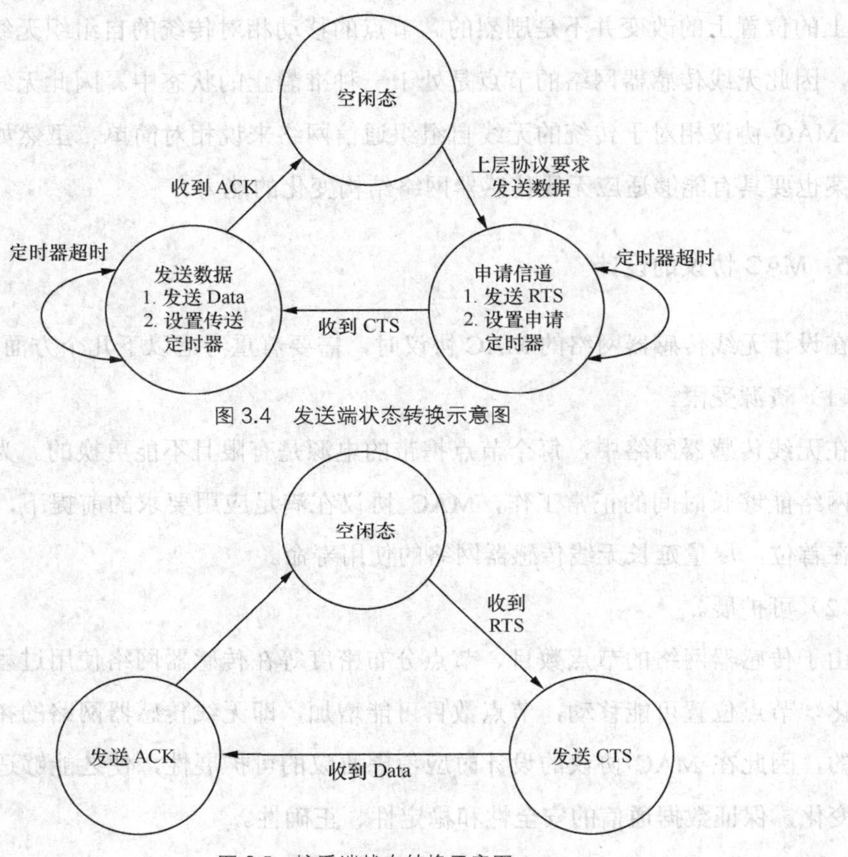

图 3.4　发送端状态转换示意图

图 3.5　接受端状态转换示意图

（1）当系统处于空闲，此时如果有数据发送需求，首先监听信道，信道空闲时设置退避计时器；退避计时器计时结束后，发送请求发送（Request To Send，RTS），设置 CTS 等待接收定时器，进入 CTS 接收状态；收到 CTS 后发送数据缓冲区的数据，然后设置 ACK，进入 ACK 接收状态；收到 ACK 后，只有当数据全部发送完毕后才就转入空闲状态，重复上述过程。如果处在等待接收 CTS 状态时，超过定时器设定时间也没有收到 CTS，则重新发送 RTS，同时继续等待 CTS，当持续 5 次都没有收到 CTS，系统会返回空闲状态，同时向上一层发送报告。

（2）如果系统在监听信道过程中接收到 RTS 信息，通过查看目的地址来判断接收方是不是本节点，如果是，则发送一个 CTS 信息，同时做好数据接收的准备，转入接收数据状态；如果是发给其他节点的 RTS 或者 CTS 信息，则设定休眠计时器，进入休眠状态。

7．主要能量消耗分析

因为无线传感器网络中节点携带的能量是有限的，所以在设计 MAC 协议时应该首要考虑能源如何能被高效利用。在无线传感器网络中，除了正常的收发任务消耗的必要能量外，MAC 层上的额外能量损耗主要来自以下几个方面。

（1）空闲侦听。

在无线传感器网络中的接收节点无法获知数据的准确到达时间，而且每个节点还要侦听各节点的拥塞状况，因此节点需要始终保持侦听状态，这就造成了许多没必要的侦听，导致了能量的浪费，这是节点能量消耗的最主要来源。因为一般的射频收发器在接收时状态消耗的能量比其处于待命状态要多得多。另外，为避免冲突，节点也需要不断地侦听信道来获知信道的占用情况。在数据密度较低的网络应用中，空闲侦听消耗的能量也是很大的。

（2）碰撞冲突。

当两个或以上的节点在同一个时刻向同一个节点发送数据包，在接收节点处会发生冲突，形成信号间的相互干扰，破坏发送的数据包，接收节点只能收到无用信息，此时需要源节点重新发送，这些错误数据的发送和接收也需要消耗能量，这样不仅造成了能量浪费还产生了消息延迟。碰撞冲突现象如图 3.6（a）所示。

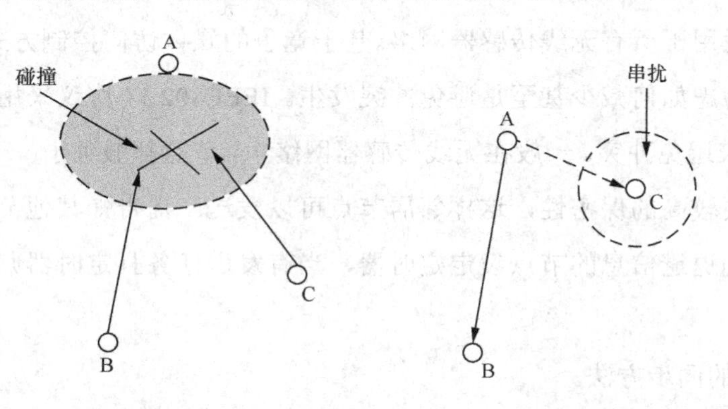

（a）节点 B，节点 C 同时向节点 A 发送数据，产生碰撞

（b）节点 A 向节点 B 发送数据，节点 C 产生串扰现象

图 3.6 无线传感器网络碰撞和串扰示意图

（3）串扰。

在网络中，每个节点发送消息的形式是广播发送，不是点对点的形式，只要是处在发送节点广播范围内的节点就可能接收到数据包，而这些数据包可能是发送给其他节点的，这就造成了串音干扰。当节点密度很大或者需要传输大量数据时，串扰就会消耗掉许多能量。为了尽量避免发生这种情况，节点应该在无数据接收任务时关闭其接收器。串扰示意图如图 3.6（b）所示。

（4）业务量的波动性。

针对能量浪费的原因，采取相应的策略来降低无线传感器网络节点的能量浪费，延长网络的生命周期。

① 周期侦听和休眠。

传感器节点在空闲状态时为了能够了解到信道的空闲情况，必须持续监听信道，在这个过程中能量浪费是不可避免的。节点中的无线通信模块侦听无线信道是否被使用，侦听自身是否有数据需要接收，休眠状态则不侦听。无线通信模块在不同状态消耗的能量以发送数据状态、空闲侦听状态、接收数据状态、休眠状态的顺序依次减少。根据这一原理就可以通过周期性地使节点进入休眠状态，来减少能量消耗。

侦听与休眠时间的比例分配十分重要，休眠时间太长，会使得节点不能及时地接收数据，休眠时间太短，达不到节约能量的目的。除了依据不变的比例配置方法，后来又改进成由邻近节点发送广播数据包来通知某节点在的休眠时刻及休眠时间。

② 避免冲突。

轮询的媒体访问控制方式最大的优势是能完全避免节点在发送数据时产生碰撞，但是这些方法不能适用于所有无线传感器网络。基于竞争的媒体访问控制方式适用性较强，但在使用时必须考虑如何减少甚至是避免冲突发生。IEEE802.11 协议采用了载波侦听和 RTS/CTS 的方式来避免冲突。一般在无线传感器网络中，节点都服务于一个具体的应用，节点间数据不需要较高的保密性，这样邻居节点可以发送广播告知其他节点需要退避的时间，这些接收到退避信息的节点设定定时器，当有发送任务且定时器归零后才能侦听信道。

③ 选择合适的同步方法。

采用侦听/休眠这种调度方式，需要各节点之间保持同步，可以用全球定位系统（Global Positioning System, GPS）来同步，但成本会相对提高。比较通用的方法是使用同步数据包来进行各节点间的同步保持。

④ 设置能量消耗优先级。

根据网络节点的供电情况来确定能量消耗优先级，消耗同等的能量，对那些很少剩余能量的节点造成的损失可能较大。一种常用的能量消耗优先级的定义是：

$$f(e_i)=\frac{1}{e_i} \tag{3-1}$$

其中，e_i是节点i的剩余能量。设完成某项任务j需要的能量是X_j，那么节点i完成任务j的代价是：

$$C_i^j=\frac{X_j}{e_i} \tag{3-2}$$

显然，剩余能量越多，代价越小，优先级越高。根据能量越少分配到的信道越好和能量越少越先传输的原则分配信道，这样就能尽量避免某些小能量节点因为能量耗尽退出网络的现象。

MAC 协议决定无线信道的使用方式，分配通信资源，构建无线传感器网络系统的底层基础，是保证网络高效通信的关键网络协议之一。

3.2.2 基于竞争的 MAC 协议

基于竞争的 MAC 协议的基本思想是，在信道空闲时，有数据发送任务的节点会加入到信道的竞争当中。一个节点可能要与相邻的几个节点竞争信道的使用权，这样才能获得资格向接收节点发送数据。如果只有单独的一个节点需要信道使用权，则这个节点要发送的数据通过信道传输，除此之外就需要通过竞争的方式来确定信道使用权的归属。而由于隐藏终端的影响，可能会发生碰撞，从而浪费无线接收器或发射器器的能量。如果数据的传输过程中发生碰撞，就重新传输数据，直到数据发送成功或放弃传送为止。

1. 基于竞争的 MAC 协议简述

基于竞争的 MAC 协议有如下优点。

（1）当某个传感器节点电池即能量耗尽时，将退出网络，或者一个新节点加入到当前网络时，会造成网络拓扑结构的变化，基于竞争的 MAC 协议能很好适应无线传感器网络的结构动态变化。

（2）基于竞争机制 MAC 协议可以避免对于节点进行集中的控制。同时，与基于时间的固定分配方式的 MAC 相比较，它也不需要在节点间进行时间的同步，即使在特殊情况下，需要一定的同步，对节点的同步要求也很低。

（3）如果节点没有收发任务则不会参与信道的竞争，因此，基于竞争的 MAC 协议能适应大规模、高密度的传感器网络。典型的基于竞争的 MAC 协议采用载波侦听多路访问（Carrier Sense Multiple Access，CSMA）机制。IEEE802.11MAC 协议的分布式协调（Distributed Coodination Function，DCF）工作模式采用带冲突避免的载波侦听多路访问 CSMA/CA 协议，是典型的基于竞争机制的代表，其他基于竞争机制的 MAC 协议都是在其基础上发展起来的。例如：S-MAC 协议、SIFT 协议、T-MAC 协议等。

IEEE802.11MAC 协议有 DCF 和点协调（Point Coordination Function，PCF）两种访问控制方式，其中 DCF 工作模式采用带冲突避免的载波侦听多路访问（CSMA with Collision Avoidance，CSMA/CA）协议，DCF 方式是 IEEE 802.11 协议的基本访问控制方式。DCF 没有控制中心，各个节点通过竞争信道来获取发送权。PCF 有控制中心，控制中心把信道使用权轮流给各个节点，从而避免了碰撞的产生。在 WSN 中，竞争协议需要重点考虑的三个问题是睡眠/唤醒调度、握手机制设计和减少睡眠延时。

2. 基于竞争的无线传感器网络 MAC 协议关键技术

（1）休眠机制。

针对导致能量浪费的主要因素，结合网络特点与应用需求有多种 MAC 协议具体机制。其中，MAC 协议中广泛使用的有效节能手段是通过定时的关闭节点的休眠机制，这种方法可以避免空闲监听和串听导致节点的不必要的能量浪费。此外，无线传感器网络的节点数量多，如果所有的节点都收集数据，此时就会发生数据冗余，导致数据传输冲突，因此，在无线传感器网络中引入休眠机制对无线传感器网络流畅的工作是十分重要的。

（2）冲突避免机制。

在无线传感器网络中如果有两个或多个节点同时发送数据，如果某个节点处在多个发送方传播范围内，那么在此节点处会发生信息碰撞。碰撞会导致接收节点接收不到正确的数据，此时需要发送方重新发送。

为了解决隐藏终端和暴露终端的发送接收问题，采用 RTS/CTS 握手机制。图 3.7 给出了 RTS/CTS 握手方法示意图，这种方法仅适用一个信道和两个控制分组。假设节点 A 要发送一个分组到节点 B，在节点 A 已经获得信道接入之后，其向节点 B 发送一个 RTS 分组，其中包含了待发送分组的长度信息字段。如果节点 B 收到了该信息，则发出一个 CTS。当节点 A 在收到这个 CTS 后向节点 B 发送数据分组，最后，节点 B 以一个确认分组来应答。只有 A 收到了确认信息，才能确定信息发送完成，否则就认为发生了碰撞。但这种方法并没有彻底消除碰撞。

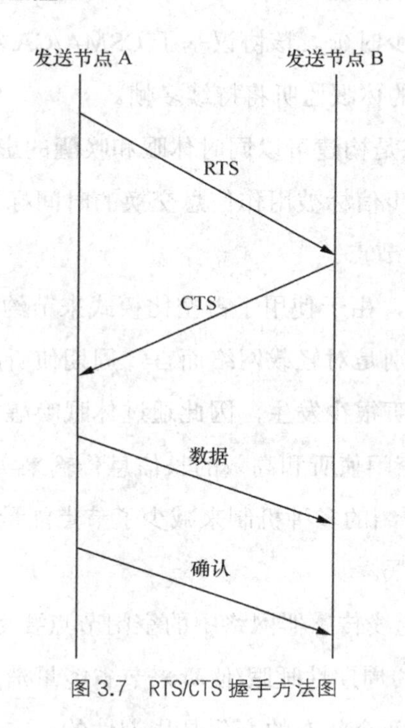

图 3.7　RTS/CTS 握手方法图

（3）退避机制。

在 CSMA 系列的信道接入技术中，当发生数据碰撞冲突时，发送节点要执行退避算法，延迟一段时间后才再次尝试发送。退避机制的目的是避免重发时再次发生数据碰撞冲突。

RTS 帧和 CTS 帧之间也可能会发生冲突。发生冲突时，发送者超时等不到 CTS 帧，也要执行退避算法，时延一段时间重发 RTS 帧。这个随机时间是根据退避计数器的值来决定的，显然节点退避计数器的值越小，抢占信道的能力就越强。也就是说，退避计数器的值反映了节点接入信道的能力。退避机制主要有二进制指数退避（Binary Exponential Backoff，BEB）和倍数增加线性递减（Multiplicative Increase Linear Decrease，MILD）

两种类型的退避算法。

3．S-MAC 协议

S-MAC（Sensor MAC）协议是一个基于竞争的分布式 MAC 协议，在调节休眠时间调度表减少能量消耗的同时，还权衡了吞吐量和时延。S-MAC 应用了三种新技术：节点定期睡眠以减少空闲监听造成的能耗；邻近的节点组成虚拟簇，使睡眠调度时间自动同步；用消息传递的方法来减少时延。该协议基于 CSMA/CA 机制，引入了周期休眠侦听机制来减少空闲监听，节点的休眠监听将持续多帧。

S-MAC 协议的设计思想是构建可以同时休眠和唤醒的虚拟节点簇，可以通过周期同步信标实现。侦听期间的同步信标被用作信息交换的时间标记存储起来。然后，节点试图在 Data 中找到潜在的汇聚节点。

相对于 CSMA/CA 协议，由于使用了占空比模式来节约能量，所以 S-MAC 协议消耗更少的能量，一方面，特别是对轻载网络而言，周期侦听起着关键作用，另一方面，对于重载网络而言，空闲监听很少发生，因此通过休眠唤醒机制来节能是非常有限的，而 S-MAC 协议是通过避免空闲侦听和高效的长信息传输来实现节能的。

S-MAC 协议采用下面介绍的多种机制来减少了节点能量的消耗。

（1）周期性的侦听和睡眠。

为了减少能量的消耗，无线传感器网络中的空闲节点要尽量处于低功耗的睡眠状态。S-MAC 协议依靠低占空比的周期性睡眠/侦听来节省能量消耗。每个节点独自决定是处于睡眠状态还是侦听状态，两个状态的变化是周期性的，在侦听状态时查询信道状态，决定是否完成发送接收任务。如图 3.8 所示，S-MAC 协议在覆盖网络中形成众多不同的虚拟簇。

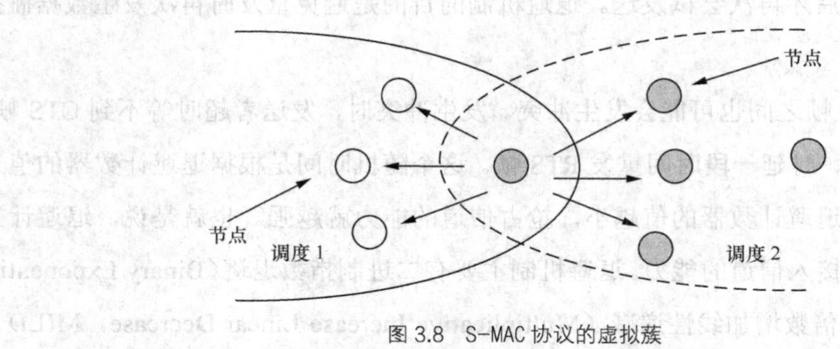

图 3.8 S-MAC 协议的虚拟簇

图 3.8 所示是处于两个不同调度区域重合部分的节点，这个节点可以选择先收到的调度，并记录另一个调度信息。这样不同的虚拟簇之间就可以通信。

S-MAC 协议基本的节能手段是依靠传感器节点定期进入睡眠状态从而减少节点空闲侦听的时间来实现的。S-MAC 协议的原理如图 3.9 所示。

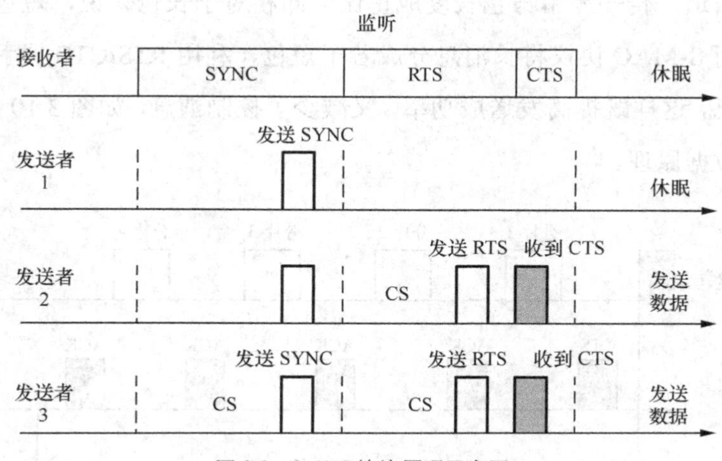

图 3.9 S-MAC 协议原理示意图

S-MAC 协议将节点的活动状态分为两个部分以保证节点能接收到数据包和同步包，第一个部分用于发送和接收同步包，第二部分用于发送和接收数据包，每个部分都设有载波帧听时间。

理论上，网络中所有的节点都需要遵守相同的调度时间，不能有丝毫的误差。但是由于无线传感器节点的时间表本身就是随时变化的，而且无线传感器网络还是多跳地传递数据，所以只有在局部节点之间才有可能形成同步。

（2）流量自适应侦听机制。

无线传感器节点在与邻居节点通信结束后并不立即进入睡眠状态，而是保持侦听一段时间，采用流量自适应侦听机制，减少了网络中的传输延迟。在这种方式下，如果此时正好有一个消息需要传递给该节点，那么它就可以立刻接收而不用等到该节点的睡眠结束后再进行传递；假如没有任何消息需要传递给该节点，那么它就继续睡眠。

（3）碰撞和串音避免。

为了减少碰撞和避免串音，S-MAC 协议采用与 802.11MAC 协议相同的虚拟和物理载波侦听机制，以及 RTS/CTS 的通告机制。两者的区别在于 S-MAC 协议的节点使用周期性的侦听/睡眠机制来减少侦听时间和节省能量。

（4）消息传递技术。

在某些应用中，为了传输大量信息，传感器节点可能需要发送一系列突发数据包。若将基本的 S-MAC 协议用于这些应用，将会导致大量的信息开销。这些开销主要是由每个数据包传输之间的 RTS/CTS 分组造成的。

对于无线信道，传输差错与包长度成正比，即相对于长包来说，短包更容易被成功的传播出去。而 S-MAC 协议将长消息分成若干短包，利用 RTS/CTS 握手机制，能够一次性传播长消息，这样既提高发送成功率，又减少了控制消息，如图 3.10 所示是 S-MAC 协议传播大量数据原理。

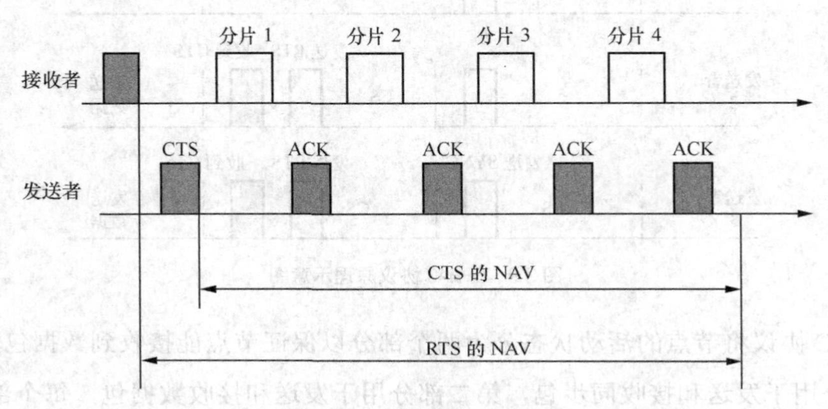

图 3.10 S-MAC 传输大量数据

因此，S-MAC 协议与 IEEE802.11 MAC 相比，在节能方面有了很大的改善。但睡眠机制的引入，使得网络的传输延迟增加，吞吐量下降。

4. T-MAC 协议

T-MAC（Timeout-MAC）协议是在 S-MAC 协议的基础上提出来的。S-MAC 协议中睡眠状态和工作状态是周期性变化的，而且整个周期的长度和两种状态的比例是固定不变的。周期时间与延迟的要求和缓存的大小相关，有些时间延迟要求和缓存大小不适用于信息速率的变化。为了无线传感器网络信息收发任务的顺利完成，节点工作时间的长度应该和通信负载成正比。当负载较大时，节点处于工作状态的时间相对增加。这样 T-MAC 协议就产生了一种根据负载调整活动时间同时整个周期长度不变的工作机制，过程如图 3.11 所示。

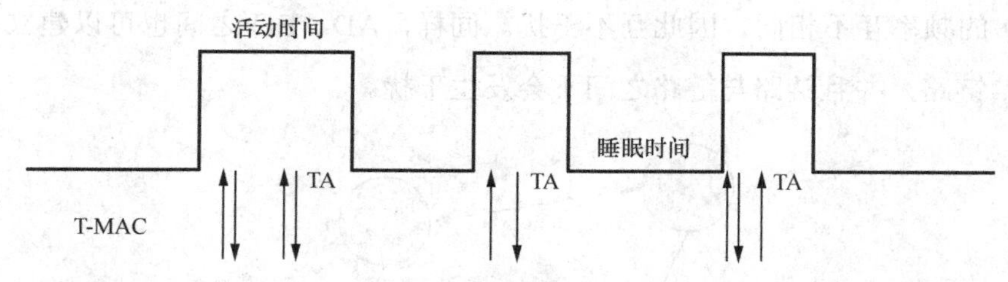

图 3.11 T-MAC 协议的基本机制

T-MAC 协议在节点活动的时隙内插入了一个 TA（Time Active）时隙，若 TA 时隙之间没有发生任何一个激活事件，则活动结束，进入睡眠状态。

T-MAC 协议也采用了 RTS/CTS/DATA/ACK 的通信机制。节点周期性唤醒进行侦听，在唤醒的时间周期内，如果节点没有任何活动，则继续进入休眠状态。

3.2.3 基于分配的 MAC 协议

基于竞争型 MAC 协议中节点碰撞的情况经常发生，网络通信任务越大，冲突越多，越会影响无线传感器网络的正常工作。而分配型 MAC 协议依据某种原则，采用分割时间槽或者分割信道并利用某种策略将划分好的时间槽或者是子信道分配给有发送任务的节点的方法来避免冲突。这样各个节点数据发送过程被分割开来，冲突也就随之消失。下面是几种典型的基于分配的 MAC 协议。

1. SMACS 协议

SMACS（Self Organizing Medium Access Control for Sensor Networks）协议是一种分布式结构的协议，在该协议中，每个节点能够与附近节点通信并自主建立一种数据发送和接收的调度表，而不需要任何或全局或部分的主节点来控制。关于时间同步的问题，虽然全网不需要同步，但是在各个局部网络内节点与其临近节点的通信需要同步。SMACS 协议为了达到减少能耗的目的，在没有收发任务时，关掉无线收发装置，需要连接时，使用随机唤醒的方式连接。因为 SMACS 协议有全局不同步特点，所以从属于不同子网的节点可能永远不能通信。

图 3.12 所示的是 AB、CD 间通信链路的建立过程，B 节点首先向临近节点广播“邀请”消息。A 节点作为 B 的邻居节点在收到邀请信息后做出回应，这样在 AB 之间就建立了一跳通信链路，它有自己的专用频率 f_1。同理 CD 之间的通信链路的专用频率是 f_2。

AB 与 CD 的频率互不相同，因此互不干扰。同样，AD、BC 之间也可以建立具有专用频率的通信链路，并且链路与链路之间不会发生干扰。

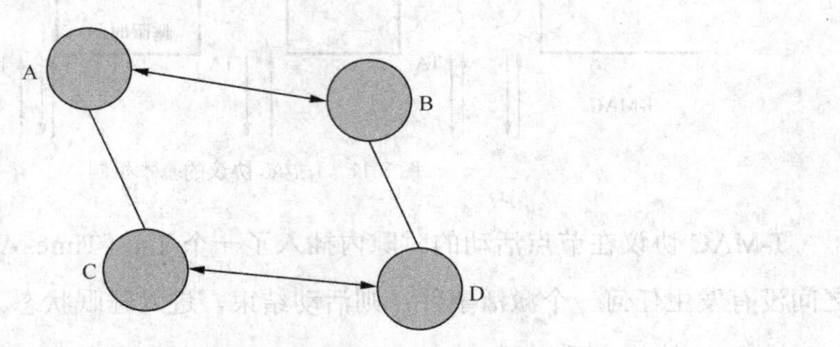

图 3.12 SMACS/EAR 协议通信链路的建立过程

（1）基本思想。

SMACS 协议是一种具有监听/注册功能的无线传感器网络自组织 MAC 协议，其基本思想是，为每一对邻居节点分配一个特有频率进行数据传输，不同节点对之间的频率互不干扰，从而避免同时传输的数据之间产生碰撞。SMACS 协议是一种分布式协议，用来建立一个对等的网络结构，SMACS 协议主要用于静止的节点之间建立连接。

（2）关键技术。

节点与被它发现的邻居节点间形成一个通信链路，在两个节点的中被分配了时隙用于二者之间双向的通信。在邻近之间产生链路冲突的可能性很小，因为每对时隙频点都有自己的频点。这样全网很快就能在初始化建立链路，这种不同步的时隙分配称为异步分配通信 SMACS 协议，如图 3.13 所示。

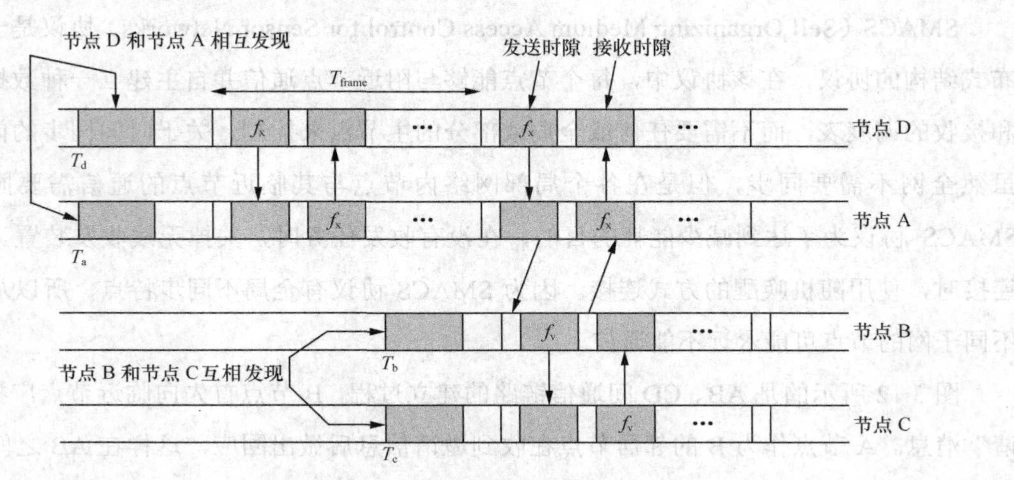

图 3.13 异步分配通信 SMACS 协议

如图 3.14 所示是 SMACS 协议的分配机制，假设节点 B、C、G 进行邻居发现，向周围广播发送一个邀请消息，途中节点 C 广播的一个邀请消息 type1，节点 B 和节点 G 接收邀请消息后，广播一个应答消息 Type2，节点 C 将接收到两个应答，节点 C 做出选择后，节点 C 将立即发送一个 Type3 消息通知哪个节点被选择，此处选择节点 B，节点 G 将进入睡眠，等待下一轮邻居发现。

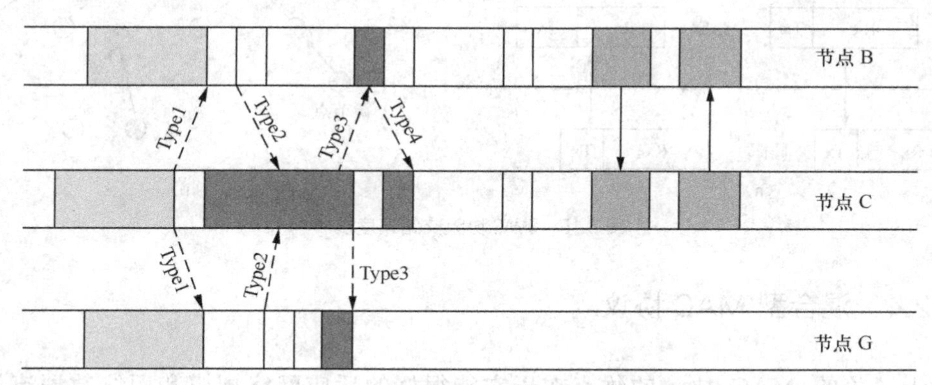

图 3.14 SMACS 协议分配机制

Type3 中携带的信息包含节点 C 的下一个超帧的起始时间。收到 Type3 后点 B 找出二者共同的空闲时间段作为时隙对，节点 B 选择一个随机的频点，将时隙对的位置信息以及频点通过 Type4 发送给节点 C。这样节点 B 和节点 C 之间就完成了时隙分配和频率选择。

2. DMAC 协议

DMAC 协议就是针对无线传感器网络中数据采集树（Data Gathering Tree，DGT）的结构而提出的。数据采集树是一个以 Sink 节点为根节点的树型网络结构，形成的原因是多个传感器节点向一个 Sink 节点发送数据。该协议采用交错调度的方法加快信息传输的速度。DMAC 协议的状态变化也是周期性的，分为接收状态、发送状态和睡眠状态，其中处在接收状态的时间和处在发送状态的时间相同。每个节点的调度与其他层的调度有一个偏移，如图 3.15（a）所示。上一层的接收时间对应下一层的发送时间，这种机制的优点是数据能够连续地从源节点传送到 Sink 节点，减少在网络中的传输延迟，如图 3.15（b）所示。

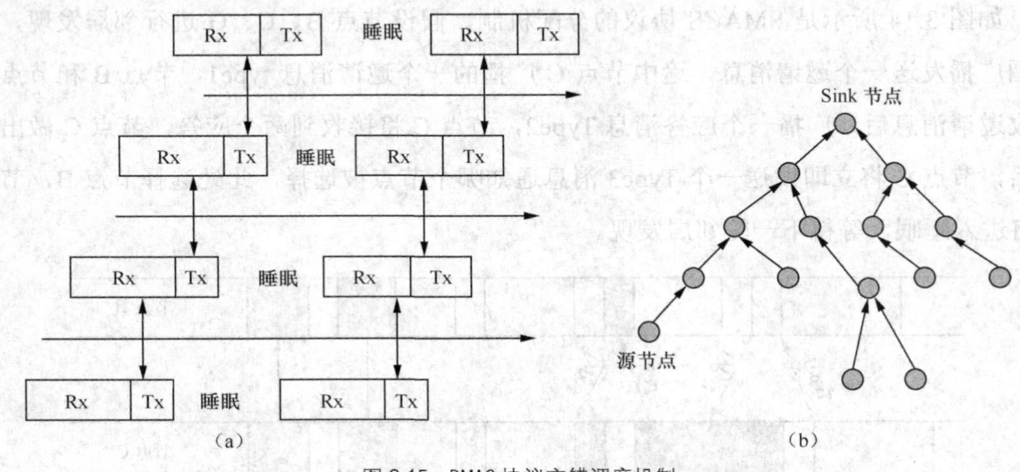

图 3.15 DMAC 协议交错调度机制

3.2.4 混合型 MAC 协议

基于竞争的 MAC 协议的优点在于它能很好的适应网络规模和网络数据流量的变化，而它所带来的最大的弊端在于该机制下节点的能量效率不高。分配型 MAC 协议中数据包在传输过程中不存在冲突重传，所以能量效率较高，能量损耗低，但是缺点是不能灵活地适应网络拓扑结构的变化。

针对以上两种协议的各自优缺点，有了一种混合型 MAC 协议，在同一个网络中将两种机制结合使用，做到扬长避短。下面将介绍几种典型的混合型 MAC 协议。

1. Z-MAC 协议

Z-MAC 协议将两种不同的信道访问机制结合在了一起，既降低了节点发送数据时的冲突发生概率，又提高了协议对网络变化的适应性。尤其是在节点同步上，该协议避免了 MAC 协议中节点要求严格的时间同步这一弊端，提高了网络的性能。

（1）基本思想。

ZMAC 协议是一种典型的混合型 MAC 协议，其方法是 CSMA 机制和 TDMA 共同使用。ZMAC 的基本原理是在该协议中有若干个时间帧，每个时间帧被分割成若干个时隙，无线传感器网络网络中的每个节点根据分配 DRAND 算法都能被分配到一个时隙，这个时隙被用于数据的发送和接收。因为每个节点都拥有自己的时隙，所以在发送数据时不会发生冲突碰撞，保证了该 MAC 协议的基本功能，是一种较为实用的混合型 MAC

协议。

（2）关键技术。

从ZMAC协议的基本原理可知，每个节点都被分配了自己专用的时隙，在时隙分配完成以后，还有本地时间帧交换和全局时间同步两个步骤来完成整体流程。为了节省能量，在网络结构没有重大变化的情况下，这一流程只会发生一次。其中的关键技术是本地时间帧交换和全局时间同步，定位时间帧发生在时隙分配之后，常见方法是令无线传感器网络中所有的节点保持同步并使得节点的时间帧相同，时间帧相同就是所有的时间帧有相同的起始时刻和结束时刻。

2. Funneling-MAC

混合协议Funneling-MAC是根据无线传感器网络中漏斗效应（Funneling Effect）建立的。漏斗效应是由于多跳聚播通信方式造成Sink附近分组冲突、拥塞和丢失现象。该协议在全网范围内采用CSMA/CA，漏斗区域节点（f-节点）则采用CSMA和TDMA混合的信道访问方式，因此f-节点有更多的机会基于调度访问信道。

Funneling-MAC以CSMA为主，它的优点是硬件要求不高，对时钟同步没有太高的要求，无线传感器网络生存时间长。但在协议中隐藏终端问题依然存在，如果Sink附近拓扑发生变化，会对无线传感器网络造成较大影响，所以此该协议目前还无法应用于大规模无线传感器网络。

3.2.5 跨层MAC协议

1. AIMRP

AIMRP（Adress-light Integrated MAC and Routing）协议是在IEEE802.11标准的基础上建立起来的。AIMRP的特点是不需要全局地址，路由的建立由MAC完成。协议根据节点到Sink的跳数，形成一个以Sink为中心的多层环形结构，该环形的内环和外环之间的数据转发构成了AIMRP的路由机制。节点采用RTR/CTR/DATA/ACK握手机制实现信道访问控制，转发上层节点的RTR请求。

2．SARA-M

SARA-M 协议是一种采用 CSMA 的 MAC、路由集成协议，它很好地解决了 MAC 协议和路由中分组转发中的效率问题。它是一个分布式协议，其中最佳分组转发路径的选择使用了一种特别的路由策略，即基于跳数的策略。SARA-M 协议的基本原理是每个节点在转发是根据在线算法选择合适的邻居节点作为转发节点，每个转发周期中选择的转发节点可能不同，选择的目标是选出的转发节点使得代价函数最小，因为代价函数越小，改转发节点成功的概率越高。

3．MINA 协议

MINA 是一种大规模无线网络协议架构，是典型的跨层网络协议。该无线传感器网络中通常有多个耗电量低同时运算能力低的传感器节点，但网络中的基站节点与其他数目多的节点的区别在于它的运算能力相比较强，而具备的充足能量也保证了它的高耗电特性不会给网络工作带来障碍。

MINA 网络的组织方式、路由协议和 MAC 协议由 UNPF 协议框架定义。无线传感器网络有两种状态，即网络自组织状态和数据传输状态，这两种状态交替进行。网络自组织状态时，节点发现邻居，获得关于邻居的信息，这些信息包括邻居节点的跳数、能量状态、可用缓存、本地网络拓扑等。数据传输状态时，节点进行数据的发送或接收，在这个过程中目的地址由路由协议确定，信道访问的工作是 MAC 协议完成的。

MINA 协议的 MAC 桢结构为在每个超帧的起始阶段，基站广播一个控制帧（Control Packet，CR），控制帧中包括传感器节点时间同步需要的信息，以及传感器节点在信标帧（Beacon Packet，BI）内传输各自的信标信息的序号，其中包含了节点的能量状态、距离基站的跳数、节点的接收信道信息。BI 紧跟在 CR 后，每个节点根据 CR 中的顺序发送 BI，CR 和 BI 都采用统一的控制信标并以广播方式发送，每个数据帧包括 β 个时隙，MAC 协议负责分配。

MAC 协议被广泛地应用在传统的有线局域网和流行的无线局域网中。在传统局域网中，各种传输介质的 PHY 层对应到 MAC 层，使用 IEEE802.3 作为 MAC 层标准，访问控制方式是 CSMA/CD；而在无线局域网中，MAC 所对应的标准为 IEEE802.11，其工作方式采用 DCF 和 PCF。

习　题

3.1 请简述数据链路层的功能。

3.2 对于基于竞争的 MAC 协议，有哪些具体的实例？

3.3 在基于分配的 MAC 协议中，TDMA 协议和 TDM-FDM 协议有什么不同？

3.4 在混合型 MAC 协议中，主要克服了基于竞争和基于分配的 MAC 协议的哪些缺陷？混合型 MAC 协议能完全取代基于竞争和基于分配的 MAC 协议吗？

3.5 在跨层 MAC 协议中最显著的优点是什么？

第4章 无线传感器网络的网络层

无线传感器网络的网络层主要负责寻找从数据源到终端设备的路径，完成数据的路由转发，实现传感器与传感器、传感器与信息接收中心之间的通信。其关键技术是路由技术，负责路由生成和路由选择。从一个源端到一个接收端跨越一个或多个传感器而建立路径的过程称为路由，路由在通信协议栈的网络层中具有重要作用。传感器节点有限的传输距离限制了感知节点与汇聚节点的之间的直接通信。这就需要在感知节点和汇聚节点之间采用高效的无线路由协议，路由协议主要包括两个方面的功能：一是建立从源节点到目的节点的最优路径；二是使分组后数据沿着此路径准确地转发。

4.1 无线传感器网络的网络层概述

无线传感器网络中传感器节点收集的数据一般是汇聚到基站（网关），基站连接无线传感器网络与其他网络，可以使数据可视化，对数据进行分析并进一步处理。在小规模无线传感器网络中，传感器节点与网关之间距离较短，所有传感器节点都可以和网关直接通信（单跳）。但是，大多数的无线传感器网络应用需要大量的传感器节点来覆盖大的区域，因此需要应用间接的（多跳）通信方法。也就是说，传感器节点不仅要获取和传播自己的信息，也要作为其他传感器节点的中继节点或转发节点。然而，当节点以一种随机的方式部署，例如它们被随机地分布到环境时，它们所产生的拓扑结构分布是不均匀的和不可预测的。这种情况下，这些节点的自组织是非常重要的，即它们必须合作以确定自身位置、识别邻节点和发现到网关设备的路径。

4.1.1 路由过程及功能简介

网络层主要负责的是找到一条路径，指向是从数据源到终端设备（例如网关）。在单跳路由模式中，如图 4.1（a）所示，所有的传感器节点都能与终端设备直接通信。这是一种简单的通信模式，所有的数据可以直接单跳到达目的地。然而实际环境中，这种单跳方式不易实现，必须使用多跳通信模式，如图 4.1（b）所示。在这种情况下，所有的传感器节点在网络层的主要任务是通过其他中继节点找到一条从源节点到汇聚节点的路由。

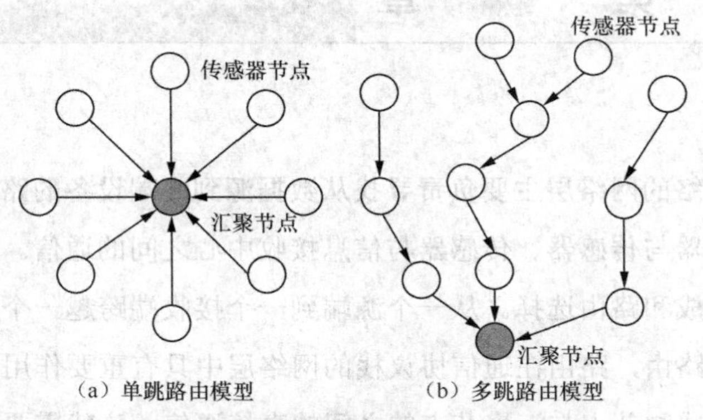

图 4.1 单跳路由模型与多跳路由模型

在无线传感器网络中，由于在传输过程中的能量损失，往往无法完成节点之间的直接通信，通常是以多跳路由的方式通过中间过程节点把源数据传输到目的地节点。路由协议有两个功能：一是寻找最优路径的路由，寻找一条源节点和目的节点间的最优路径；第二个是数据转发，沿着最优路径正确的转发数据。

4.1.2 无线传感器网络的特点及路由协议分类

许多传统的路由协议，通信过程中能量消耗不是其重点考虑的内容，如最短路径算法。但无线传感器网络路由协议的发展需要考虑能量消耗问题。由于传感器节点能量受限，需要以最节能的方式进行数据传输，同时又不降低传递信息的准确性。在无线传感器网络中，节点能量受限又会使无线传感器网络路由带有如下特点。

（1）能量优先。由于传感器节点能量消耗受限，无线传感器网络的设计要尽可能减少节点的能量消耗，保证整个网络的使用寿命。能量问题是无线传感器网络中最本质的问题，使得各层协议都要将其列为重点考虑的对象。

（2）基于局部拓扑信息。无线传感器节点通常随机播放，大规模部署，为了节省能量的路由信息，一般用多跳方式传输数据。因此设计路由协议时要求能够利用局部的拓扑信息来选择合适的路径，以便网络尽快适应拓扑的变化。

（3）以数据为中心。传统无线网络的路由通常是以地址为依据的协议和以地址为依据的端到端的通信，而无线传感器网络关注的是监测区域的感知数据，即以数据为中心。无线传感器网络依照对感知数据的需求、数据通信模式和流向（包括多节点到汇聚节点的数据流），形成以数据为中心的消息转发路径。

（4）有限的存储。节点的存储、计算和通信资源是有限的，所以不能用来存储大量的信息，也不可以进行复杂的路由计算，并且不能获得全局拓扑信息。这要求路由协议的设计必须能够适应变化的网络拓扑结构，尽可能实现简单高效的路由机制。

（5）应用相关。无线传感器网络应用环境上的差别，使得路由协议在不同应用背景下可能出现很大的差别，是不存在一个通用的算法适用于所有应用的，设计者需要针对相应具体的应用需求来制定与之相适应的特定环境下的路由机制。

由于无线传感器网络的应用相关性，到目前为止，一个完整和清晰的路由协议分类方法仍然是缺乏的。各种路由协议在不同的应用环境和性能评价指标下各有千秋，可以根据路由协议采用的路由结构、通信模式、路由建立时机、状态维护、节点标识和传递方式等策略，运用多种方法对其进行分类，具体分类方式如表 4.1 所示。

表 4.1　　　　路由协议的分类

分 类 方 式	相应路由协议类型
基于拓扑结构	平面路由协议
	分簇路由协议
基于是否考虑服务质量	QoS 路由协议
	非 QoS 路由协议
基于路径的多少	单路径路由协议
	多路径路由协议
基于通信模式的不同	时钟驱动型
	事件驱动型
	查询驱动型
基于路由建立的时机	主动路由协议
	按需路由协议

续表

分类方式	相应路由协议类型
基于目的节点的个数	单播路由协议
	多播路由协议
基于是否考虑位置信息	基于位置的路由协议
	非基于位置的路山协议
基于是否进行数据融合	融合路由协议
	非融合路由协议

① 基于拓扑结构分为：平面路由协议、分簇路由协议。在平面路由协议中，所有节点是对等的地位，实现的路由功能也大致相同。其优点是：结构简单，产生不了网络瓶颈；鲁棒性好，使得更容易维护。其缺点是：不包含一个中央管理节点，不能够优化网络资源，这使得传输较多的跳数，只适合于小规模网络的管理。分簇路由协议的优点和缺点与平面路由协议的优点和缺点是相反的。

② 基于是否考虑服务质量分为：服务质量（Quality of Service，QoS）路由协议和非 QoS 路由协议。QoS 路由协议是需要满足，例如时延、抖动、带宽、网络吞吐量等类似要求后，建立的连接源节点和目的节点的路径。对时延、带宽和网络吞吐量等都有较高的要求的多媒体信息的传输，需要采用 QoS 路由协议，来得到监测区域连续、实时的音频信息和视频信息。

③ 基于路径的多少分为：单路径和多路径。单路径路由协议相比较多路径路由协议来说，优点是资源消耗量低，数据通信量少；缺点是丢包率高，多路径路由协议由于它将分组数据按不同路径传输的特点使其可靠性好，但和单路径路由协议相比，网络能量消耗大使其仅适用于对传输可靠性要求很高的应用场合。

④ 基于通信模式的不同可分为：时钟驱动型路由协议、事件驱动型路由协议和查询驱动型路由协议。传感器节点在向汇聚节点传送数据的过程中，假如节点是以固定的周期向上传输数据，则为时钟驱动型路由协议；假如传感器节点仅当监测区域内发生用户感兴趣的事件时才会触发而后向上传输数据，则为事件驱动型数据；假如传感器节点是接到上面的请求时才发送数据，则为查询驱动型路由协议。

⑤ 基于路由建立的时机可分为：主动路由协议和按需路由协议。主动路由协议的优点是响应速度快；缺点是路由开销大，资源要求高。按需路由协议不同于主动式路由协议由于只在需要发送数据时才建立路径，优点是路由开销小，缺点是临时建立路径需要

较长的时间。

⑥ 基于目的节点的个数可分为：单播路由协议和多播路由协议。单播和多播是按目的节点的个数区分的，有一个目的节点是单播路由，有多个目的节点是多播路由。

⑦ 基于是否考虑位置信息可分为：基于位置的路由协议和非基于位置的路由协议。节点的位置信息在无线传感器网络应用具有很重要的意义，只有知道位置信息传感器节点采集的数据才有意义。

⑧ 基于是否进行数据融合可分为：融合路由协议和非融合路由协议。在数据传输过程中对多个数据包的相关信息进行合并和压缩是融合路由协议，这样可以减少网络通信量，节约能耗，但会加大传输时延。

4.2 无线传感器网络路由协议

如 4.1 节所述，路由协议的分类方式有多种。基于数据的路由协议认为所有的节点具有相同的角色。相反，基于集群结构的路由协议认为不同的节点在路由过程中可能承担不同的角色。一些节点可以代表其他节点转发数据，而另一些节点只产生和传输自身的感知数据。基于位置的路由协议依靠节点的位置信息进行路由决策。路由协议负责确定或发现从源端到目标接收端的路径。本节主要选取几种典型的路由协议进行介绍。

4.2.1 基于数据的路由协议

在以数据为中心的路由技术中，重点是获取和传播特定类型或具有某种属性的信息，而不是从特定节点收集数据。在基于数据的路由协议中，网络的各个节点地位平等，不存在等级和层次差异，路由简单，无需进行任何架构维护，不易产生瓶颈效应，具有较好的健壮性。

典型的以数据为中心的协议有 Flooding、SPIN（Sensor Protocols for Information via Negotiation）、DD（Directed Diffusion）、RR（Rumor Routing）、SAR（Sequential Assignment Routing）等。这类协议通常的模式是汇聚节点对网络发送查询信息，查询信息包括感兴趣的区域和感兴趣的数据。节点在接收到查询信息时按查询信息的要求，把数据信息发送出去。此过程节省了冗余数据在传输过程中的能量。

1．Flooding

Flooding 是一种最早的路由协议，不要求网络拓扑结构的维护和路由计算。传感节点检测到消息以广播的形式转发报文到所有的邻居节点，直到数据到达汇聚节点。

如图 4.2 所示，源节点 A 希望发送一段数据给基站，那节点 A 首先通过网络将数据分组传送给它的邻居节点（即 B、C、E）。而这些邻居节点又将数据传输给除节点 A 外的各自的邻居节点。按此过程一步步传递下去，一直到把数据传输到基站为止。

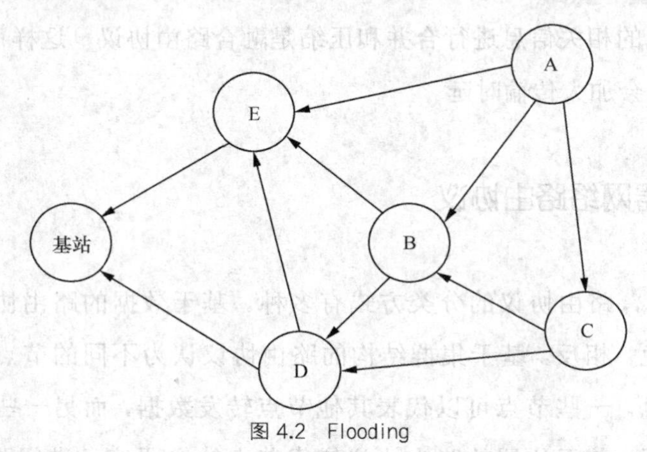

图 4.2　Flooding

Flooding 的实现方法较为直接，它的优点是简单易实现，不需要为维护网络拓扑信息而消耗资源，适用于鲁棒性要求较高的应用场合。缺点是存在信息内爆和重叠问题，如图 4.3 所示。“内爆”是指将相同的数据副本都发送到同一个节点上。“重叠”是指假如存在两个或者更多节点处在相同感应区域内，它们有可能会在同一时间内发送相同的传感信息给目标。“重叠”由于不考虑节点能量可用状况，还会存在资源的浪费，从而没有办法给出相应的自适应路由选择。所以实际生活中泛洪路由很少采用，但因其具有极好的鲁棒性，可用于军事应用。同时它也可以作为衡量标准以评价其他路由算法。

2．SPIN

SPIN 通过协商机制和能量自适应机制来解决传统的 Flooding 协议中的“内爆”、“重叠”、资源浪费等问题。“内爆”，即多份相同信息在网络中传输。“重叠”，即同一区域多个节点可能同时发现相同现象或目标的检测对象。SPIN 中使用 3 种类型的消息进行通信，即广告消息（ADV）、请求消息（REQ）和数据消息（DATA）。当感测节点感测到新的资料要向汇聚节点传送时，SPIN 会首先发送仅包含 DATA 数据描述机制的 ADV 信息给其周围的邻居节点，接收到信息的传感器节点要根据各自特点判断是否要帮助来源节点传送资料，假如选择了帮忙传送资料，接下来就需要给来源节点发送要求接收资料的封包，此时来源节点接收到相应的 REQ 请求信息再将资料发送给要请求接收封包的节点。SPIN 的运作过程如图 4.4 所示。

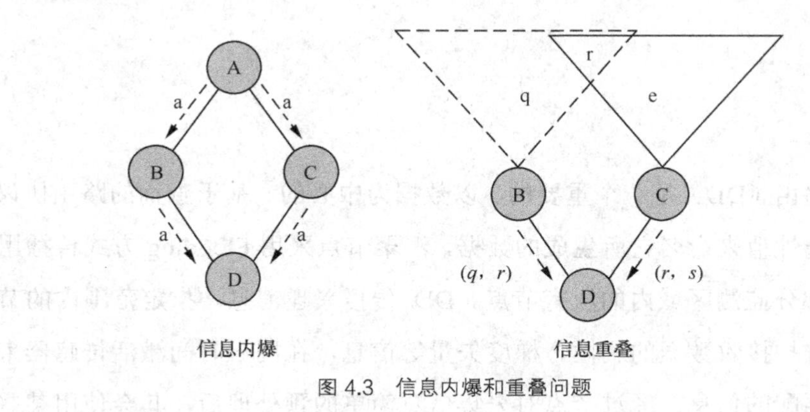

图 4.3 信息内爆和重叠问题

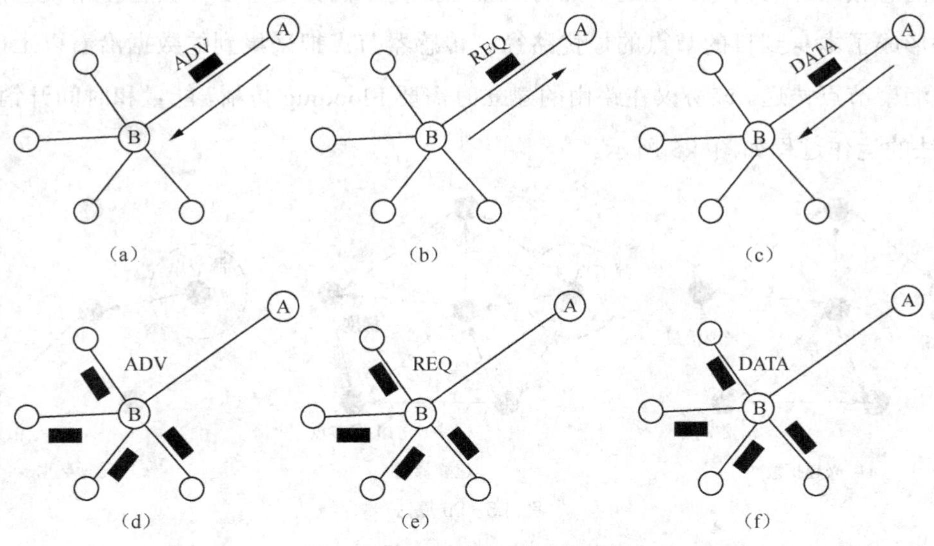

图 4.4 SPIN 协议算法的运作过程

传感器检测节点 A 监测到事件发生，在发送一个 DATA 之前首先产生一个 ADV 封包，并将此封包广播给周围的邻居节点 B，如图 4.4（a）所示。如果收到 ADV 封包的传感器节点 B 愿意接收该数据包并可以帮忙传送数据资料，则传送一个 REQ 封包给传感器感测节点 A，如图 4.4（b）所示。之后传感器检测节点便将 DATA 传送给目标节点，如图 4.4（c）所示。类似的进行下去，DATA 数据包可被传送到远方汇聚节点或基站，如图 4.4（d）～（f）所示。

SPIN 利用选择单一节点转发 ADV 封包的方式减轻了“内爆”问题，通过数据命名解决了“重叠”问题。与 Flooding 算法相比，SPIN 通过协商和能量自适应解决了 Flooding 协议的低能耗问题。但是每一个传感器节点都需要较大的内存来存储接收到的 ADV 封包，它没有考虑节能和多种条件下的数据传输问题，同时也无法保证资料的可靠度。

3．DD

定向扩散路由（DD）是一个重要的、以数据为中心的、基于查询的路由协议。传感器节点用一组属性值来命名它所生成的数据，汇聚节点采用 Flooding 方式传播用户兴趣消息到整个或部分监测区域内的所有节点。DD 传播兴趣消息，指定范围内的节点利用缓冲机制动态维护接收数据的属性、梯度矢量等信息，在同一时间激活传感器来采集与该兴趣消息相匹配的信息。经过节点对采集信息简单的预处理后，其会使用某些规则或者算法形成了本身到目的节点的最优路径。传感器节点把采集到的数据沿着以上确定的路径向汇聚节点传送。该协议在路由的建立时需要 Flooding 传播，能量和时间开销很大。DD 算法的运作过程如图 4.5 所示。

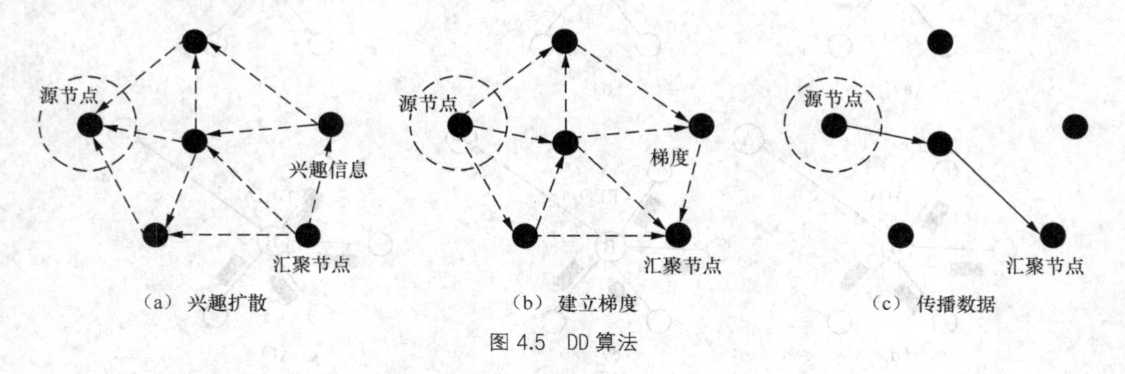

图 4.5　DD 算法

汇聚节点发送一个兴趣信息封包，请求要采集的数据资料，如图 4.5（a）所示。节点根据自己 Cache 中是否存有与收到兴趣相同参数类型的封包来检查接收的兴趣消息。假如 Cache 里不包含有封包，则将此封包以及封包相关的数据信息，包括时间戳、传送速率等，一起记录到 Cache 里。如果 Cache 里有，则对比封包数据与 Cache 里所记录的数据信息，如果新的封包数据较好，则将此封包及封包相关的数据信息覆盖 Cache 里原来的资料。如图 4.5（b）所示就是建立一个梯度的过程。当有传感器节点测量到符合的要求数据时，便可以利用之前建立的梯度传送资料给汇聚节点，如图 4.5（c）所示。

DD 协议采用多路径，健壮性好。采用相邻节点间通信的方式来避免维护全局网络拓扑结构，通过查询驱动机制按需建立路由，避免了保存全网信息，从而减少了网络数据流。但是，DD 协议属于基于查询驱动的数据传输模型，因此不能工作在需要持续传送数据流给汇聚节点的应用中。

4．RR

RR 利用和 DD 类似的梯度概念来传输数据资料，其适用于数据传输量较小的无线传感器网络。RR 通过随机转发机制来克服 Flooding 方式带来的大量开销。其基本思想是在网络中形成两条路径，即事件区域向网外传播的事件路径和由汇聚节点向网内传播的查询路径。两条路径都采用随机方式扩散，当两条路径相交时，就产生了一条由事件区域到汇聚节点的完整路径。RR 的运作过程如图 4.6 所示。

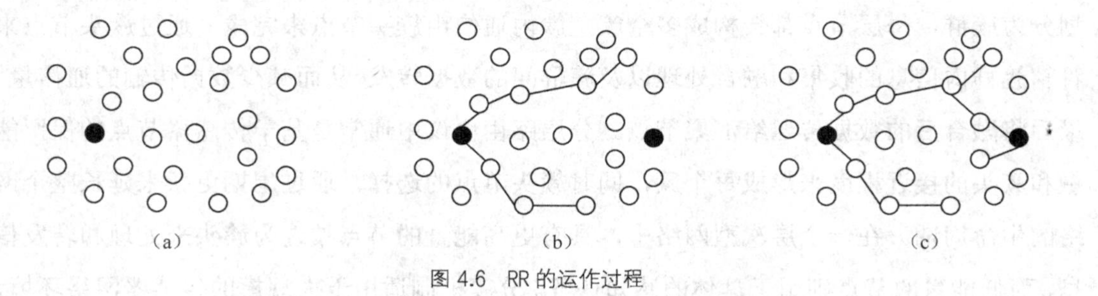

图 4.6　RR 的运作过程

当传感器节点［见图 4.6（a）黑色圆点］监测到事件时，会产生一个封包，传感器节点会随机选择几个邻居节点，将封包传给它们。传感器节点会随机选择一个邻居节点将接收到的封包传给它，此过程反复进行，如图 4.6（b）所示的过程。当有传感器节点［见图 4.6（c）的右侧黑圆点］想查询数据时，会产生一个查询的数据封包，按照上述的方式传送。如果此时监测事件路径和查询数据路径发生交汇，便可利用已经建立的路径传送数据，如图 4.6（c）所示过程路径。相比 DD 算法，该算法可以有效减少路由建立的开销，但是缺点还是没有办法解决需要周期性传输数据的问题。

5．SAR

SAR 协议是第一个在无线传感器网络中具有 QoS 意识的顺序分配路由协议。该协议充分考虑了每条路径的能耗、端到端的延迟需求和分组优先权等特殊要求，采用多播树来实现传感器节点到目的节点的多跳路径，避免了节点失效时路由重新计算所消耗的能量。

SAR 协议在创建生成树的过程中，选择汇聚节点的单跳邻节点作为根节点，以汇聚节点的相邻节点为树干，建立一个多树结构。SAR 协议维护多个树结构，每一棵树从汇聚节点开始向外延拓，同时不考虑那些 QoS 很低和剩余能量少的节点，这样在每个源节点与汇聚节点间就生成多条路径。从而在 SAR 机制中，同一个传感器节点可能会属于多个树，可根据每条路径的 QoS 和数据包的优先级来选择传输路径后，将采集数据传送到汇聚节点。SAR 缺点是能量消耗较少，但不适用于大型的和拓扑频繁变化的网络。

4.2.2 基于集群结构的路由协议

基于集群结构的路由协议也叫做分层路由协议。在分层路由协议中，网络通常会被划分为簇群，每层节点都会构成多个簇，簇内通信由簇头节点来完成，通过簇头节点来管辖簇群内信息的收集和融合处理以及簇群间的数据转发，从而减少数据传输的通信量，最后将融合后的数据传送给汇聚节点。分层路由协议中通常是基于传感器节点的保留能量和簇头的接近程度来形成每个簇，同时簇头节点的选择，通过周期更新来延长整个网络的生命周期。在一个层次型网络中，具有更高能量的节点被选为簇头来处理和转发信息，而低能量的节点则用于具体的感知任务。分簇机制适用于大规模的传感器网络环境，具有较好的扩展性。通过分簇，不同的节点被安排不同的工作，能量利用更加有效，提高了网络的整个生存期。同时分簇机制具有在簇头进行数据融合的优势，通过数据融合能够大大降低网络中的数据流量，从而进一步地节省了能耗。

一些典型的路由协议主要有：LEACH（Low Energy Adaptive Clustering Hierarchy）、PEGASIS（Power Efficient Gathering in Sensor Information Systems）、TEEN（Thresh-old sensitive Energy Efficient sensor Network protocol）、TTDD（Two-Tier Data Dissemination）。

1．LEACH

LEACH 协议是一种最早被提出来数据融合的低功耗自适应分层路由算法，在分层路由协议中最具代表性。LEACH 通过随机性循环地产生簇头、周期性替换簇头和更新簇结构的方法，将整个网络的能量负载平均分配到每个传感器节点中，从而可以节约网络能耗和延长网络整体生存时间。LEACH 网络结构如图 4.7 所示。

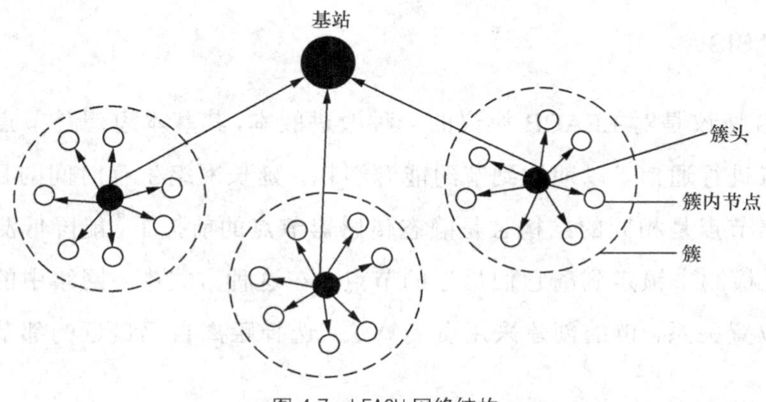

图 4.7 LEACH 网络结构

LEACH 协议在运行过程中定义了“轮”的概念。在每一个轮中，每个簇保持不变但是每轮都会重新选择簇头。每一轮由初始化阶段和稳定工作阶段组成。簇头在初始化阶段被选举出来，并进行分簇。在稳定工作阶段，簇头节点和簇头之间进行数据传输。在初始化阶段，网络中的每一个传感器节点随机选择 0 或者 1，如果随机数小于阈值 $T(n)$，那么就选这个节点为簇头。

$T(n)$值计算如式（4-1）所示。

$$T(n)=\begin{cases}\dfrac{p}{1-p*(r \bmod 1/p)} & (n\in \mathbf{G})\\ 0 & (n\notin \mathbf{G})\end{cases} \tag{4-1}$$

其中：p 为成为簇头的概率；r 为当前已完成的轮数；$\mathbf{G}$ 为候选簇头集（在前 $r-1$ 轮中还没有担任过簇头的节点集）。

在稳定工作阶段，只有一个簇头一直处于活跃阶段。传感器节点感知信息并向簇头发送感知内容。簇头节点在对簇内节点所采集的数据转发给汇聚节点之前需要进行信息融合，这是一种合理减小通信业务量的工作模式。稳定阶段结束之后，网络进入到下一“轮”重新进入初始化阶段，进行下一轮的簇选举，依此不断循环。为了节省能源消耗，稳定阶段通常会维持相对较长的时间。

与一般的平面路由协议相比，LEACH 协议采用随机选择簇头的方式，平均分担路由业务量，均衡了网络能量消耗，以及通过数据融合技术，减少了通信业务量，延长了网络生命周期。但 LEACH 协议仍然存在着不足，它既不能保证网络中簇头的定位，也不能保证簇的数量。因为 LEACH 协议实现的一个前提条件是网络中所有的节点都能够与汇聚节点直接通信，所以该协议只适用于规模较小的网络，不便于网络的扩展。

2．PEGASIS

PEGASIS 协议是对 LEACH 协议的一种改进版本，其基本思想是节点只与周围最近的邻居节点进行通信，以期达到节约能源消耗，延长网络生存时间的目的。在假定网络的传感器节点是相同的结构且是静态传感器节点的前提下，能降低测试模式信号的发送，通过检测来锁定到离它们最近的节点。在这种方式中，网络中的所有节点来了解彼此的位置关系，链的创建采用贪婪算法，选择距离自己最近的邻节点作为下一跳节点。

PEGASIS 协议通过构造节点链来代替簇，连接传感器节点。PEGASIS 协议的运行过程是，节点根据信号的强度来判断其所有邻居节点距离的远近，在衡量确定其最近邻居过程中不断调整发送信号的强度，从而使得将信息唯独传给该邻居。其次，每个链中节点发送和接收邻居节点的数据，只选择一个链首节点向汇聚节点的进行数据传输。数据在链路上按顺序传输，在传输过程中可以对数据进行融合处理，最终由链首将数据直接传送给汇聚节点。

如图 4.8 所示，开始通信时节点 C_2 担任簇头，将链首标志沿链传给节点 C_0，节点 C_0 将它的数据传送给节点 C_1。节点 C_0 将它的数据传输给节点 C_1，然后节点 C_1 将本身的数据与接收到的节点 C_0 上的数据融合成一个相同长度的数据包。数据包再传输到节点 C_2 上。此后，C_2 以同样的方式将链首标志传递给链上另一端的节点，即节点 C_4，收集节点 C_4 和节点 C_3 的数据。这些数据在节点 C_2 处进行融合后并以同样方式传递给节点 C_2。直到将链上的信息都融合后，节点 C_2 采用单跳通信方式将信息发送给汇聚节点。针对网络中的节点可能因与邻居节点距离较远而能耗较大的问题，通过设置一个门限值来限定此节点担任簇头的权限。当该链重构时，可通过改变门限值的方式来重新决定哪些节点可以担任簇头，以提高网络的可靠性。

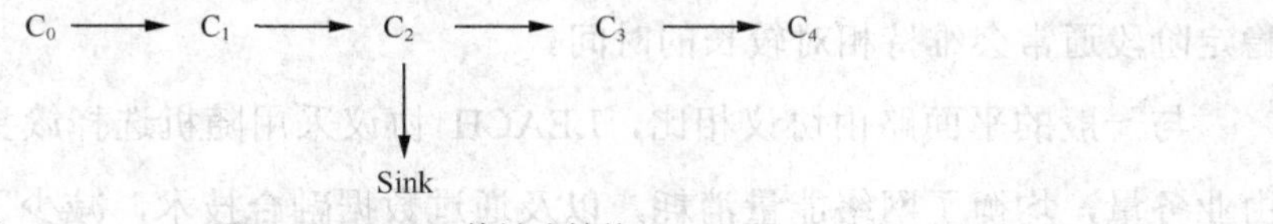

图 4.8　PEGASIS 的链式结构

PEGASIS 协议在功耗方面比 LEACH 更节约。协议与成簇的形式相比，每个节点都是以最小功率发送数据，并进行必要的数据融合，使得这种改进的链式结构中的功耗受到了限制。但其固有缺陷也很明显，因为节点一旦确定距离自己最近的邻居节点，便不再发生变化，使这些节点能量消耗过快而消亡，链上一个节点出现问题将会影响整条链的正常运行。由于是采用链首标志来构造链，这将会导致距离网络较远处的节点信息延迟加大。

3. TEEN

阈值敏感的高效传感器网络 TEEN 协议是由 LEACH 发展而来，适应于被监测现象突变的情形节点形成簇后，簇头向簇内节点广播软、硬两种阈值。硬阈值：信号低于该门限时，接收方就无法正确接收了；软阈值：阈值不是固定的，与其他因素相关。为了感知对象变量的变化，例如温度或磁通量，传感器节点将测量值与硬阈值进行比较。当监测数据第一次超过设定的硬阈值时，传感器节点将监测到的数据传输到簇头上，并在接着到来的时隙内发送它。当然，只有当感兴趣的事件发生时数据才会被收集。下一步过程中，假如监测到数据的变化幅度大于设定的软阈值，那么节点就会传送最新采集的数据，无论硬阈值溢出与否，传感器节点都会检查连续监测到的数据软阈值。通过调节软阈值，可以在进一步限制了当感知到的值没有太大变化时的数据信息的传输。通过这种方法，可以减少无用信息的输入量。对于需要周期性向用户报告监测结果的网络，TEEN 则不适用。如果感知数据的变化为达到阈值，用户可能接收不到任何感知数据。

4. TTDD

TTDD 协议是一个分层的路由协议，主要解决的问题是多汇聚节点和汇聚节点的移动。当检测区域发生事件时附近的多个节点会选择一个节点作为源节点发送数据。源节点本身作为一个交叉点构造格状网，这个过程是：源节点先计算相邻，直至请求过期或到达网络边缘。此交叉点存储了事件与源节点的信息。进行数据查询时，汇聚节点本地采用 Flooding 方式查询请求到汇聚节点。汇聚节点在网络中任意移动，采用代理机制来确保数据可靠性传递。协议采用单路径的方式使得可以延长网络的生存空间，但由于计算格状网和维护格状网的花费较大，一般要求节点必须已知自身的位置，并且要求节点密度较高，距离大，而普通节点位置不可以移动。

4.2.3 基于地理位置信息的路由协议

利用节点位置信息，基于位置的路由协议可以将数据资料传送到目标区域，这样就可以避免为了找到目标区域向全网络广播数据，减少能量的消耗，此类协议有 GAF（Geographic Adaptive Fidelity）、GEAR（Geographic and Energy Aware Routing）、GEM（Graph Embedding）、MECH（Minimum Energy Communication Network）、GPSR（Greedy Perimeter Stateless Routing）、TBF（Temporary Block Flow）等。

1. GAF

GAF 是一种以节点的地理位置作为依据的分簇算法，此算法把其监测区域划分成为虚拟的单元格，同时将节点依照位置信息划入对应的虚拟单元格。在每个单元格中周期性产生簇头，节点只需要一个簇头一直处于工作状态，其余节点可以进入睡眠状态。GAF 算法的执行包括两个阶段：第一阶段是，划分虚拟单元格，依据节点的通信半径和位置信息，计算得知自己属于哪个划分的虚拟单元格，保证两个邻近单元格间包含的任意两个节点可以直接通信；第二阶段是，选择虚拟单元格中的簇头节点。节点要确定自己是否应该成为簇头，需要当其在休眠状态被唤醒后进入工作状态时，与本单元格内的其他节点进行信息的交换。每个节点可处于发现、活动和休眠 3 种状态。发现状态时节点用来监测方格内有哪些邻居节点；活动状态时节点负责监测网络及传送数据工作；睡眠状态时节点不负责发送与接收数据信息。

在网络初始化时，每个节点都通过发送消息通告自己的 ID、位置等信息，此时所有的节点都处于发现状态，经过此阶段，节点就能得知同一个单元格中其他节点的信息。之后，各个节点将调整自身定时器为某个区间内的随机值。如果节点在定时器发生超时，会收到一个声明，表明来自同一单元格内其他节点成为了簇头。此时节点会发送它进入活动状态的声明消息，之后成为簇头。假如节点在定时器超时之前收到了节点成为簇头的声明，表明它的这次簇头竞争失败了，转进入休眠状态。

GAF 将整个传感器网络划分虚拟单元格，如图 4.9（a）所示，而每个节点再利用 GPS 或其他的定位技术找出属于自己的一格，并找出所属的方格内有哪些邻居，之后每个方格再自行决定方格内其中一个节点处于活动的状态，而方格内的其他节点则处于睡眠的状态，当过一段时间后，再从睡眠的节点中选出一个来成为活动，而之前活动的节点则变成睡眠状态，如此反复操作，便可增加网络的生命周期。如图 4.9（b）所示，GAF 将整个传感器网络划分虚拟单元格后，所有方格内的节点都进入发现的状态。传感器节点设定参数，封包发送的间隔时间 T_d、节点 ID、网络 ID、估计保持活动时间 T_a、节点等级（剩余的能量越多等级越高），同时将上述参数合并为一个发现信息封包，T_d 开始计时，使得封包发送出去，接下来进入活动状态。当在发现状态时接收到其他节点的封包，则比较自己的节点等级和封包里的节点等级，如果自己的等级较小，则设定要休眠时间 T_s，然后进入休眠状态。当进入活动状态时，依据自己的时间设定 T_a，并且每隔一段时间 T_d 便发送一次发现信息封包，等到经过一段时间后，便返回发现状态。当在活动状态接收到其他节点的封包时，则比较自己的节点等级和封包里的节点等级，如果自己的等级较小，则设定参数 T_s，并且进入休眠状态。如此每个单元格内便只有对应一个节点处在活动的状态。当处于睡眠状态的节点经过一段时间 T_s 后便会醒来，重新返回发现状态。然后以上过程反复操作。

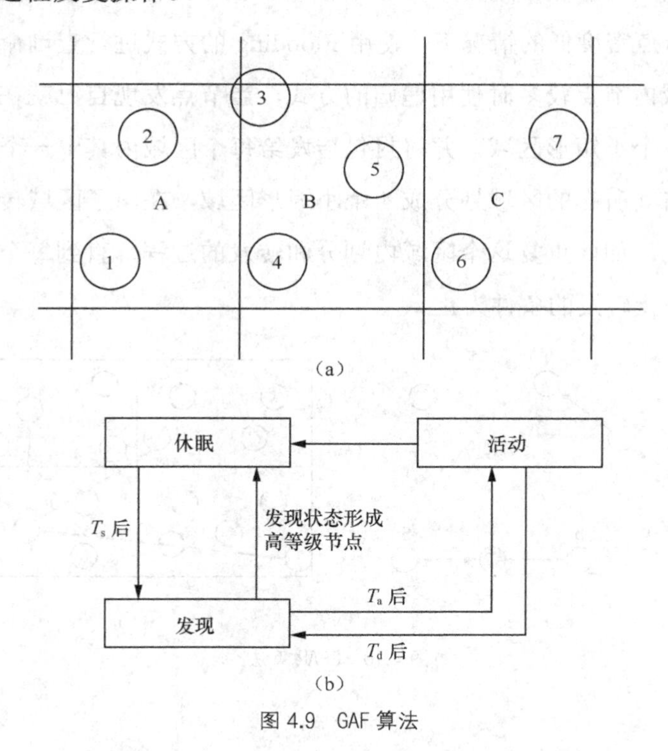

图 4.9　GAF 算法

2．GEAR

GEAR 算法是梯度算法 DD 的一种改进，利用将数据封包转交给最靠近目标区域的邻居传感器节点，并限制转交节点的数量，节点在收到封包后会反复上述过程直到将数据传送到汇聚节点，以实现节能的效果。

在传感器节点中有两个参数，分别是：记录剩余的能量以及到目标的距离，称为estimated cost；estimated cost 的精确值参数，称为 learned cost。GEAR 路由中查询消息需要两个过程，第一步是目标区域内怎样将封包转送，第二步是查询消息如何在目标区域内数据传送，具体操作过程如下。

将封包传送到目标区域，如图 4.10（a）所示，当有传感器节点想查询某个目标区域的信息时，产生一个请求封包。节点在邻居节点中选择是否存在比自己更接近目标区域的节点可以作为下一跳节点。如果存在，则把封包传送给这些邻居节点。如果不存在，则利用 learned cost 函数选择一个邻居节点，并将封包传送给此节点。接收到封包的节点将反复按照上述的方式，直到封包传送到目标区域。

封包在目标区域内扩散，如图 4.10（b）所示，GEAR 依照节点密度的高低，分别使用两种方法。在节点密度低的情况下，使用 Flooding 的方式进行查询命令转发是比较理想的。在事件区域内节点较多时使用递归的方式，当节点发现自己就在事件区域内时会将目标区域分成 4 个小矩形区域，并将封包转发给每个区域内其中一个传感节点，而收到封包的节点再将其所在的区域划分成 4 个小矩形区域，在向子区域转发分组时同样遵循前面所讲的规则，如此重复这个区域内划分和转发的过程，直到每个小部分内只剩下一个节点满足了停止转发的条件为止。

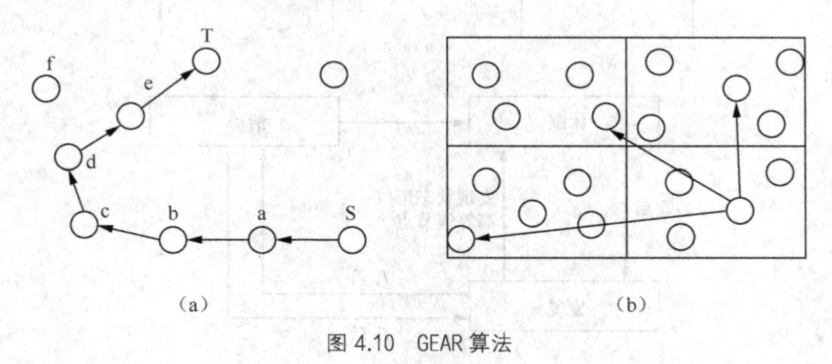

图 4.10　GEAR 算法

3. GEM

GEM 是一种适用于数据中心存储方式的地理路由。基本的想法是创建一个虚拟极坐标系统来表示实际的网络拓扑结构，汇聚节点将分配角度范围给每个子节点，如[0,90]。

每个汇聚节点将角度范围内划分为大小成比例的子节点。每个子节点以同样的方式分配作为它们的角度范围内的其他子节点。这个过程一直持续到每个叶片点被分配到一个范围的角度。这样节点为子节点可以设置角度范围，根据一个统一规则（如顺时针）为子节点设定角度范围，使得相同的水平的节点增加或减少其角度范围，因此到汇聚节点的跳数相同的节点就形成一个环形结构，整个网络是一个汇聚节点为根的带环树。

GEM 路由机制：节点发送消息，如果目的节点的角度不在自己的角度范围，消息将被发送到父节点；父节点根据相同的规律进行处理，直到消息到达目的节点位置的角度范围内包括某节点，该节点是源节点和目的节点的共同祖先。从此节点消息继续向下发送，直到到达目的节点，如图 4.11（a）所示。这些算法需要上层节点转发消息，开销比较大，可以做适当的改进——节点发送消息之前首先检查邻节点是否包括目的节点的位置角度。如果包括，直接传送到邻居节点不再向上输送，如图 4.11（b）所示。进一步改进算法可利用提高的环形结构——节点检查相邻节点的角度范围是否离目的节点的位置更近，如果近，消息将被发送的到邻居节点，否则只能传递到上层，如图 4.11（c）所示。

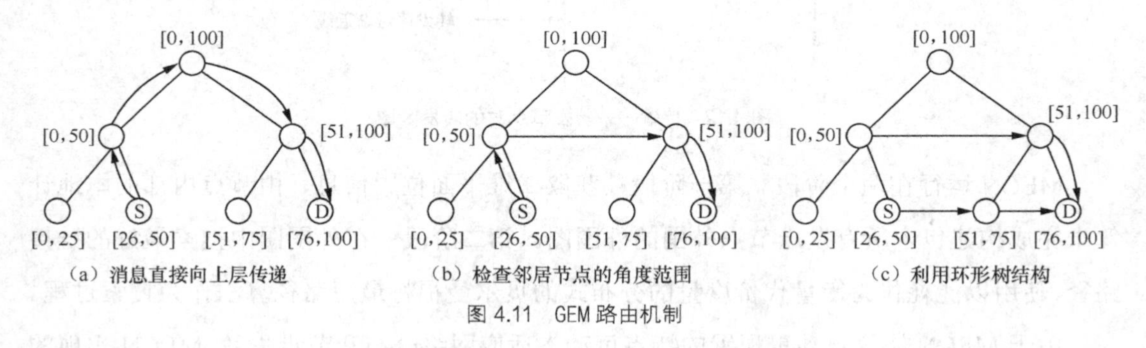

图 4.11 GEM 路由机制

GEM 路由节点不依赖于精确的位置信息，采用虚拟极坐标的方法可以将简单实际的网络拓扑信息映射到一个简单的处理逻辑路由拓扑结构，并且不改变节点的相对位置。但由于采用了带环树结构，实际的网络拓扑结构的变化时，调整树结构更复杂，因此 GEM 适用于路由拓扑相对稳定的无线传感器网络。

4. MECN

MECN 协议使用低功率的 GPS 定位系统，其主要思想是在给定一个通信网络后估算一个高效能的子网络，并且网络中任何两个节点之间的数据传输功耗是最低的。由此使得在不考虑网络中所有节点的前提下，在全局中发现最小能量路径。

如图 4.12 所示，MECN 的运行依赖于一个“转发区域”的概念，“转发区域”可表示成一组节点集，发送节点通过转发区域内的节点转发数据可以比直接将数据发送到目的节点节省更多的能量。节点对（*i*,*r*）的转发区域为左边实线与右边渐近线之间的区域。节点 *i* 打算与目的节点通信，就需要通过节点 *r* 所在的转发区域，以节点 *r* 作为中间节点的路径更节省功耗。对于在转发区域内的其他任何节点都是同样的。到达目的节点的所有转发区域的集合就构成了节点 *i* 的“外围”。利用上述本地搜索可以使每个考虑到自身转发区域的节点，找到实现到达目的节点的最低能量路径。

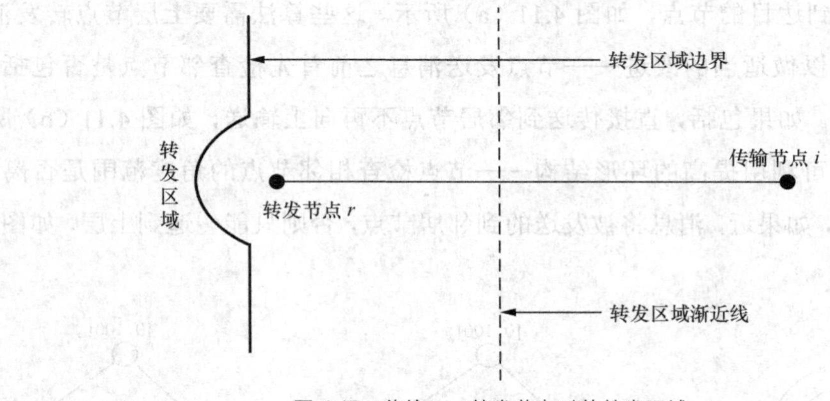

图 4.12　传输——转发节点对的转发区域

MECN 运行在两个阶段。第一阶段：获取二维平面位置信息，由节点内部的本地计算来完成构建包含所有发送节点外围的外围图。第二阶段：在外围图中搜索最好的链接路径，使用以能耗作为衡量代价度量的分布式的贝尔曼福特最短路径算法作为搜索过程。

由于 MECN 协议自动重配置的特点可动态适应网络分布和节点失效。MECN 实现的前提是假定网络中的每一个节点都可以直接通信，是完全连接到网络，但是这在一个真实的环境是很难做到的。为此，研究人员提出了 SMECN 协议，此协议是对 MECH 的扩展。SMECN 充分考虑了任意两个节点之间的障碍而导致可能存在无法通信的状况，其主要思想是通过计算和建立子网，使得原有的网络中存在子网内最低能量消耗的路径；满足最低能量转发的子网要小于 MECN 建造的子网，但它也带来了更高的代价。

5．GPSR

GPSR 是基于节点位置和数据包目的制定转发策略的路由协议。GPSR 中节点只需要知道它们一跳邻节点的信息就可以确定如何转发数据包。源端用目的端的位置信息来标记这个数据包。如果一个节点知道所有邻节点的位置，中间节点就可以选择在地理位置上最靠近目的节点的邻节点来制定局部最优转发策略。每个节点依次按照上述规则重复此过程，数据包在每一跳都会逐渐接近目的节点，直到达到目的地。

由于每一个中间节点制定转发策略时仅基于其邻节点的位置信息，为了始终保持到达目标节点的路径，有时数据包不得不临时被传送到距离目标节点更远的节点上，如图 4.13 所示节点 x 比其邻节点 y 和 w 更接近目的节点。围绕目的节点的虚弧线的半径等于目的节点到 x 的距离，x 不能选择任何一个通往目的节点的路径。

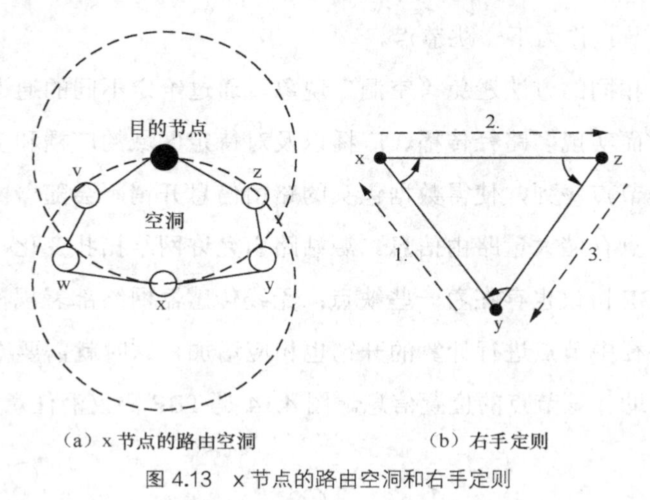

（a）x 节点的路由空洞　　（b）右手定则

图 4.13　x 节点的路由空洞和右手定则

在此例中，x 的传输范围以目的节点为圆心，以目的节点到 x 的距离为半径的弧线相交的区域称为空洞，因为 x 在此区域内没有邻节点。因此，GPSR 协议提供了一种能够绕过这种空洞，允许数据包继续沿路径传输到目的节点的机制。为此，GPSR 利用著名的右手定则来穿越此区域。此法则表明，当数据包由 y 到达 x 时，下一条经历的边是从（x, y）边绕着 x 逆时针循环方向的边。右手定则沿顺时针方向遍历了这个多边形的内部区域（此处为三角形），沿逆时针方向遍历了这个多边形的外部区域（三角形的外部）。

GPSR 利用这个方法绕过空洞发送数据包。利用右手定则［见图 4.13（b）］遍历这个区域［由 x、w、v、目的节点、z、y 和 x 围成的区域，如图 4.13（a）所示］，相当于沿着空洞寻找比 x 更接近于目的节点的节点。根据这种方法进行的边的按序遍历为边缘转发。遗憾的是，右手定则不总是能遍历封闭多边形所有的边。

总之，GPSR 工作在两种不同的模式下。收到一个数据包时，节点就在其邻居表中搜索在地理位置上距离目的端最近的邻节点。假如此邻居节点更接近目的节点，数据包将会转发给此邻居节点。否则，节点进入边界转发模式并在数据包记录转发失败的位置。边缘转发模式中收到数据包时，此位置将与转发节点的位置进行比较，如果转发节点到目的节点的距离小于被记录位置到目的节点的距离，数据包将回到贪婪转发模式。

6. TBF

TBF 把相关参数应用在数据包中，指定一条连续的传输通道，而不是沿着最短路径传播，这是和 GPSR 协议不同的地方。网络节点根据通道参数、邻节点位置计算出一个最接近通道的邻居节点作为下一跳节点。

使用与 GPSR 相同的方法避免“空洞”现象。通过给定不同的通道参数，来指定不同的传输通道，从而实现多路径传播、广播以及对待定区域的广播和多播。源站路由通过指定通道而不是节点序列，使得数据包头的路由信息开销不会随着网络变大而增加，从而避免了中间节点存储大量路由信息。源站路由允许网络拓扑变化，能够避免传统路由协议的缺点。TBF 协议也存在着一些缺点：无线传感器网络部署规模的增大、路径的加长，使得传输路径中节点进行计算的开销也相应增加，这时就需要 GPS、北斗定位系统或者定位装置协助计算节点的位置信息。图 4.14 是 TBF 协议沿任意曲线传输数据。

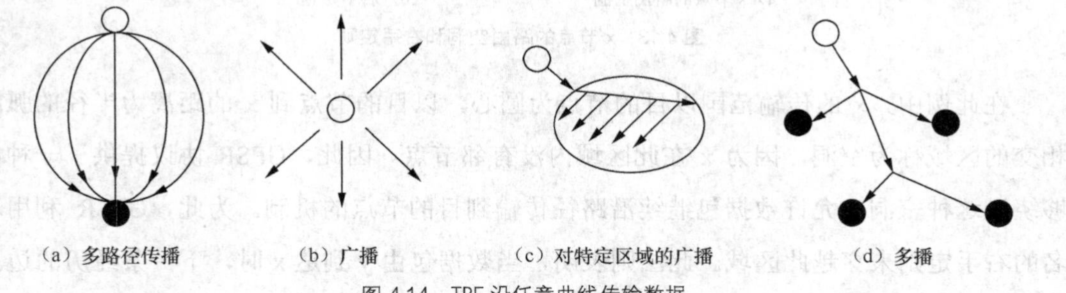

图 4.14　TBF 沿任意曲线传输数据

习　题

4.1 前面的章节讲了几种 MAC 协议，而本章介绍路由协议。你能想到一些例子来说明 MAC 协议的选择如何影响路由协议的设计、性能和效率吗？

4.2 什么是以数据为中心的路由？为什么以数据为中心的路由与基于地址的路由相

比是可行的，或者是必要的？

4.3 SPIN 协议簇如何解决 Flooding 所面临的三大挑战？SPIN 协议的缺点是什么？

4.4 使用图 4.15 的拓扑结构，解释内爆、重叠的问题。

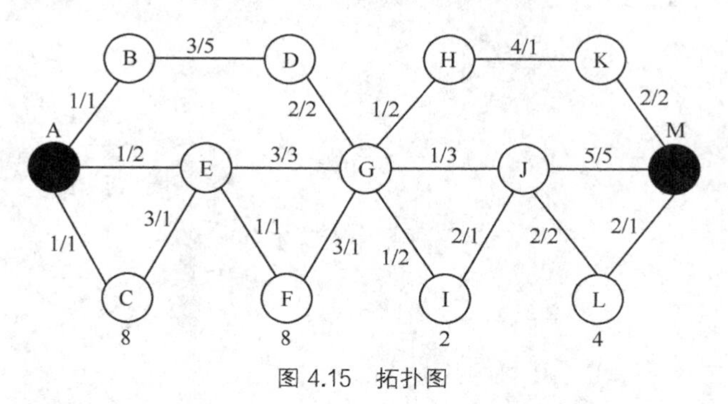

图 4.15　拓扑图

4.5 在图 4.16 中，用一些小黑点表示若干节点。每个节点有 2 个单位的通信范围。位置在（0,0）的灰色节点如何用 GPSR 协议发送数据包给位于坐标（9,9）的灰色节点？指出需要经过的节点。

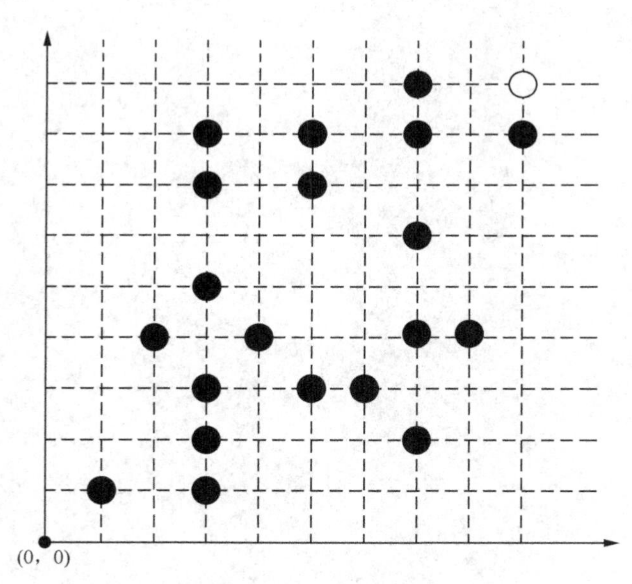

图 4.16　GPSR 路由的例子

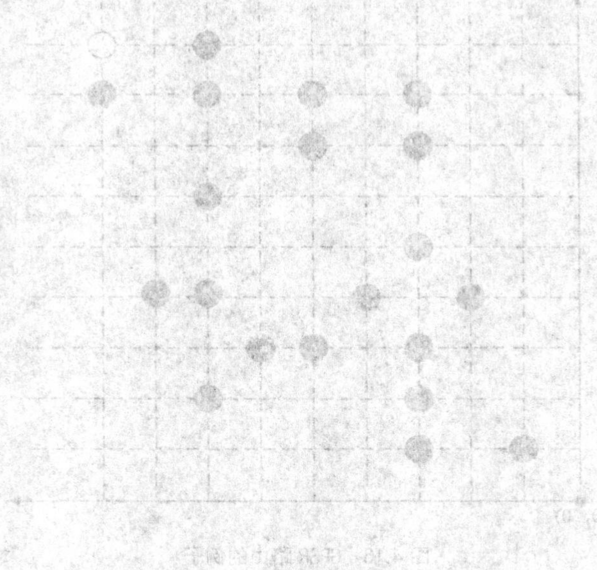

第5章 无线传感器网络的传输层

在无线传感器网络 PHY 层、数据链路层、网络层和传输层中，传输层与用户数据之间的传输距离是最短的。在数据传输过程中，传输层的主要任务是在确保数据可靠的基础上保证传输性价比合理。为实现传输层的数据对上一层的公开化，并确保数据更稳定地传输，传输层最关键的工作是在减少拥塞发生次数的基础上实现端到端的流量管制，从而实现将数据准确无误地传输给目的节点。

5.1 无线传感器网络传输层概述

如上述所提到的，无线传感器网络传输层的主要任务是实现在传输过程中流量的控制，除此之外，它还要在数据传输过程中，在消耗最少能量的基础上实现可靠、高质量的服务。传输层的顺利传输与否直接决定着应用层能否正常运行。传输层的主要作用是通过下一层传递的内容，向上一层传递公开化、真实的数据内容。为了实现上述作用，传输层务必确保对流量的管制、对拥塞的防范，并且在传输数据过程中，实现数据的无乱序、无重复和无丢失传输。

5.1.1 无线传感器网络传输层简介

传输层是根据实际应用而设计的可靠的传输协议，要求传输层具备以下功能。

（1）减少传输层的能量消耗。

一般情况下传感器节点的能量资源是有限的，并且其大概都在风险比较大的地方作业，因此对它们填补能量是非常艰难的。能量的消耗率直接影响无线传感器网络的工作时长，所以无线传感器网络的传输层在设计规划中务必要以减少能量消耗为首要目标。

（2）确保传输层的可靠性。

针对无线传感器网络的多种具体应用，可靠性被理解成多种不同的定义。一部分功能需要的可靠性是要求传输给每个传感器节点的数据内容必须真实，然而另外一些功能需要的可靠性是要求对事件发生的监测内容必须实时可靠。因而，传输层技术需要对于特定的应用功能设计特定的可靠性要求。

（3）提高传输层的可伸缩性和容故障性。

在无线传感器网络工作过程中，一方面，传感器节点可能因为未预测到的原因出现故障或者因为能源全部被消耗而运行终止，另一方面，使用者增加传感器节点投入到更广泛的传输领域中。上述问题都会导致无线传感器网络在规模和密度方面产生很大的变化，因而传输层技术务必具备更强的可伸缩性和容故障性。

（4）降低传输层技术的繁杂度。

一般的传感器的节点没有太多的内存，因此它们具备的计算能力和存储资源都是有限的，进而它们能够完成的任务量也是十分受限制的。为了使等量传感器节点完成更多的任务，传感器传输层技术的繁杂度需要降低。

（5）运用多个传感器节点协作完成目标传输。

尽管单个传感器节点拥有的能量是有限的，能够完成的计算、对资源的存储也是微量的，但如果传感器网络运用足够多的传感器节点，当达到一定大的规模和一定高的密度，该网络中具备的总的能量还是相当显著的。另一方面，当多个传感器节点同时工作时，这几个节点之间生成的数据内容可能具备重复性、互补性或者具有非常紧密的关联。因而，传输层技术务必合理分布多个传感器节点同时工作，尽量使用最少量的数据满足其在处理和传输过程中的可靠真实性，进而减少能源消耗量。

为了贯彻根据实际应用设计的可靠的传输协议，彻底解决上述问题，具备上述能力，传输层承担的主要任务可归纳为以下几点。

（1）以减少能量消耗作为首要目标设计传输层。

在无线通信网络的传输层技术上使用传统的应用是不能被无线传感器网络采用的，因为在无线通信网络中的传输层技术的传统应用会消耗巨大的能源，不符合以减少能量消耗作为首要目标的条件。一方面，传统的传输层技术选取积极确认机制，规定目的节点每次收到报文后积极回送确认报文，这会消耗大量的能量，并不适用于传感器网络的传输层技术。另一方面，传统的传输层技术采用源节点发现的拥塞避免机制，规定源节点根据确认报文判断网络状态，并相应地采用流量控制措施。在无线链路质量较差时，这种机制可能认为出现了网络拥塞而降低源节点的发送速率，从而降低了传输性能。另外，这种机制不具备良好的可扩展性。在网络规模和密度显著增大时，目的节点数目显著增加，这种机制会消耗源节点大量的能量、计算以及存储资源，导致网内能耗分布不均匀，从而缩短了传感器网络的生存时间。

（2）根据应用设计新的可靠性模型。

传统的端到端可靠性模型并不适用于无线传感器网络的传输层技术。在一些要求可靠地监测事件的应用中，源传感器组产生的大量数据具有强相关性和冗余性。只要收到足量数据，协同信息处理算法就能可靠地监测事件，因此，部分数据丢失是可以容忍的，这不会降低对事件监测的可靠性。但是，端到端的可靠性模型要求可靠地回传每个源传感器的数据，这会消耗大量的能量。

（3）设计新的错误恢复机制。

传统的端到端错误恢复机制并不适用于传感器网络的传输层技术。传统机制规定目的节点发现错误后要求源节点重传；然而，为了节约能量，传感器网络的传输层技术是基于多跳传输的，在目的节点和源节点之间数据包传输成功率随着总跳数和单跳误包率的增大而显著降低。如图 5.1 所示，当单跳误包率在 10%以上而且总跳数大于 6 时，数据包成功传输率低于 50%。因此，传统的端到端错误恢复机制会造成大量的重传，这会浪费大量的能量。而且，传统机制不具备良好的可扩展性。在网络规模和密度显著增大时，端到端的连接数也显著增加。采用传统机制会增大网络负荷，浪费大量的能量。

鉴于上述问题，根据实际应用，提出了一些关于无线传感器网络的传输协议，接下来将简要介绍这些协议涉及的主要技术。

（1）采用事件到汇聚点的可靠性模型。

如图 5.1 所示，一部分传输协议对衡量目前传输过程中可靠性程度的量化标准做出了简要而准确的描述，这些标准中指出汇聚点依照接收到报文的数量或者其他特征进行估测。依照目前的可靠性水平和网络状况，汇聚点将自适应地对流量进行支配。

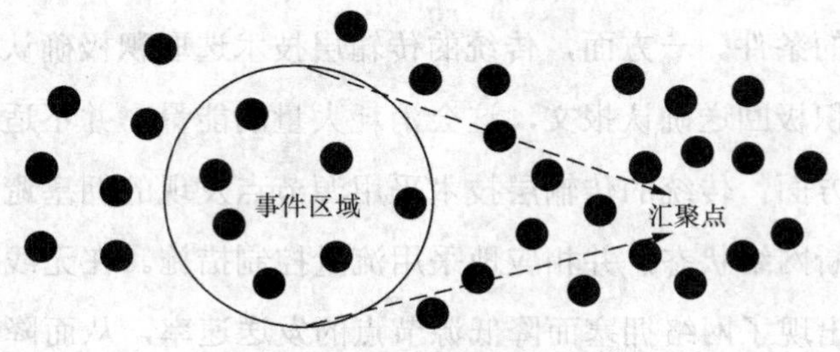

图 5.1 事件到汇聚点的可靠性模型

（2）采用部分缓存和错误恢复体制。

这种体制需要所有的中间节点将数据报文进行缓存，如果有节点将数据丢失，要求其在最短的时间内向距离最近的节点索要数据，直到数据完好无缺后，该节点才可以向下一跳节点传递数据。

（3）采用消极确认体制。

消极确认体制规定，当且只当节点在缓存过程中的数据报文被发现排列不连续时，丢失数据才成立，而且立即向距离最近的节点再次发送确认报文，从而索要丢失的报文。

（4）采用由源传感器执行拥塞监测的体制。

源传感器根据自身的缓存状态判断是否发生拥塞，然后向会聚节点回送当前网络状态。

基于以上体制的传输协议能够利用较低的能源，给予可靠的传输功能，而且具有良好的容错性和可扩展的特性。在 5.1.3 节中将详细讲述传输协议是如何实现这些机制的。

5.1.2 无线传感器网络传输层的关键技术

无线传感器网络不同于传统网络，这给它带来了许多新的挑战。针对多种无线传感器网络的多种具体应用，为保障数据准确无误地传输到指定位置，无线传感器网络在传输数据信息的过程中需要注意以下几个关键技术。

1. 拥塞控制

拥塞控制技术在无线传感器网络传输控制协议中处于最基础、最核心的位置。如果一个网络不时地发生比较严重的拥塞现象并且在短时间内没有办法恢复，那么这个网络是不可能保障良好的 QoS 的，所以拥塞控制的实行理所应当是其他 QoS 体制能够正常运行的前提条件。

刚开始将传感器网络大多数被应用于事件监测领域，例如对火灾、地震等事件发生的监测和监测动植物的生活处境、建筑物是否存在安全隐患和交通是否顺畅等情况。这些事情上得到的数据量小，而且这些事情发生在有限的区域中，大多数都存在着数据的冗余情况，单个的数据在传输过程中的可靠性很低，通过运用一定的技术就能够降低传输的数量，导致拥塞的次数不多，因此当时对传感器协议的研究没有得到足够的重视。网络领域渐渐拓展，应用类型也渐渐增多，网络中各节点之间的层次关系也日益庞杂，继而对于图像、视频等类似大档的传输要求逐渐增加，怎样有效地处理数据流的传输并且尽量减少拥塞，已经变成无线传感器网络目前面临的问题。

2．丢包恢复

在大多数的情况下（如室内环境或者自然环境中）无线传感器网络对无线通信来说都是比较严酷的，从网络的方面分析，最能体现无线通信状况的一个主要标准是丢包率，这是由于包丢失具备环境独立的特性和短暂空间的特性。考虑到这些包丢失的自身特性，数据采集过程中需要探讨能量消耗、延时和可靠性等条件。在无线传感器网络中，许多因素会导致丢包，而丢包会造成能量白费，降低传输可靠性以及服务质量恶化。为了保障传输数据真实可靠性，首要得防止传输过程中数据包的丢失，这样才能实现目的节点接收到的信息的完整性。

无线传感器网络传输层中，考虑到包丢失复制，保障数据可靠性的方式有两种：Automatic Repeat-ReQuest（ARQ）协议与 Proliferation Routing（PR）机制。

（1）如果采用端到端的数据传输方式和丢包恢复，那么要求追踪整个链路的路径，传输过程中延迟将增高，而且能量在传输过程中的消耗也非常大，显然此方式不适用于实时性要求较高的无线传感器网络。

（2）在反馈进行中，反馈控制信息必须通过全部的中间节点，在整个环节中还要求保护所有节点的路径信息，而实际上这些功能在整个逐跳网络中是本可以不必实现的，因此这些工作只是浪费能量，没有任何益处。

通信链路的质量对于无线传感器网络的通信效率和可靠性有着直接的影响，所以探索无线传感器网络中是否顺利发送具有现实作用。在一定的界限内，节点间的距离远近和包的接收结果两者之间没有固定的关系。而且，因为应用程序设计的问题，只要节点在某一个稍短的时段内，没有收到包，该节点在下一时段将产生丢包的现象。

3．优先级策略

在无线传感器网络传输层中，优先级同样分成两种情况。

（1）基于事件的优先级：在源节点各自接收不一样的传输数据时，这些被接收的数据本来就具备不同的优先级，例如具备比较高的优先级的战场数据，在数据包的接收过程中将要被表示为紧急事件，该方式是通过在数据包头加入优先级变量实现的，该优先级的变量值越大，那么该数据包就越提前被处理。

（2）基于节点的优先级：根据节点所处的位置不同，节点的类型将不同，因此各节点的优先级也有区别。例如距离汇聚节点较近的其他节点产生拥塞的可能性较高，为了避免发生拥塞，规定将这些节点传送出去的数据包设置成较高一级的优先级。

5.1.3 无线传感器网络传输层协议分类

针对不同的机制，此协议的内容也不同，具体分类内容如图 5.2 所示，下面将主要介绍 ESRT（Event-to-Sink Reliable Transport）、PSFQ（Pump Slowly Fetch quickly）、PECR（Priority of Energy Congestion Relief）、CODE（Congestion Detection and Avoidance）、RCTP（Real-time Collection Tree Protocol）五种传输协议。

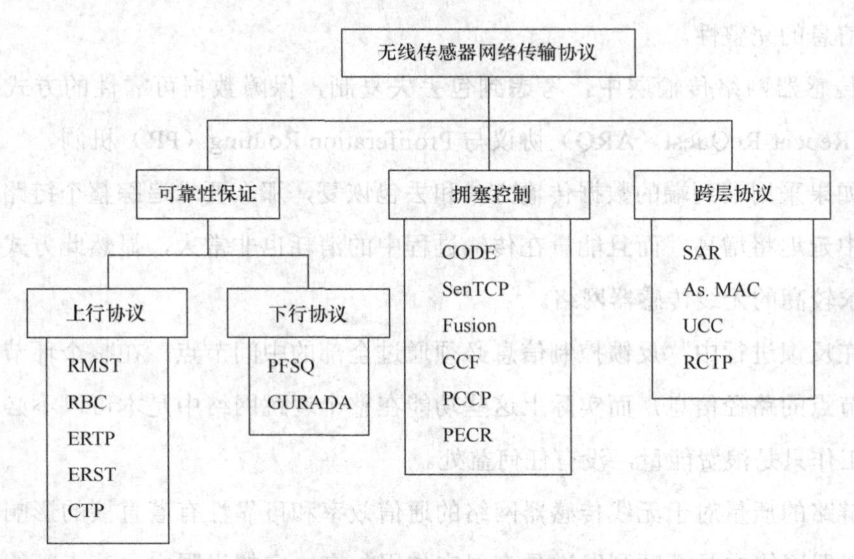

图 5.2 无线传感器网络传输层协议分类

1. ESRT

ESRT协议属于自适应调整协议，具备将可靠的数据通过消耗最低的能量传输给Sink节点的能力，该协议显然是一种可靠性协议。

（1）基本思想。

ESRT是通过分析传输节点目前状态下的拥塞状况和可靠性状况，确定一种最优的策略实现最优的网络性能。ESRT根据测量系统的可靠性，对系统做出对应的调整，使之最大限度地节省能量并达到可靠性指标。该协议将无线传感器网络系统分为5种状态。

$$S_i \in \{(\mathrm{NC},\mathrm{LR}),(\mathrm{NC},\mathrm{HR}),\mathrm{OOR},(\mathrm{C},\mathrm{HR}),(\mathrm{C},\mathrm{LR})\}$$

ESRT传输协议把源传感器组获得的事件消息数据可靠性和低能耗性传输给汇聚节点。它适用于使用无线传感器网络进行可靠监测的应用，例如事件检测与跟踪。ESRT协议使用于存在多个并发事件的应用。

（2）ESRT的关键技术。

为了深入了解ESRT协议，首先必须了解ESRT协议的时间和汇聚点可靠性模型，以及5种工作状态。在当前决策周期中，汇聚节点需要R个事件消息报文才能可靠地监测事件。相应地，η可以定义为

$$\eta = r/R \tag{5-1}$$

η描述了当前传输的可靠性程度。当$\eta \geqslant 1$时，当前传输是足够可靠的；而当$\eta < 1$时，当前传输是不可靠的。图5.3为在一个典型的应用环境中，η随f的变化情况。

由图5.3可见，当$f < f_{max}$时，η随着f增大而提高；而当$f > f_{max}$时，η随着f增大而波动变化。这是因为当$f > f_{max}$时，网络发生拥塞，而拥塞造成的保温丢失率随着f增大而非线性变化。假设ε为可靠性容差，可以根据η和f的取值情况，定义传输5种工作状态如下。

OOR状态，即$1-\varepsilon \leqslant \eta \leqslant 1+\varepsilon$且$f < f_{max}$；

(NC, LR)状态，即$\eta \leqslant 1-\varepsilon$且$f < f_{max}$；

(NC, HR)状态，即$\eta \geqslant 1+\varepsilon$且$f < f_{max}$；

(C, LR)状态，即$\eta < 1$且$f > f_{max}$；

(C, HR)状态，即$\eta > 1$且$f > f_{max}$。

ESRT 协议明确指出汇聚节点保障传输保持在 OOR 状态。在传输开始后，汇聚节点传输控制报文，命令源传感器组以预先设定的速率向回传送事件消息报文。在每一个决策周期快结束的时候，汇聚节点算出在整个周期中的可靠性程度η，而且根据源传感器组传输回来的拥塞标志位，推测现在传输所处的状态。汇聚节点通过目前传输所处的状态和f，推算下一个决策周期中的f。

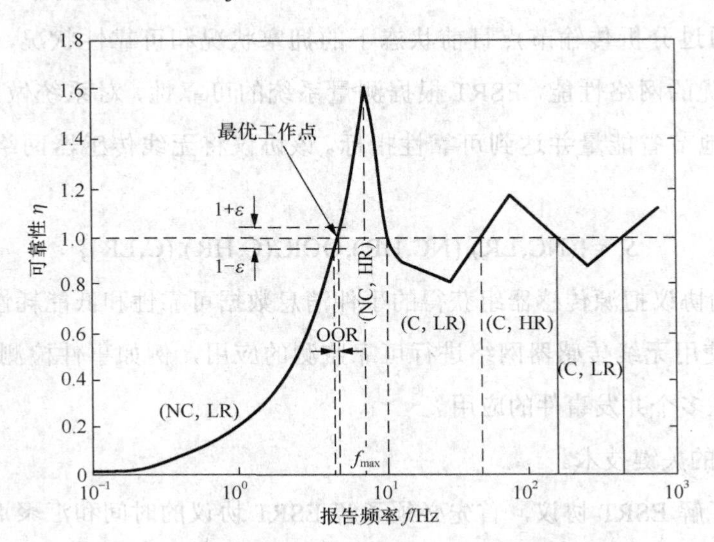

图 5.3　在一个典型的应用环境中，η 随 f 的变化情况

表 5.1　　　　基于当前传输状态的f更新方法

当前传输状态	状 态 描 述	f更新方法
OOR 状态	最优工作状态	f保持不变
(NC, LR)状态	无拥塞，低可靠性	$f=f/\eta$
(NC, HR)状态	无拥塞，高可靠性	$f=(f/2)(1+1/\eta)$
(C, LR)状态	拥塞，低可靠性	$f=f^{\eta/k}, k=k+1$（k 的初始值为 1，代表持续处于拥塞状态的次数）
(C, HR)状态	拥塞，高可靠性	$f=f/\eta$， $k=1$
OOR 状态	最优工作状态	f保持不变
(NC, LR)状态	无拥塞，低可靠性	$f=f/\eta$
(NC, HR)状态	无拥塞，高可靠性	$f=(f/2)(1+1/\eta)$

表 5.1 总结了详细的计算方法，图 5.4 显示了传输状态变换流程。最后，汇聚节点发送控制报文，并且支配源传感器组以更改后的f向回传送事件消息报文。运用此方法，汇聚节点完成了在目前传输状态的动态流量的基础上的控制机制。

ERST 协议规定源传感器检测是否发生拥塞，并通过设置时间消息报文内的拥塞标志位，向汇聚节点回送当前网络状态。源传感器根据自身的缓存状态判断是否发生阻塞。如图 5.5 所示，在当前和上个决策周期末源传感器分别缓存了 b_k 和 b_{k-1} 个事件消息报文，报文增量为

$$\Delta b = b_k - b_{k-1} \tag{5-2}$$

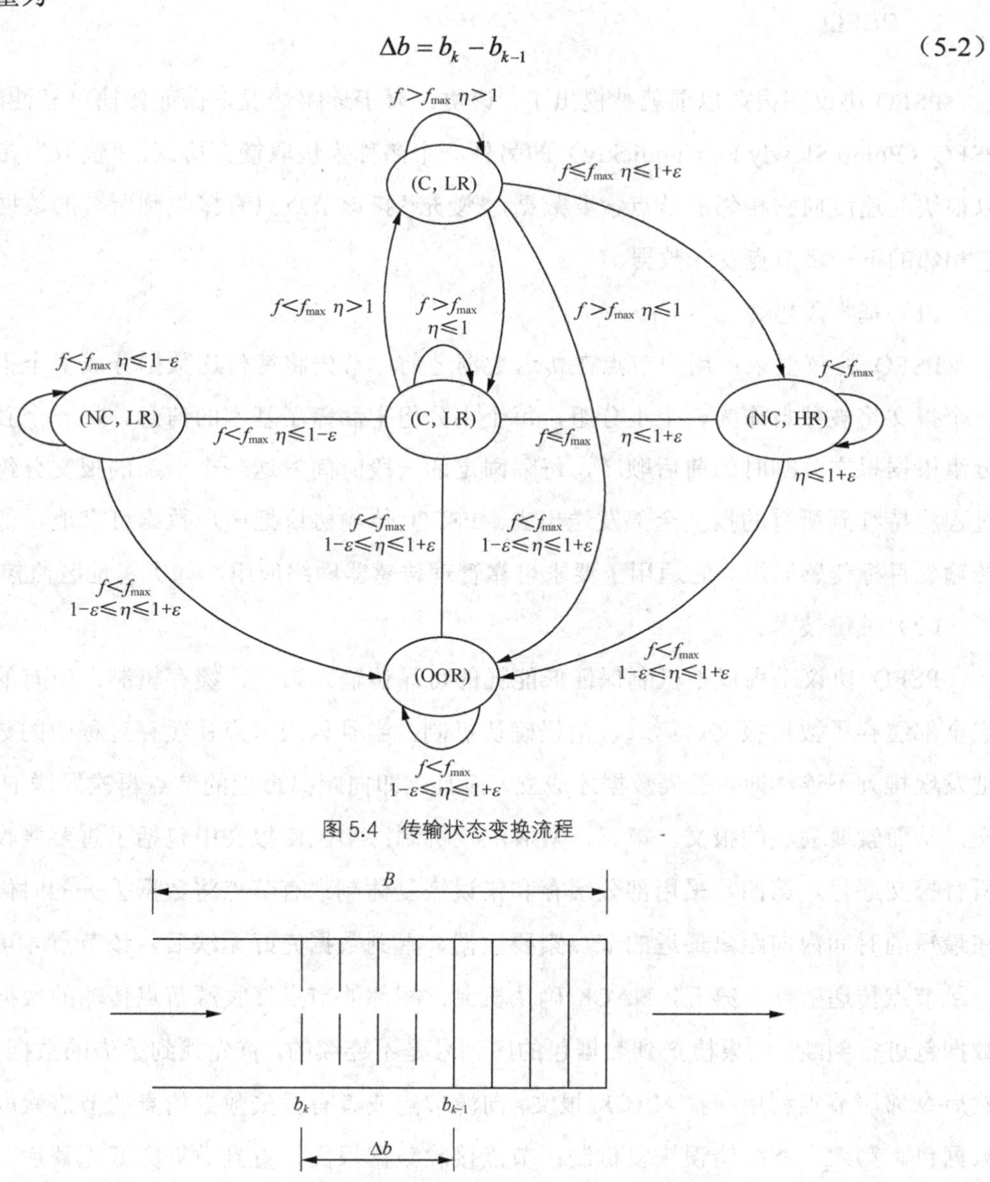

图 5.4　传输状态变换流程

图 5.5　源传感器的缓存状态

如果 $b_k+\Delta b$ 大于缓存的容量 B，则源传感器认为发生拥塞，并且设置拥塞标志位后向汇聚节点报告。

理论分析和仿真表明，ESRT 协议能够把传感器组获得的事件消息数据低能耗地、可靠地传输到汇聚节点，且具有良好的伸缩性和容错性；它的网络拓扑变化或传感器网络的密度和规模增大时，其能够保持良好的性能。

2．PSFQ

PSFQ 协议在很久以前就被提出了，该协议属于逐跳情况下保证传输可靠性的协议，PSFQ（Pump Slowly Fetch quickly）的另外一个名称为快取慢充协议。“快取”指该节点以很快的速度向它相邻的节点索要数据，“慢充”指该节点只有接收到所有的数据后才向它相邻的下一跳节点发送数据。

（1）基本思想。

PSFQ 协议要求：用户节点在传送数据之前，首先将待传送数据分成多个报文，每一个报文将被独自作为一个小分组，每个小分组中涵盖了基本的信息。每一个独自的小分组根据报文分割时的前后顺序，每隔固定的一段时间发送一个全新的报文分组，这一过程将持续到所有的报文全部发送出去。PSFQ 传输协议把用户数据可靠地、低能耗地传输到目标传感器组。它适用于要求可靠管理传感器网络应用，如灾害地区监控。

（2）关键技术。

PSFQ 协议采用以下机制保证低能耗的可靠传输。第一，缓存机制：所有的中间节点全部缓存了数据报文。第二，消极确认机制：当且只当节点在缓存过程中的数据报文被发现排列不连续时，丢失数据才成立，而且立即向距离最近的节点再次发送 NACK 报文，从而索要丢失的报文。第三，索取汇聚机制：NACK 报文中包括了想要接收数据的所有报文序号。第四，采用部分缓存和错误恢复体制：有节点将数据丢失的时候，要求在最短的时间内向距离最近的节点索要数据，直到数据完好无缺后，该节点才可以向下一跳节点传递数据。第五，NACK 确认机制：相邻的节点接收源节点传输的数据包后对数据包进行判断，如果检查到数据包的序列号是不连续的，首先找到丢失的数据包序号，然后令邻居节点利用广播 NACK 报文，向源节点或者有丢失数据信息的节点索取丢失的数据包。第六，逐跳错误恢复机制：节点接收数据报文，直到数据完好无缺后，该节点才可以向下一跳节点传递数据。这是 PSFQ 协议的核心设计思路，它不但降低了错误恢复的能耗，而且避免节点提前发布不连续数据引发下一跳节点提前快速索取，从而避免消费能量。而且，这种方法实现了自适应的转发模式调整。当链路情况良好时，节点的数据经常保持完整，因此较多地处于存储转发状态。

如果收到NACK报文的节点缓存了对方丢失的数据报文，则该节点延迟一段随机时间后广播这些报文。如果该节点发现自己就是对方信号最强的上一跳节点，则延时最短的一段时间，这尽量提高了错误恢复质量。只有当节点收到相同NACK报文的次数超过上限值，而且该节点没有缓存对方丢失的数据报文时，该节点才会中继广播该NACK报文。这尽量避免了重复广播和NACK报文扩散，从而节约了能量。

PSFQ协议规定用Report操作索取网络状态信息。用户节点可以将数据报文的报文位设置为1，任何接收到报文位为1的报文的中间节点都会工作在报文模式。在路由终点的节点（即收到TTL=0的报文的节点）会生成报告报文。每一个中间节点会等待这个报文，并将自己的标识号和状态信息加载到该报告报文中，然后向上一跳节点发送该报文。这就是Report操作。如果节点发现自己的标识号已经包含在该报文中，就会丢弃该报文，组织报文按照回路传播。在两种情况下，中间节点会生成新的报告报文：一种是中间节点等待了足够长的一段时间后没有收到报告报文；另一种是收到的报告报文已经无法容纳更多的状态信息。这时中间节点会提前向上一跳节点发送新的报告报文，然后就发送旧的报告报文。

用户节点有时需要发送单个控制报文到目标节点，而采用消极确认机制的Pump和Fetch操作不能保证可靠地传输单个报文。为了解决这个问题，PSFQ协议规定用户决定用户节点在发送单个控制报文时，需要将该报文的报告位设置为1。目标节点接收到该报文后执行相应的操作，并采用Report操作将执行情况反馈给用户节点。用户节点每隔一定时间重复发送该控制报文，直到确定所有目标节点都已经执行了相应地操作。采用以上方法，PSFQ协议实现了积极确认机制，确保了单个报文的可靠传输。

仿真和实验测试表明，PSFQ协议能够在宽松的时延限制下，将用户数据低能耗和可靠地传输到一组传感器；而且，PSFQ协议具有良好的伸缩性，在无线传感器网络的密度和规模增大时也能够保持良好的性能。

3．PECR

PECR协议是在保证可靠性的前提下，尽可能地节省能量，该协议是一种能够自适应调整的拥塞控制体制。

（1）基本思想。

PECR 协议作为一种拥塞控制体制，该体制含有两个过程，这两个过程是拥塞检测和拥塞控制，具体过程如下。

① PECR 为了所有的节点都可以判断各自节点的子节点与父节点，在初始化网络的时候依照最小跳数的路由协议判断这个网络的路由表。

② 所有节点每隔固定的一段时间检测一次各个节点队列所处缓存区的内存占用率和各个节点的能源剩余量，节点使用明文途径将目前的拥塞值和能量剩余量反馈给它的上游节点，然后收集所有它的下一跳节点的能量剩余量和拥塞度后，它将通过比较所有的值后进行分流。

③ 之所以需要检测下一跳节点拥塞度，是因为保障进行分流后形成的链路不会产生拥塞情况，节省能量和时间，之所以检测下一跳节点的能量剩余量，是因为保障新链路形成以后节点能量不会被耗尽，从而避免链路失效。

（2）关键技术。

PECR 中的拥塞检测阶段。PECR 协议实现检测拥塞的过程中通过节点缓存的方式实现。假如在第 k 个时间采样点的时候，节点的缓存量为 $b(k)$，那么在 k 和 k+1 个时间采样点期间，数据增量 $c(k)$为

$$c(k)=b(k)-b(k-1) \tag{5-3}$$

节点在 k 到 k-1 个时间点的总的间隔的时间量是

$$T(k)=t(k)-t(k-1) \tag{5-4}$$

假设网络间流量变化不大时，即在 k 到 k+1 个时间点期间中，数据的改变量等于 k-1 到 k 时间点内数据的改变的情况下，即

$$C(k+1)=C(k) \tag{5-5}$$

知道数据的改变量后，能够得到 k 个时间点在缓存区域的拥塞度，即

$$CGT=[b(k)+C(k)]/B \tag{5-6}$$

如果在 k +1 时间点的拥塞度 $CGT>a$（a 在此处是拥塞阈值），那么该节点正处在拥塞状态，它将运用广播的方式向上游节点传送一个拥塞信息，通知它的上游节点暂时不要再向其传送消息，降低传送速率或者采用分流的体制。

PECR 中的拥塞控制阶段，控制过程如图 5.6 所示。

① 节点根据最小跳数协议初始化自己的路由表信息，确定每个节点的下一跳节点。

② 节点每隔一段时间检测一次缓存占用率并把结果当做拥塞信息的一部分写入反馈的数据包中，并且将这报文传送给它的相邻节点。

③ 源节点一旦接收到下游的节点传送回来的拥塞消息，将立刻把此消息添加到本地缓存的相邻节点的拥塞表中。

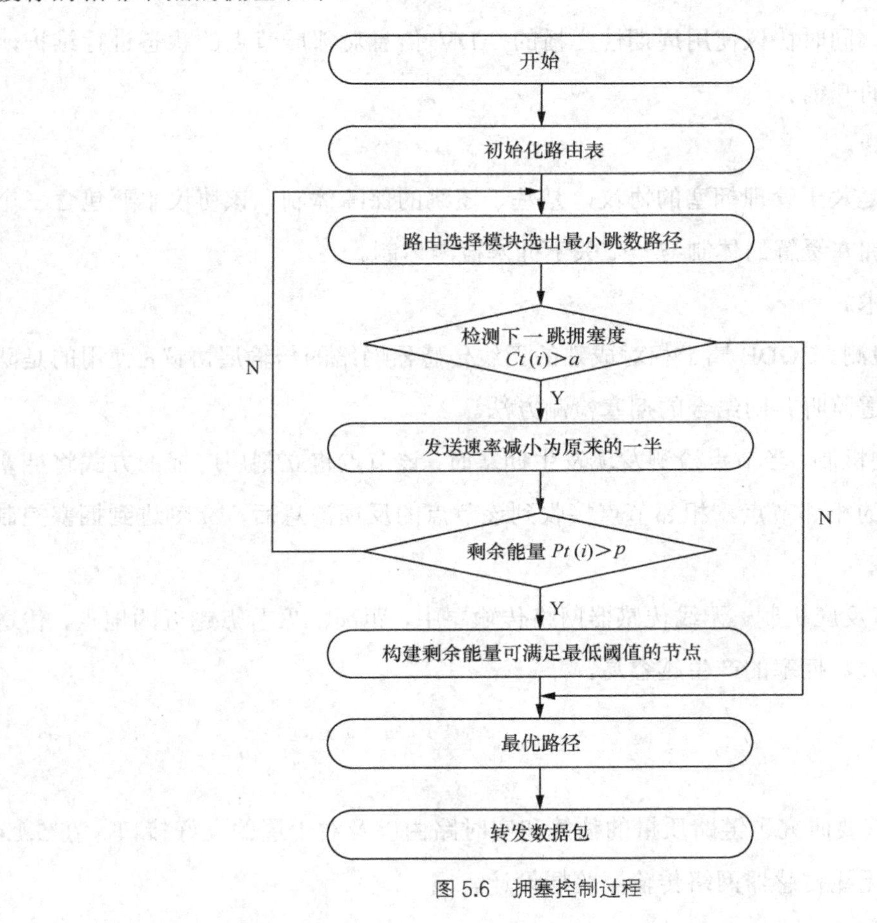

图 5.6 拥塞控制过程

④ 分流过程中，节点将从它的所有下一跳节点中选择一个，监测它能否符合拥塞度要求并且监测其剩余能量值是否在要求范围中。

⑤ 如果④中的下一跳节点不符合要求，则排除该节点，接着检测剩下的下游节点，得到一个节点的集合为

$$\min\{P_k(\text{UserID}_{X1},\text{UserID}_{X2},\cdots,\text{UserID}_{Xk})\}>p \tag{5-7}$$

⑥ 若上述结果中存在极值，那么该节点全部的下一跳节点都不符合要求，拥塞度太大或能量剩余值过小，节点将转回无线传感器网络中的网络层，由网络层找到最优的路

径转而发送给节点，不过这并不是本协议应该规定的内容。

4．CODE

协议使用节点间的链路质量进行节点影响度的计算，提高了代码分发协议在网路质量不佳时的性能。同时协议使用周期性广播的 ADV 信息对邻居节点的状态进行维护，降低了控制消息的开销。

（1）基本思想。

CODE 协议是关于管理拥塞的协议，是基于逐跳的保障体制。该协议主要包含三个体制：两个关于拥塞缓解的体制与一个关于拥塞检测体制。

（2）关键技术。

① 拥塞的检测。CODE 属于相对成熟的无线传感器网络的传输层协议，使用的是队列缓存检测与信道监听共同结合的拥塞检测方法。

② 开环控制机制。当节点检测发现发生拥塞时，该节点将立刻用广播的方式将拥塞的信息告知全部的相邻节点，相邻节点接收到该节点的反馈消息后，立刻进到拥塞控制的过程。

③ 闭环调节反应机制。无线传感器网络传输层中，距离汇聚节点越近的地点，传送的数据量相对较大，拥塞的产生越容易。

5．RCTP

RCTP 协议首要研究了链路质量的估算和实时路由以及对上层的友好接口。在 5.1.4 节中将详细描述无线传感器网络传输层跨层设计。

（1）基本思想。

RCTP 协议跟 CTP 协议一样，使用分簇体系结构，把 WSN 中的全部节点看成由许多树组成的森林，每棵树有一个根节点，簇中的节点需要和其他簇中的节点进行通信的时候必须通过根节点进行通信。

RCTP 协议的进行也包括两个阶段，一个是拥塞的监测阶段，另一个是拥塞后的实时调度阶段，如图 5.7 所示。

① 拥塞的监测阶段：采用缓存检测的方法，当实时队列和非实时队列中任意一个队列中缓存达到一半时，协议认为此时网络节点拥塞。

② 实时调度阶段：当拥塞发生后 RCTP 协议调用相应的实时调度方法来缓解拥塞，并最终实现数据的转发。

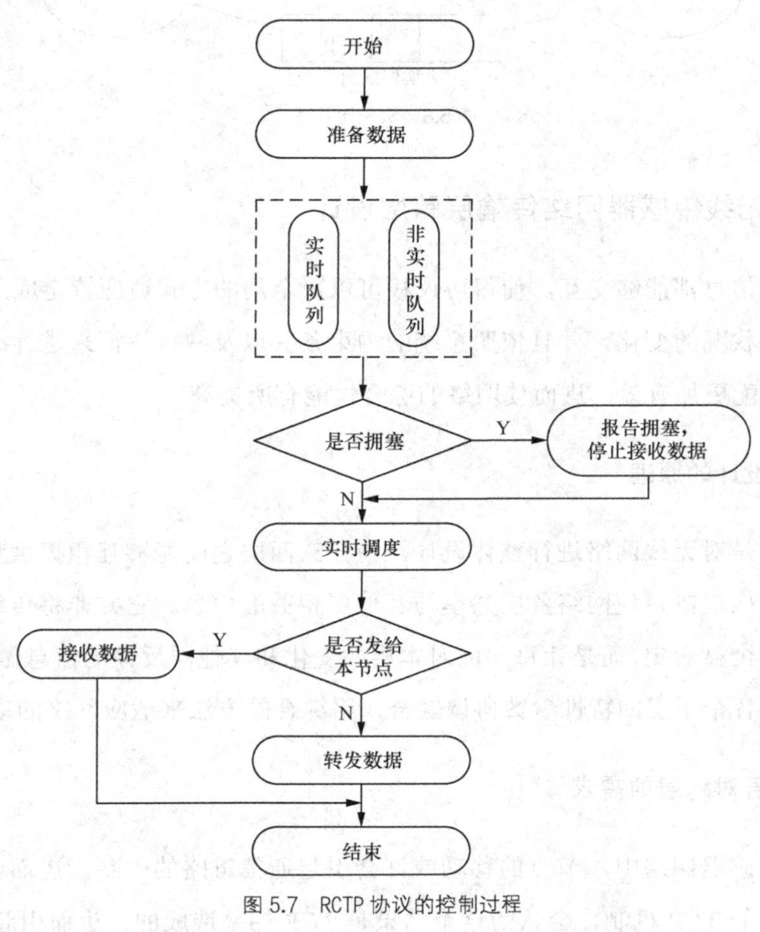

图 5.7 RCTP 协议的控制过程

（2）关键技术。

① RCTP 协议的实时调度。

节点接收到数据信息后，通过 RCTP 数据包头中实时位 R 对数据包进行实时划分，R 指是 1 的为实时包（RT），归为实时队列；R 指是 0 的为非实时包（NRT），归为非实时队列。RCTP 协议通过队长比例算法从两个队列中选择一个发送到下一个数据包。

② 队长比算法。

队长比算法是指调度器按两个队列的队长比例来选择是从实时队列还是从非实时队列选取数据，如图 5.8 所示。

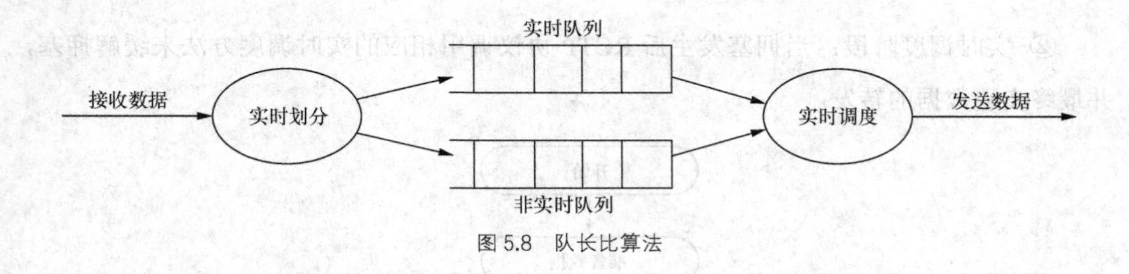

图 5.8 队长比算法

5.1.4 无线传感器网络传输层跨层设计

所有层间信息都能够交互，使得协议栈可以用全局的方式适应特定应用所需的 QoS 保证以及网络状况的变化，并且依照系统的约束条件以及网络特征来进行综合优化，使得网络资源分配更加有效，进而使网络的综合性能有所提高。

1. 跨层设计的原理

跨层设计是对无线网络进行整体设计，使任意两层之间能够互相提供和利用有用信息，实现自适应机制，使网络各层共享与其他层相关的信息。它并非将传统无线网络的五层模式给予全盘否定，而是让每层应对本层的变化和其他层反馈的信息做出合理反应，将分散在网络各个子层的特性参数协调融合，用综合的方法来适应网络的动态。

2. 传输层对跨层的需求

在无线传感器网络中，节点的移动或许会引起通信链路的中断，进而致使数据包丢失。依照传统的 TCP 机制，会认为这个结果是 TCP 拥塞造成的，进而引起了 TCP 超时重传机制被频发触发，TCP 性能也随之下降。而数据包为何会丢失，TCP 协议层是没有方法进行判定的。所以，这在分层协议设计的原则下也是不可避免的。

3. 跨层设计

因为无线传感器网络传输层节点的能量是有限的，需要节约能量并且将网络能量均衡使用，所以设计跨层，以达到延长整个网络的生存期作为传感器网络协议设计的重要目标。

一方面，网络拓扑结构的动态变化会使得从数据源节点到目的节点（通常为 Sink 节点）之间的通信路径十分的不稳定，甚至在某些地区会出现路由空洞。而节点的移动、死亡以及新节点的加入都会导致网络拓扑结构的动态变化。传统的端到端路由进行数据传输对于网络拓扑的动态变化不能很好地适应，这种通信方式是先建立路由，再进行MAC层信道握手，最后进行数据传输。

另一方面，耗能最多的无线通信模块的活动都被处于数据链路层MAC协议直接控制着，传感器网络的节能效果是受MAC协议的能效性直接影响的。所以在基于面向应用的事件驱动的传感器网络中，我们设计传输协议时所需面对的主要问题就是怎样高效率的使用无线通信模块。

5.2 无线传感器网格体系

无线传感器网络目前变成了一种新型的用于计算的平台，能够将数字领域和物理领域顺利连通。无线传感器网络是由一连串的传感器节点组成，所有的传感器节点都具备无线通信、处理数据和感知环境的技能。节点本身靠电池提供电源、通信带宽低和运行内存和储存量小等特点，限制了传感器节点对数据信息的处理和使用。

5.2.1 无线传感器网络和网格结合框架

网格组合框架和无线传感器网络允许许多个无线传感器网络同时对网格进行访问，给予了一致的网格服务。该框架主要有三层构成：无线传感器网络接入层、服务管理层与任务管理层。整个系统框架如图5.9所示。

网格应用层	网格应用软件			
网格服务层	网格索引服务	任务调度服务	服务管理层	无线传感器网络和网格结合框架
			任务管理层	
网格基础层	网格软件基础设施		WSN 接入层	无线传感器网格硬件层
网格硬件层	网格硬件		WSN	

图5.9 无线传感器网络和网格结合框架

（1）无线传感器网络接入层：顾名思义，这一层的主要任务就是完成许多个无线传感器网络的接入工作，完成对无线传感器网络的概括，实现上一层接收到与该层相同的数据。

（2）服务管理层：这一层的首要任务是实现对无线传感器网络的处理与对网络服务

的产生和处理。这一层主要实现对服务质量控制与能量管理的工作。

（3）任务管理层：这一层的首要任务是实现对多个数据融合工作的合理调动。这一层的任务是实现数据处理工作的合理调度和多传感任务的合理分配等工作。

网格计算（Grid Computing）不仅是新型网络的最基本的组成，还是将来将异构网络通过规范的模式连接在一块的最主要的手段之一。网格计算的主要价值是保障用户和应用程序都可以方便、安全地共同享用网络中的数据，共同拥有对资源的计算、通信和存储等权利。网格具备快速的计算功能、大量的存储功能及较高速率的通信带宽。

5.2.2 无线传感器网格体系结构

经典的系统架构主要由用于通信的卫星或者互联网、分布式无线传感器网络节点（或者是群）、用于任务管理的节点和用于接收发送器的汇聚节点等构成，如图 5.10 所示。

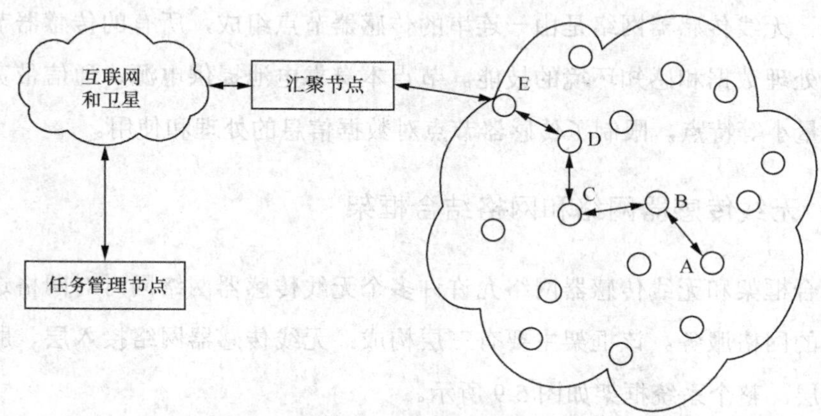

图 5.10 无线传感器网络系统架构

图中的 ABCDE 点代表节点群，它们不规律地分布在该监测区域内或附近，并且可以利用自组织方法组成一个网络。这个节点群中的节点一般情况下可以认为是一个小型的嵌入式系统，与一般的嵌入式系统相比较，它们同样拥有对数据的处理、存储和通信的能力，但是它们的这些功能是相对比较弱的，而且供电能力也取决于电池量的多少。节点群被赋予了比较重要的任务，它们不但负责收集本地的数据信息及对它们进行处理，而且要负责将从其他节点接收到的数据信息进行管理、融合和保存等任务，同时还要和那些节点合作实现某些固定的功能。

构建合适的网格体系结构是实现网格作用的最基本的核心技术，只有在搭建了适合的网格体系结构的基础上，才能够搭建与设计好的网格系统，保障网格系统能够更好地实现价值。目前，存在两个比较有使用价值的网格体系结构：一个是刚刚提出网格体系时提供的五层沙漏模型，另一个是在网格体系慢慢发展壮大后提到的与 Web 服务相联系的开放网格服务体系结构 OGSA 模型。

1. 五层沙漏模型

五层沙漏结构主要侧重于定性的描述而不是具体的协议定义，以“协议”为中心，强调 API（Application Programming Interfaces）和 SDK（Software Development Kits）的重要性。如图 5.11 所示，五层沙漏模型是由网格应用层、网格汇聚层、网格资源层、网格连接层与网格构造层组成。

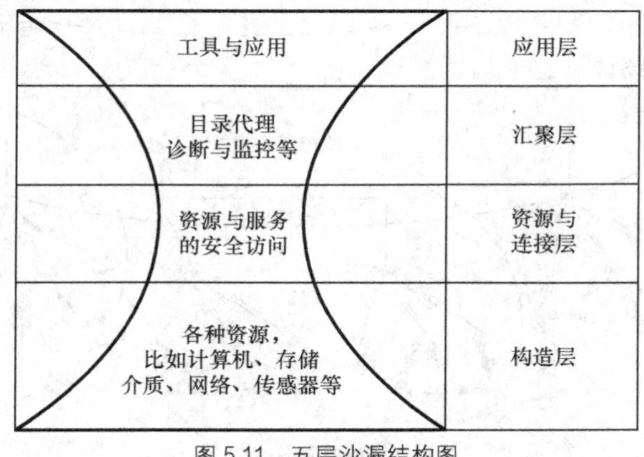

图 5.11 五层沙漏结构图

下面本文中将按顺序介绍各层的作用。应用层是处于虚拟的组织环境中的，网格应用层通过网格连接层定义好的服务来构造。应用层不仅能够调用网格汇聚层的服务，而且能够调用网格资源层的服务，通过这些调用实现应用的功能。汇聚层主要负责协调多种资源的共享，对全局状态和跨越分布资源集合进行操作，协同完成任务，实现更高级的应用；资源层给予局部资源的对访问计算机、数据、状态与性能信息等服务；连接层为网格系统创建了通过加密方式使用的安全机制、用来判断资源和用户，为各个资源之间搭建了联系；构造层通过为上层提供统一的接口，实现了上层对本地资源的防伪码，避免了不同地方资源的异构性。

2. OGSA 模型

适合在网格环境中对传感器网络进行网络管理的技术模型和体系结构如图 5.12

所示。

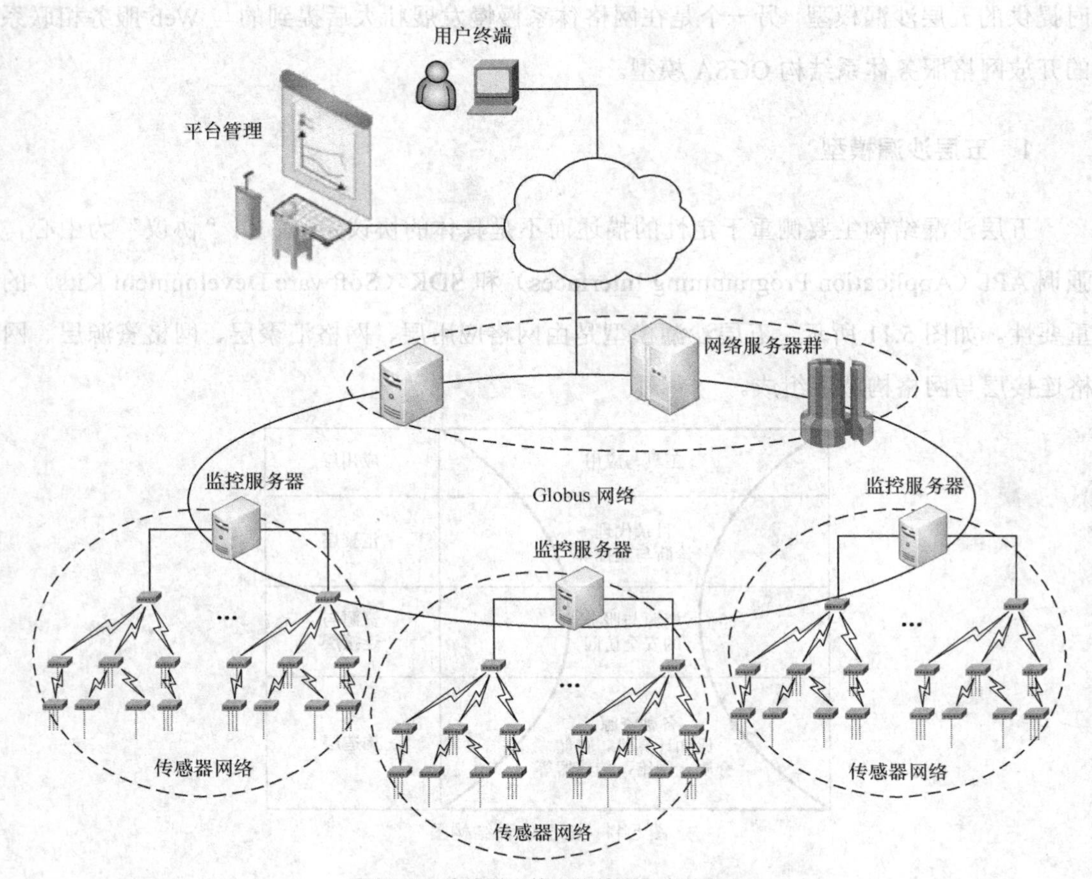

图 5.12 传感器网络网格管理平台构架图

在传感器网络网格管理平台构架中，监控服务器管辖多个传感器网络，多个监控服务器和网格服务器群共同组成一个管理网格，由平台管理中心完成整个网格的管理，用户终端通过访问管理网格来管理传感器网络，使用传感器网络数据和控制，以及使用网格管理服务。

网格环境平台采用 GlobusTookit 平台，传感器网络基于 TinyOS 操作系统和 ZigBee 协议栈，管理协议则是在传感器网络汇聚网关设备和网格平台之间使用 SNMP 协议，传感器网络汇聚网关设备和簇头路由设备、采控终端设备之间使用 ZigBee 网络本身的管理协议。

5.2.3 无线传感器网络的注意要点

无线传感器网络的体系架构中，网络层是底层，主要由传感器应用、节点应用和传感器网络应用构成，通过中间件连接节点，协调网络内服务，负责配置和管理整个网络的功能并进行有效的任务分配。其中有多种地方需要注意。

1. 节点资源的有效利用

体系结构中的跨层性设计使路由协议系统的设计能够更加趋于能耗平衡的方向。就计算资源和储存资源较少的无线传感器网络应用而言，对于空间和时间复杂程度都很高的协议其并不被适用。

现如今无线通信技术突飞猛进，未来的趋势是需要无线传感器网络能够适合音频、视频的传输，所以无线传感器网络的设计不能只是停留对简单数据的应用。

2. 支持网内数据处理

传感器网络是以数据为核心，而不是类似于传统网络为了传输数据；传统网络仅是简单将数据进行储存发送，而传感器网络在实现分组传输的同时，还可以进行网内数据处理，例如在一些中间节点上进行汇总、筛选、压缩等。

3. 支持协议跨层设计

为了能减少能耗、加大传输效率等而进行的性能优化工作会促进网络体系的层与层之间相互链接得更加牢固，各层协议中上层监察下层的服务质量，下层则接受上层的指令。即使其设计的跃层特性会提高系统构架的复杂性，可它仍是提升整个体系性能行之有效的方法。

4. 增强安全性

以运用无线通信为模式的无线传感器网络抗攻击和窃听的能力较弱，原因是它的通信渠道无法得到完善的保护和屏蔽。那么如何确保安全能力就成为了其中至关重要的部分，需要建立完善的安全机制，以保障其运行时的安全性和稳定性。而所构建的安全机制一定要是由上至下地串联整个结构的每个层次，同时为了强化对网络资源运用的管理，要针对信息控制、物理地址、节点身份标示进行充分证实以及审查。

5．支持多协议

靠相同的IP协议来实现端-端之间通信是互联网的特性，较其方式和运用更具有丰富性的无线传感器网络是根据其任务并以之为核心的数据处理，而这种更加复杂的运行方式必须通过多协议支撑。通常当子网内部工作时，其进行组播或广播，而外网接入进来时，其可以将内部协议屏蔽掉，通过这种形式来保障信息互传地完整性和安全性。

6．支持合理资源利用

如何确定无线传感器网络信息监测类别及其所涉区域是在进行建立无线传感器网络时务必要解决的问题之一，同时对于如何获取信息的访问端口也需要有特定的监察。自主生成是拓扑网络的特性，若只利用简单符号来编写地址耗时较多，所以以各节点数据的多项属性来编址会使效率提高很多。

7．支持可靠的低延时通信

网络协议具有及时性，这种特性是为了满足在监测范围中参数处于快速动态变化的物理环境。

8．支持允许延时的非面向连接的通信

有一些应用会出现拓扑动态变化，这种变化并不是固定时间节点发生，有可能是随机产生，其带来的移动变化会打乱连通的稳定状态，所以对非面向连接通信的应用显得尤为重要，它可以在这种连通性较差甚至断续的情况下进行通信。

5.3 MPAS设计

由于基于OGSI（Open Grid Service Infrastructure）的方法引入了有状态的Web服务，同时也不支持同通用的事件机制，这严重偏离了网格中OGSA（Open Grid Service Architecture）框架的设计理念；而采用基于WSRF（WS-Resource Framework）的机制构

建这个接入平台，运用标准轻量级的无状态 Web 服务来管理传感器网络的状态资源，并将松耦合、异步的消息通知给应用客户，就能够有效地支撑起网格的 OGSA 框架实现。根据上述分析的关键要素，把这种基于 WSRF 的具有解析、驱动能力并可融合多传感器网络的功能称作“多解析驱动服务（Multiple Paring Actuating Service, MPAS），使用 MPAS 接入平台将无线传感器网络接入网络的系统示意图如图 5.13 所示。

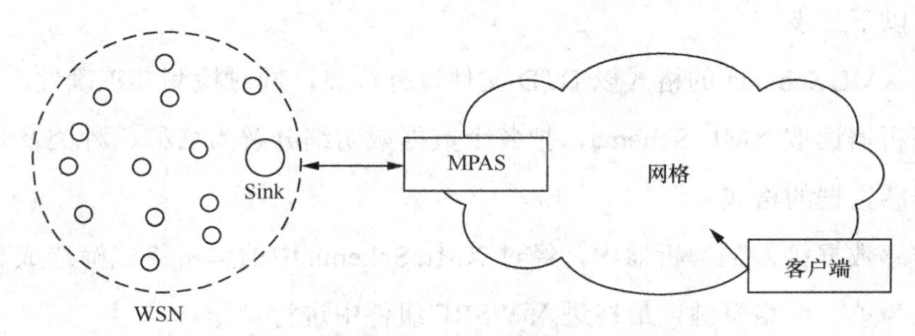

图 5.13　使用 MPAS 将无线传感器网络接入网格

MPAS 平台由 5 个基本组件构成，它们分别是通信机制（Communicator）、解析器（Parser）、驱动器（Actuator）、WSRF（WS-Resource Framework）组件和数据库（Database）。这些组件之间具体的交互流程如图 5.14 所示。

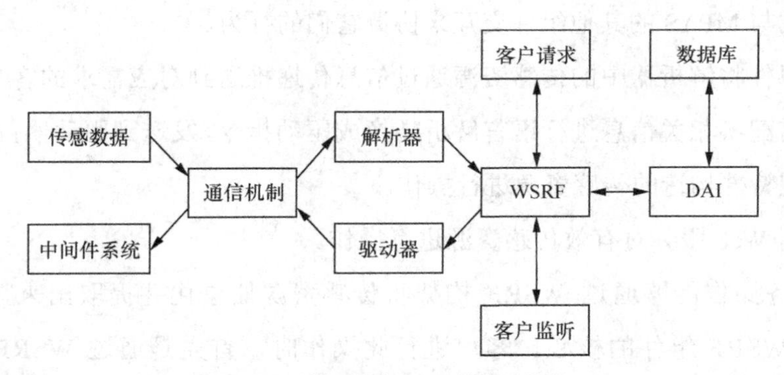

图 5.14　接入平台 MPAS 的交互流程

1. 通信机制

传感器网络同 MPAS 在信息交互过程中处于对等级，它们之间如何平稳通信成为传感器网络接入到网格中首待解决的问题。因此选用 P2P 通信方法，传感器网络向 MPAS 传送信息和 MPAS 向传感器网络发送驱动命令后，MPAS 和传感器网络都要对这些发送过来的信号进行监控和接收，以完成指令。除此之外，信息通信过程中也需要利用 TCP

的连接方式对其中通信进行加密工作，完善通信的安全性和稳定性。

2．解析器

解析器通过 XML Schema 定义传感数据协议中全部的数据域，为达到对传感数据库加以分割，从中选用有效的传感信息，并使其转换为网格中合规的传感资源。解析器的运行步骤为以下三步。

（1）对 XML Schema 的格式以 DTD 文件进行描述，同时检测其正确性。

（2）解析器读取 XML Schema，把各个数据域明细分解为名称、种类及长度数据，获取解析传感数据的格式。

（3）传感数据接入到解析器中，经过 XML Schema 中的解析格式筛选成有效传感信息，再转化为单一网络资源，最终进入 WSRF 组件中进行操作。

3．WSRF 组件

WSRF 组件有效联合驱动器、解析器、数据库、客户指令平衡它们相互的通信。WSRF 组件工作原理主要的三个机制。

（1）通过与 MPAS 的其他组件交互来协调它们的行为。

WSRF 组件将解析器中的传感资源通过信息传递推送到对应需求的客户中；再对传感器网络所需配备相关信息进行语言解析转换成驱动指令，发送到驱动器；利用 Database 组件对散布型特殊构造的传感资源进行操作。

（2）利用 Web 服务对有效传感资源进行操作。

Web 服务操作能够通过 WSRF 构架将传感资源抽象化并提取出来，这种特有效果使之成为 WSRF 组件的核心。客户进行此操作时，首先是通过 WSRF 构架对有效传感资源初始化，同时进行主旨事件的记录；利用 Web 服务对传感资源和其属性进行操作；最后在交互结束前对服务管理员、服务目标、客户代理和监控线路完成删除工作。

（3）通知机制。

WSRF 组件中的通知体制使用的是 Publish/Subscribe 的模式，用户在 WSRF 框架中订阅与其相关联的主题的 Web 服务，并且特定一个专业处理服务订阅工作的 Web 服务来整理这个订阅的过程。当传感器网络比较多时，WSRF 组件将通过区别各个传感器网络的名称来区别不一样的传感器网络，就是说要提前规定需要接收哪一种传感器网络传送的数据信息，接着才向 WSRF 订阅有关的主题服务信息，通过这种方式安排 WSRF 将相关数据信息传送给该主题相对应的的用户。在传感器网络较多的情况下，WSRF 组件的工作原理如图 5.15 所示。

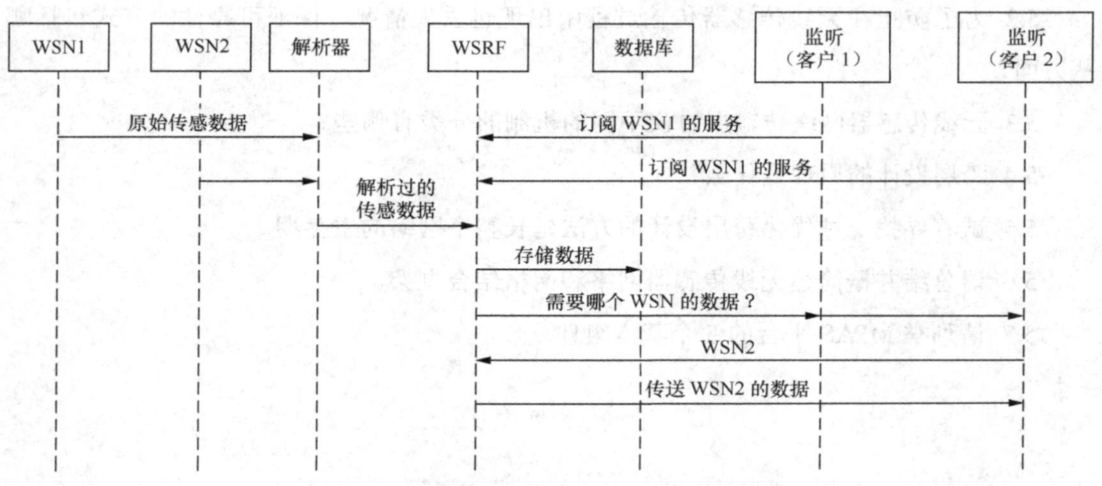

图 5.15 多传感器网络环境下 WSRF 组件的事务处理流程

4. 驱动器

驱动器收到由网格上层应用发来的的驱动请求之后，驱动传感器系统通过支配中间件系统配置优化该传感器网络，并且对传感器网络进行任务分配。它通过解析驱动描述的过程获取到语义操作需要的配置元素，然后将从网格中获得的传感数据资源和从解析驱动描述过程中获得的操作配置元素组合形成在中间件系统中使用的命令体制。

5. 数据库

网格客户在 MPAS 中通过客户代理途径运用 OGSA-DAI 中间件系统用规定的方式管理和管存取处于异构环境中的传感数据信息。在传感器网络较多的情况下，所有的传感器网络在数据库中都存在着相对应的数据表格，收到传感信息后会通过传感器网络的名称将数据资源保存到所对应的表中。

习 题

5.1 无线传感器网络传输层的主要任务是什么？

5.2 为了防止在无线传感器传输过程中出现包丢失情况，保证可靠性的方式包括哪些方面？

5.3 无线传感器网络传输层协议不同的机制的分类有哪些？

5.4 跨层设计的原理是什么？

5.5 试着寻找一种优化跨层设计的方法延长整个网络的生存期。

5.6 请总结并概简述无线传感器网络和网格结合框架。

5.7 请列举 MPAS 平台的 5 个基本组件。

第6章 无线传感器网络的通信标准

对于无线传感器网络而言，其节点的有效通信范围通常在几十米到几百米之间，因此，这就要求在有限的通信能力下，考虑如何在更广泛的空间里搜索到更丰富的信息。无线传感器网络的协议栈是探讨在无线通信系统的基础上，如何将确切和全方位的信息提供给用户。本章主要介绍无线传感器网络的通信标准，包括 IEEE 802.15.4 标准、ZigBee 标准、RFID 标准、Bluetooth 技术和 UWB 技术。

6.1 IEEE 802.15.4 标准

随着通信技术的飞速发展，人们逐渐提出了在人自身附近几米范围之内通信的需求，这样就出现了个人区域网络（Personal Area Network，PAN）和无线个人区域网络（Wireless Personal Area Network，WPAN）的概念。WPAN 网络为近距离范围内的设备建立无线连接，从而把几米范围内的多个设备通过无线方式连接在一起，使它们之间可以相互通信甚至接入 LAN 或 Internet。1998 年 3 月，IEEE 802.15 工作组。这个工作组致力于 WPAN 网络的物理层（PHY）和媒体访问层（MAC）的标准化工作，目标是为在个人操作空间（Personal Operating Space，POS）内相互通信的无线通信设备提供通信标准。

IEEE 802.15.4 通信协议主要用于短距离无线通信，在无线传感器网络通信协议中，其为 PHY 层与 MAC 层的具体实现。2002 年，IEEE 着手研究低速无线个人区域网（Wireless Personal Area Network, WPAN）标准——IEEE 802.15.4 的制订。该标准对个人区域网（Personal Area Network, PAN）中设备之间的无线通信协议和接口提供了依据的标准。IEEE 802.15.4 标准主要包括 PHY 层和 MAC 层的标准，目前，IEEE 正在研究基于 IEEE 802.15.4 的 PHY 层来实现无线传感器网络的通信模型。

6.1.1 IEEE 802.15.4 协议简介

在通信技术飞速发展的趋势下，人们提出了如何在自身几米范围内实现通信的问题，个人区域网（PAN）和无线个人区域网（WPAN）的概念便应运而生。其中，近距离范围内的设备依靠 WAPN 网络建立连接，自身几米范围内的设备通过无线的方式连接起来，相互连接成网络，且可以与 Internet 或者局域网相连接。1998 年 3 月成立了 IEEE 802.15 工作组，主要目的是在个人操作空间内为相互通信的设备提供通信标准，主要完成了 WPAN 网络的 PHY 层和 MAC 层的标准化工作。在 IEEE 802.15 工作组内有 4 个任务组（Task Group，TG），分别制定适用于不同应用的标准。这些标准在功耗、支持的服务和传输速率等方面存在差异。其中，任务组 4（TG4）制定针对低速无线个人区域网络的 IEEE 802.15.4 标准，主要是为个人或者家庭范围内的不同设备之间的低速互联提供标准。任务组 4（TG4）定义的网络特征与无线传感器网络有很多共同之处，如短距离、低功耗和低成本，因此它被很多研究机构作为无线传感器网络的通信标准。

下面介绍 IEEE 802.15.4 标准的特点。

1．工作频段和数据速率

IEEE 802.15.4 工作在工业科学医疗（Industrial Scientific Medical, ISM）频段，它定义了 2.4GHz 频段物理层和 868/915MHz 频段物理层的标准。它们都是以直接序列扩频（Direct Sequence Spread Spectrum, DSSS）为基础，且使用的物理层数据包格式是完全相同的，主要区别在于传输速率、调制技术、工作频率和扩频码片长度。ISM 频段中的 2.4GHz 是全球统一、无需申请的波段，有利于节约生产成本和推广 ZigBee 设备，2.4GHz 频段物理层采用的是高阶调制技术，有 16 个传输速率为 250kbit/s 的信道，这有助于获得更小的通信时延、更短的工作周期和更高的吞吐量，从而更加省电。

2．支持简单设备

短距离传输、低速率和低功耗的特点使 IEEE 802.15.4 非常适用于简单设备。在 IEEE 802.15.4 中总共定义了 49 个基本参数，包括 14 个 PHY 层基本参数和 35 个 MAC 层基本参数，仅为 Bluetooth 的三分之一。这使它非常适用于计算能力和存储能力有限的简单设备。IEEE 802.15.4 根据设备具有的通信能力定义了全功能设备（Full Function Device, FFD）和精简功能设备（Reduced Function Device, RFD）两种。对于全功能设备而言，要求必须支持所有 IEEE 802.15.4 定义的 49 个基本参数，而对于精简设备，在最小配置时只要求其支持 IEEE 802.15.4 定义的 38 个基本参数。

3．信标方式

802.15.4 能在两种方式下工作，即信标使能方式和非信标使能方式。对于前者而言，信标由协调器定期广播，以使相关设备实现同步。且在这种方式下工作时，数据的传送使用超帧结构，其结构格式由协调器定义；而后者协调器是不定期广播信标的，只有收到某设备发出请求时才会作出应答向它广播信标。

4．数据传输

在 IEEE 802.15.4 中，存在从协调器到设备、从设备到协调器、对等设备之间的数据传输三种数据传输方式。为了体现 IEEE 802.15.4 低功耗的独特优势，把数据传输方式分为直接数据传输、间接数据传输和时槽保障（Granteed Time Slots，GTS）数据传输三种。其中，直接数据传输可以采用开槽载波检测多址与碰撞避免（Carrier Sense Multiple Access with Collision Avoidance, CSMA-CA）或开槽 CSMA-CA 来传输数据，具体根据其采用的通信模式是信标使能方式或非信标使能方式确定。其中，直接数据传输适用于上述提及的三种数据传输方式，而间接数据传输指协调器将数据帧保存在事务处理列表中，等待相应设备的提取。有时，非信标使能方式也可能发生间接数据传输。该方式只适用于从协调器到设备这一种数据转移方式；时槽保障方式下不需要 CSMA-CA，该方式既适用于从协调器到设备，又适用于从设备到协调器的数据转移。

5．低功耗

低功耗是 IEEE 802.15.4 最重要的特点。因为在某些应用中，更换电池比较麻烦，甚至实际情况下是不可行的。因为对于由电池供电的简单设备，其更换电池的费用往往比较高，甚至高于设备本身的成本。所以，在数据传输过程中，引入了几种增加设备所用电池寿命或节省功率的机制。

6. 自配置

IEEE 802.15.4 在 MAC 层中加入了关联和分离功能成功实现自配置。自配置除了能自动建立起一个星状网外，还允许创建自配置的对等网。在关联过程中可以实现各种配置，例如设定电池寿命延长选项，为设备配置 16 位短地址等。

6.1.2 IEEE 802.15.4 协议栈

IEEE 802.15.4 协议主要在自动化控制、读表自动化和传感器网络等领域内使用，其网络协议栈体系结构如图 6.1 所示，它基于 OSI 协议栈中的每一层都实现一部分通信功能，并向高层提供服务。

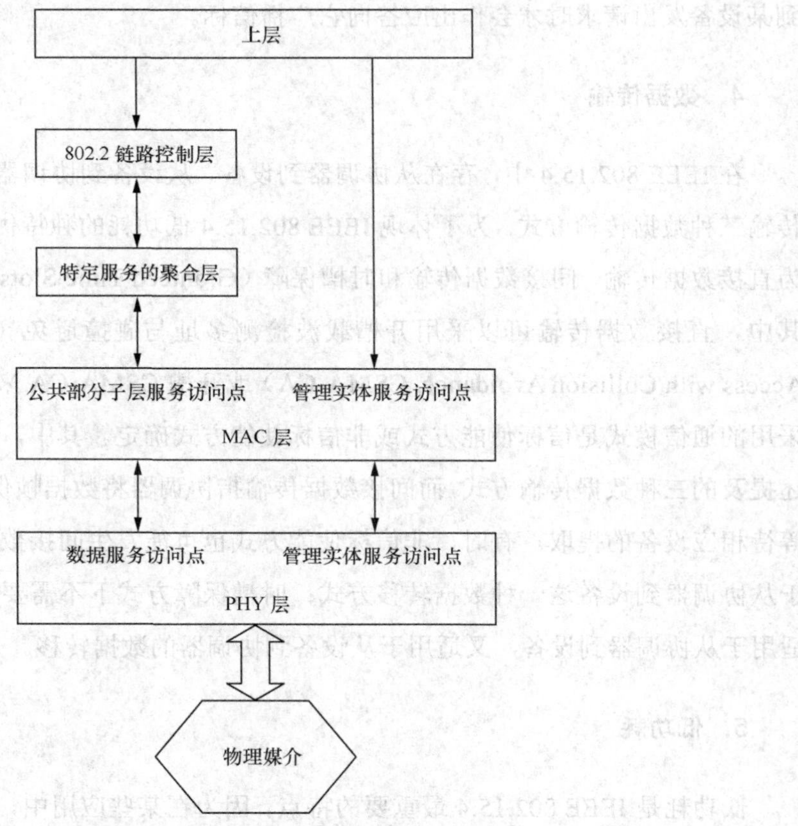

图 6.1 IEEE 802.15.4 协议栈体系结构

IEEE 802.15.4 标准只定义了 PHY 层和 MAC 层。其中，PHY 层是由射频收发器和底层的控制模块构成的，MAC 层的功能是为高层访问物理信道提供点到点通信的服务接口。其包括特定服务的聚合层，链路控制层等在内的 MAC 层之上的层次，并不属于 IEEE 802.15.4 标准的定义范围。特定服务的聚合层为 IEEE 802.15.4 的 MAC 层接入 IEEE 802.2 标准中定义的链路控制层提供聚合服务。链路控制层可以使用特定服务的聚合层的服务接口访问 IEEE 802.15.4 网络，为应用层提供链路层服务。

1. PHY 层

PHY 层位于设备节点的最底层，射频收发器和 MAC 层之间，定义了物理无线信道和 MAC 层之间的接口，参考模型如图 6.2 所示，主要作用是实现并保证信号的有效传输，因此 PHY 层涉及与信号传输有关的各个方面，包括信号的发生，信号的发送与接收，数据信号传输方式是同步还是异步等。其主要提供 PHY 层数据服务和 PHY 层管理服务。前者是指从无线物理信道上收发数据，后者是维护一个由 PHY 层相关数据组成的数据库。其中负责管理服务的部分称为 PHY 层管理实体（Physical Layer Management Entity，PLME）。数据服务和管理服务分别通过 PHY 层数据服务访问点（PHY Data Service Access Point，PD-SAP）和 PHY 层管理实体服务访问点（Physical Layer Management Entity Service Access Point，PLME-SAP）接入。数据服务主要是将 PHY 层协议数据单元（PHY Protocol Data Unit，PPDU）通过无线物理信道发送和接收，管理服务主要负责射频收发器的激活和休眠、空闲信道评估（Clear Channel Assessment，CCA）、信道能量检测（Energy Detect）、信道的频段选择、链路质量指示（Link Quality Indication，LQI）、PHY 层信息库的管理等。

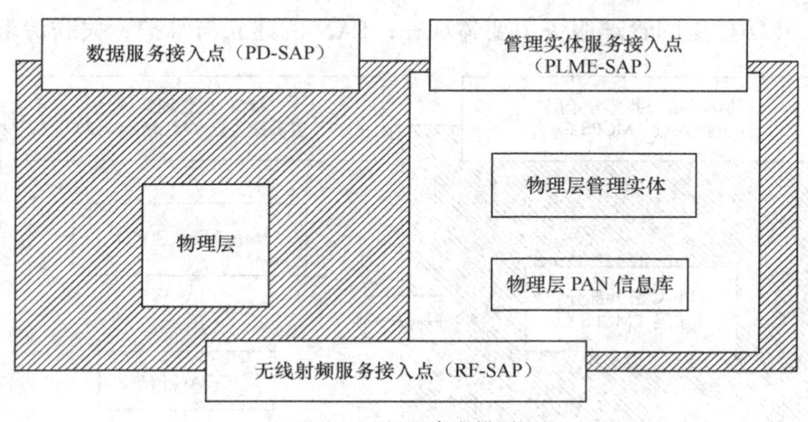

图 6.2 PHY 层参考模型

IEEE 802.15.4 协议的 PHY 层主要负责最底层的数据收发工作，其中最重要的是定义数据通信采用的频段和信道，共定义了三个载波频段用于收发数据，在这三个频段上发送数据使用的速率、信号处理过程以及调制方式等方面存在一些差异。三个频段总共提供了 27 个信道（Channel）：868MHz 频段 1 个信道（传输速率为 20kbit/s，信道宽度 0.6MHz，采用双相移相键控（Binary Phase Shift Keyin，BPSK）的调制方式，主要用于欧洲），915MHz 频段 10 个信道（传输速率为 40kbit/s，信道宽度 2MHz，调制方式采用双相移相键控，主要用于美国），2 450MHz 频段 16 个信道（传输速率为 250kbit/s，信道宽度 5MHz，调制方式为偏移四相相移键控（Offset-Quadrature Phase Shift Keying，O-QPSK），全球通用）。

2．MAC 层

MAC 层提供 MAC 数据服务和 MAC 管理服务，MAC 数据服务通过 MAC 公共部分子层服务访问点（MAC Common Part Sublayer Service Access Point，MCPS-SAP）提供，主要负责 MAC 协议数据单元（MAC Protocol Data Unit，MPDU）在物理层数据服务中的正确发送和接收。MAC 管理服务通过 MAC 层管理实体服务访问点（MAC Sublayer Management Entity Service Access Point，MLME-SAP）提供，主要维护存储 MAC 层协议状态相关信息的数据库。

MAC 层参考模型如图 6.3 所示，MAC 层为业务特定汇聚子层与物理层之间提供了两个接口，分别是 PD-SAP 和 PLME-SAP。除了外部接口之外，MAC 层还提供了一个内部接口使 MAC 层管理服务可以访问 MAC 数据服务。MCPS-SAP 支持与上层实体之间的数据交互。MAC 层的管理服务主要体现在：PAN 的建立与维护、关联请求与取消、

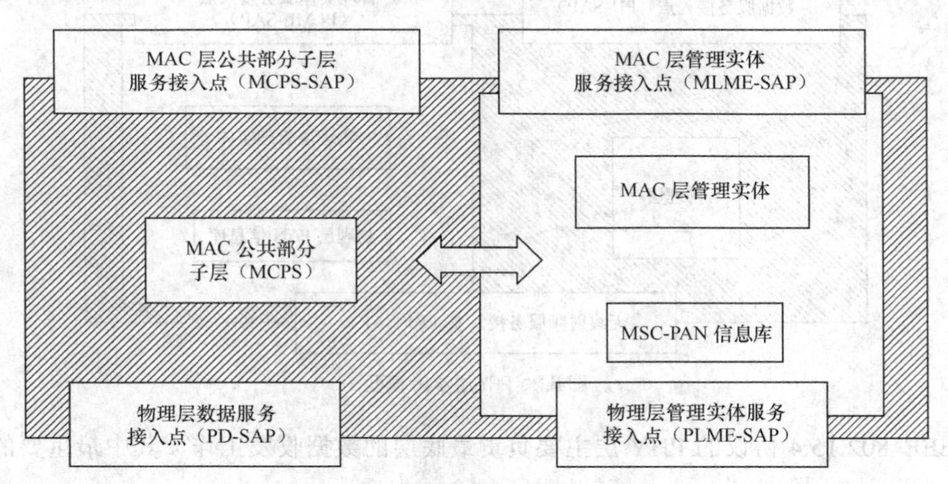

图 6.3　MAC 层参考模型

与协调器的同步、数据的间接传输、GTS 的分配与管理、帧安全及安全套件和 MAC 层 PAN 信息库的维护。

图 6.4 所示为 MAC 层的主要功能。其中，关联操作是指当某设备加入某特定网络时，向协调器注册和身份认证的全过程。时槽保障机制与时分复用机制很相似，不同的是时槽保障机制可以动态地为提出收发请求的设备分配时槽。因此，若使用时槽保障机制需要设备间时间同步的实现。IEEE 802.15.4 标准中的时间同步技术将在第 8 章介绍。

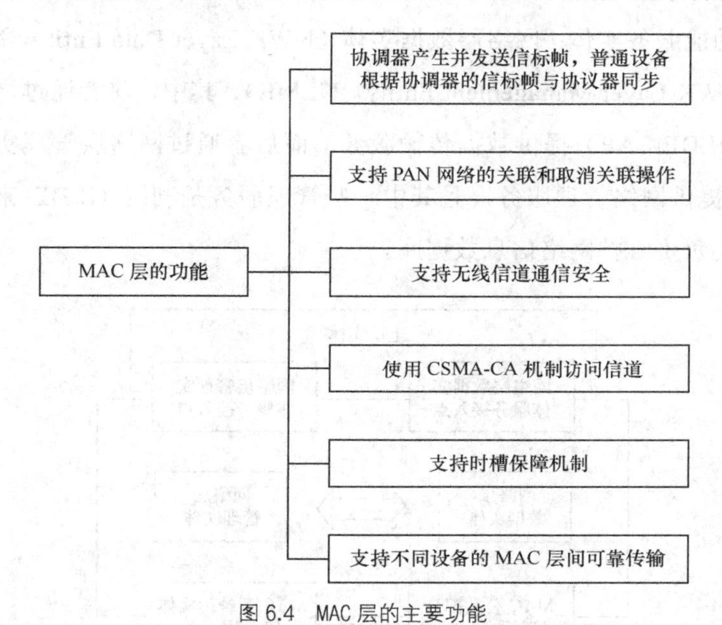

图 6.4 MAC 层的主要功能

6.2 ZigBee 标准

低功耗局域网协议——ZigBee，是基于 IEEE 802.15.4 标准的低功耗局域网协议，主要用于近距离无线连接。这一名称（又称紫蜂协议）来源于蜜蜂的八字舞，由于蜜蜂（bee）是靠飞翔和“嗡嗡”（zig）地抖动翅膀的“舞蹈”来与同伴传递花粉所在方位信息，也就是说蜜蜂依靠这样的方式构成了群体中的通信网络。其特点是短距离、自组织、低功耗、低数据速率、低复杂度，主要适合用于自动控制和远程控制领域，可以嵌入到各种设备中。ZigBee 协议栈模型与 OSI 网络七层模型基本相对应，基于 IEEE 802.15.4 定义的 PHY 层和 MAC 层规范，ZigBee 协议栈继续定义了网络层（Network Layer，NWK）和应用层（Application Layer，APL），在应用层中还规范了应用支持子层（Application

Support Sub-layer，APS）和 ZigBee 设备对象（ZigBee Device Object，ZDO）。其中，网络层负责提供网络配置、操作和消息路由，应用层依照设备所需的功能而制定。

6.2.1 网络层规范

ZigBee 网络层负责向应用层提供合适的服务接口，并提供保证 IEEE 802.15.4MAC 层正确操作的函数。如图 6.5 所示，为了向应用层提供服务接口，网络层为应用层提供了两种必须的功能服务实体：网络层数据实体（NWK Layer Data Entity，NLDE）和网络层管理实体（NWK Layer Management Entity，NLME），其中，前者通过网络层数据实体服务接入点（NLDE-SAP）提供数据传输服务，而后者通过网络层管理实体服务接入点（NLME-SAP）提供网络管理服务，且其中一些管理服务是利用 NLDE 来完成的。除此之外，NLME 还负责维护网络信息数据库。

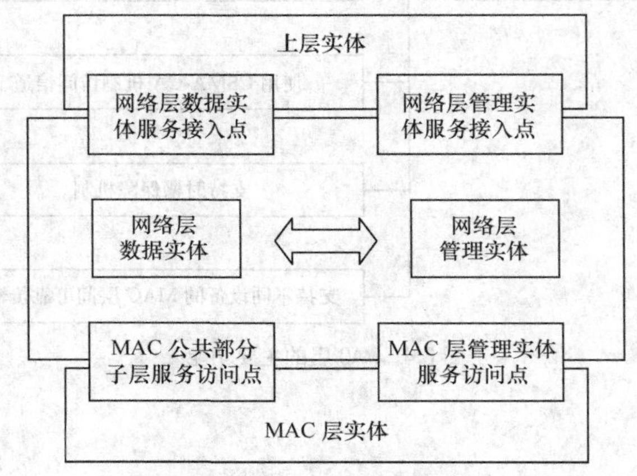

图 6.5 网络层模型

1. 网络层数据实体

NLDE 提供的服务是允许应用程序在两个或多个同处在一个内部 PAN 中的设备间传输应用协议数据。

NLDE 提供的主要服务如下。

（1）生成网络层协议数据单元：网络层协议数据单元是由 NLDE 增加一个适当的协议头，从应用支持层的协议数据单元中生成的。

（2）指定拓扑传输路由：NLDE 将一个网络层协议数据单元发送给合适的设备，该设备可以是最终的目地通信设备或通信链路中的一个中间通信设备。

（3）安全：确保通信的真实性和机密性。

2．网络层管理实体

NLME 提供的管理服务是允许应用程序与协议栈交互，应用与堆栈相互作用。

NLDE 提供的主要服务如图 6.6 所示。

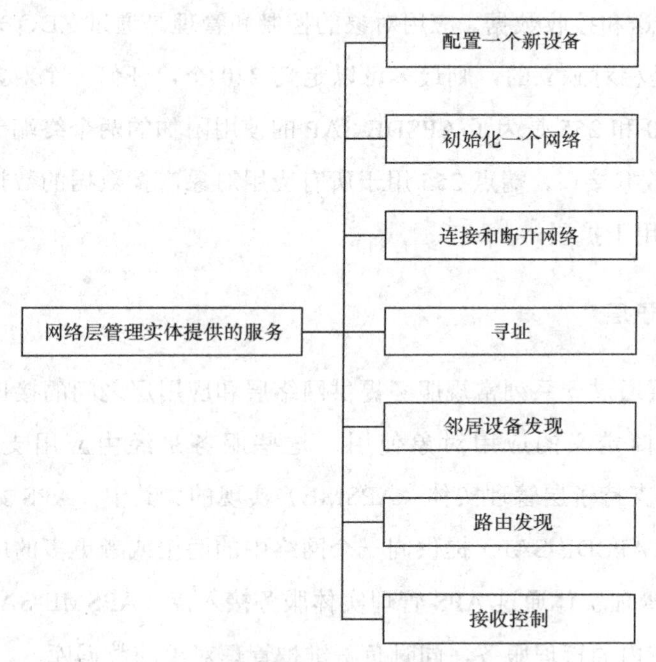

图 6.6　网络层管理实体提供的服务

其中，寻址是指 ZigBee 协调器和路由器能够为新加入网络的设备分配地址；邻居设备发现是指能够发现、记录和汇报有关邻居设备的信息；路由发现是指能够发现和记录有效传送信息的网络路由；接收控制是指能够控制接收机的接收状态，从而确保 MAC 层的正常接收。

6.2.2　应用层规范

ZigBee 的应用层主要包括应用支持子层（APS 子层）、ZigBee 设备对象 ZDO（包括 ZDO 管理平台）和制造商定义的应用对象。应用支持子层负责维护绑定列表，在绑定设备间传送消息。ZDO 负责定义设备在网络中的角色（如 ZigBee 协调器或终端设备），在网络中发现设备并判断他们提供怎么样的应用服务，初始化或响应绑定要求，在网络设备间建立安全关系。

1．应用层框架

ZigBee 中的应用层框架的功能是为驻扎在 ZigBee 设备中的应用对象提供活动的环境。这些应用对象必须处于应用框架之内，才可以通过 APS 数据实体服务接入点（APSDE-SAP）发送和接收数据。应用对象的控制和管理是通过 ZDO 来实现的。若定义的应用程序对象是相对独立的，则最多可以定义 240 个，任何一个对象的编号均为 1～240。另外，端点 0 和 255 是为了 APSDE-SAP 的使用附加的两个终端节点，端点 0 用于 ZigBee 设备对象数据接口，端点 255 用于所有应用对象广播数据的数据接口，中间的端点 241～254 保留用于扩展。

2．应用支持子层

应用支持子层通过一系列常规服务提供网络层和应用层之间的接口，同时被 ZigBee 设备对象和生产商定义的应用对象使用。这些服务是经由应用支持子层数据实体（APSDE）和应用支持子层管理实体（APSME）实现的。其中，APS 数据实体通过 APS 数据服务接入点（APSDE-SAP）提供同一个网络中的两个或者更多的应用实体之间的数据通信。而 APS 管理实体通过 APS 管理实体服务接入点（APSME-SAP）提供包括绑定设备和安全服务在内的管理服务，同时负责维护管理对象的数据库。

（1）应用支持子层数据实体。

应用支持子层数据实体负责为网络层、ZDO 和应用对象提供服务，使应用层 PDU 在同一个网络内的两个或多个设备之间传输。APSDE 负责提供的服务如图 6.7 所示。

其中，应用层水平的协议数据单元是由应用支持子层数据实体取得的应用层协议数据单元加上合适的协议头生成的。绑定是指根据设备的需求和提供的服务将两个设备匹配起来，信息可以在两个被绑定的设备之间传送。组地址过滤即过滤组地址信息的能力，是基于终点组成员的。碎片是指当信息的长度大于单个网络层帧时，可以分割并重组信息。流控制是指应用支持子层提供避免传输消息淹没接收者的措施。阻塞控制是指应用支持子层本着“尽力”的原则，提供避免传输消息淹没中间网络的措施。

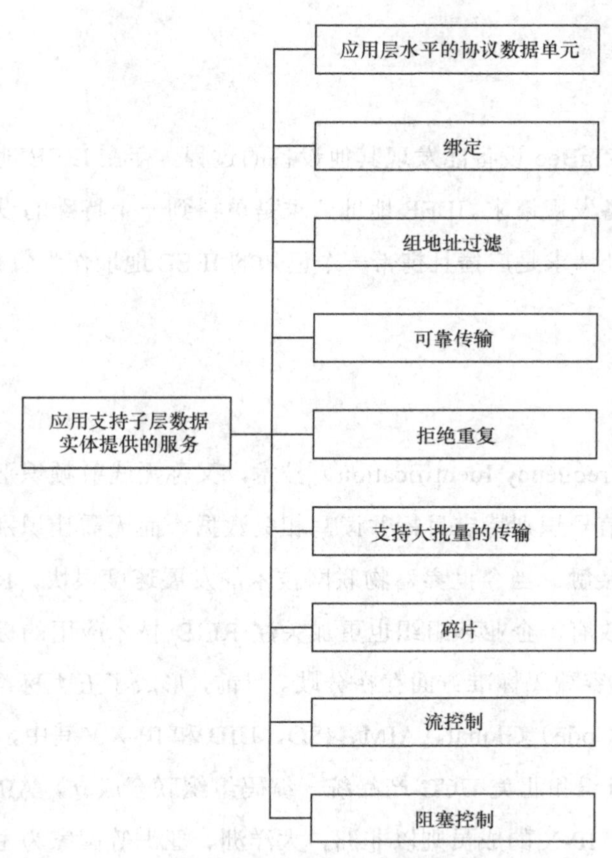

图 6.7 应用支持子层数据实体提供的服务

（2）应用支持子层管理实体。

应用支持子层管理实体提供管理服务，使应用程序与协议栈进行交互。应用支持子层管理实体主要负责从设备的应用层信息库中读取参数和设置应用层信息库参数及使用安全密钥建立与其他设备的可靠关系。

3. ZigBee 设备对象

ZigBee 设备对象（ZDO）提供了应用对象、设备描述和应用支持子层间的接口。在 ZigBee 协议栈结构中，ZDO 位于应用架构和应用支持子层之间，满足 ZigBee 协议栈中应用操作的所有基本要求。其主要负责初始化应用支持子层、网络层、安全服务提供层以及应用层中端点号 1～240 之外的 ZigBee 设备层及实现网络安全、设备发现、绑定管理等功能。

4. 设备发现

设备发现是指 ZigBee 设备能发现其他设备的过程。存在 IEEE 地址请求和网络地址请求两种形式的设备发现请求。IEEE 地址请求是单播到一个特殊的设备且假定网络地址是已知的。网络地址请求是广播且携带一个已知的 IEEE 地址作为负载。

6.3 RFID 标准

RFID（Radio Frequency Identification）技术，又称无线射频识别，它是一种通信技术，可通过无线电信号识别特定目标并读写相关数据，而无需让识别系统与特定目标之间建立机械或光学接触。当今世界，物联网技术的发展速度很快，RFID 系统逐渐被广泛使用。世界各国政府、企业和组织也更加关注 RFID 技术应用的标准化，各国主要在 RFID 标签的数据内容编码标准方面存在分歧。目前，形成了五大标准组织，分别为 EPC（Electronic Product Code）Global、AIM、ISO、UID 和 IP-X。其中，EPC Global 是由欧洲 EAN 产品标准组织和北美 UCC 产品统一编码组织联合成立，AIM、ISO、UID 代表了欧美国家和日本，IP-X 的成员则以非洲、大洋洲、亚洲等国家为主。

现阶段，世界上广泛被使用和采纳的主要有 3 个 RFID 技术标准，分别是由国际标准化组织和国际电工委员会（ISO/IEC）制定的 ISO/IEC RFID 标准、美国统一编码委员会和国际物品编码协会（UCC/EAN）主导的 EPCGlobal RFID 标准以及由日本政府及企业研制的 UID RFID 标准。

6.3.1 RFID 标准的具体内容

空中接口协议标准：主要研究 ISO/IEC18000 系列标准，分析各协议的技术特点，剖析标准中专利分布情况，跟踪国外相关技术进展和标准动态。分析国内各产学研单位在空中接口技术方面的已有成果及专利申请情况，跟踪相关课题研究的最新研究进展。

数据格式标准：分析国际 RFID 技术应用中涉及的数据存储、交换和处理的相关标准，密切关注其发展动态。研究制订我国的 RFID 数据格式标准，以保障在各种应用平台下进行信息交换和信息集成，并便于物品信息的分类和分级。

公共服务标准：研究分析国外现有的公共服务标准，公共服务体系作为 RFID 技术广泛应用的核心支撑，与编码、数据处理等技术关系密切，关系到国民经济运行、信息安全甚至国防安全。

中间件标准：国际上对 RFID 的中间件标准仍然处于酝酿和讨论中，这对我国研究开发具有自主知识产权的 RFID 中间件标准来说，不仅是一个巨大挑战，而且是非常难得的机遇。

信息安全标准：从标签到读写器，读写器到中间件，中间件之间，以及公共服务体系各要素之间均涉及到信息安全问题，但是国际上尚未发布 RFID 的信息安全标准。电子标签、读写器、中间件等相关产品应用于众多领域，数量庞大，必须保证产品的质量和性能，我国已制订相应通用产品的国家标准。

测试标准：国际现有的 RFID 测试标准基本不涉及知识产权问题，我国可以根据应用频段的特点进行适当补充和修改。对于标签、读写器、中间件等产品，应根据其通用产品规范和空中接口标准制订相应的测试标准。

6.3.2 RFID 主要技术标准简介

目前 RFID 存在三个主要的技术标准体系：ISO/IEC RFID 标准、欧美的 EPC Global RFID 标准和日本的 UID RFID 标准。

1. ISO/IEC RFID 标准

与 RFID 技术和应用相关的国际标准化机构主要有：国际标准化组织（ISO）、国际电工委员会（IEC）、国际电信联盟（ITU）、世界邮联（UPU）。此外，还有其他的区域性标准化机构（如 EPC Global、UID Center、CEN）、国家标准化机构（如 BSI、ANSI、DIN）和产业联盟（如 ATA、AIAG、EIA）等也参与制定与 RFID 相关的区域、国家或产业联盟标准，并通过不同渠道提升为国际标准。

作为制订 RFID 标准主要的也是最早的组织，ISO 和 IEC 作为一个整体，制订了大部分的 RFID 标准，并且在每个频段都发布了标准。ISO/IEC 的 RFID 标准体系架构可分为技术标准、数据结构标准、性能标准和应用标准 4 个方面，详见图 6.8。

ISO/IEC 18000 系列标准规范了读写器与标签之间信息的交互，实现不同厂商生产的设备之间的互联互通，基本覆盖了用于射频的各个频率范围，主要分为 7 个组成部分。

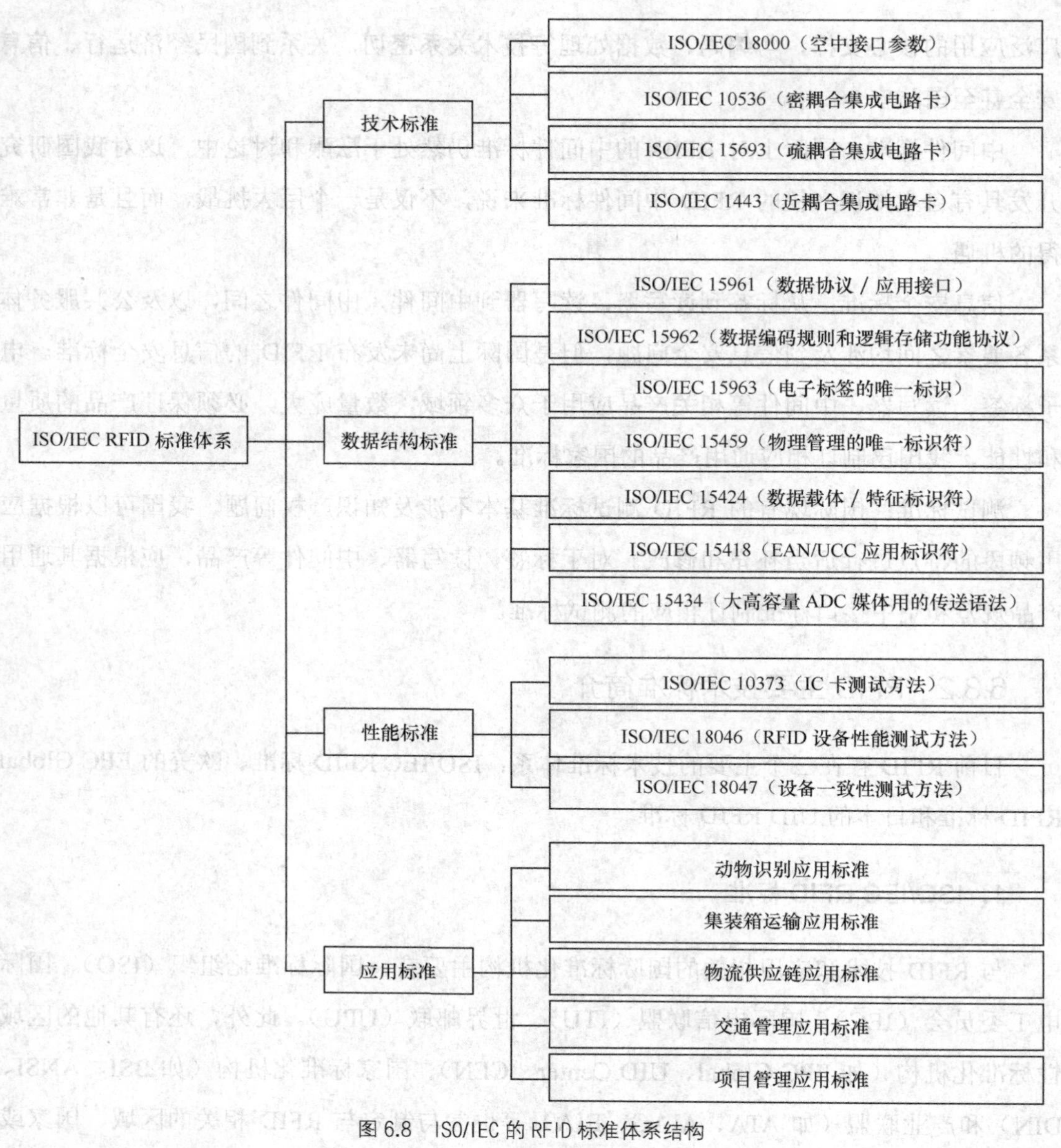

图 6.8 ISO/IEC 的 RFID 标准体系结构

（1）ISO/IEC 18000-1：全球可用频率空中接口协议的一般参数，提供了基本信息定义和系统描述。

（2）ISO/IEC 18000-2：规定了 125～134kHz 频段的空中接口通信协议参数。

（3）ISO/IEC 18000-3：规定了 13.56MHz 频段的空中接口通信协议参数。

（4）ISO/IEC 18000-4：规定了 2.45GHz 频段的空中接口通信协议参数。

（5）ISO/IEC 18000-5：规定了 5.8GHz 频段的空中接口通信协议参数。

（6）ISO/IEC 18000-6：规定了860～960MHz频段的空中接口通信协议参数。

（7）ISO/IEC 18000-7：规定了有源433.92MHz频段的空中接口通信协议参数。

其中，ISO/IEC 18000-6标准规定的860～960MHz频段属于超高频段，具体规定了信号特性、时序参数、协议和指令、标签和读写器通信的物理层结构，以及读写器对于多标签读取时需要采取的防碰撞方法，从而保证兼容的读写器和标签之间能够实现通信。关于RFID空中接口协议将在本节第四小节6.3.4详细介绍。

2．EPC Global RFID标准

EPC Global RFID标准包含标准体系和用户体系两个方面，最终目标是形成物联网完整的标准体系，同时将全球用户纳入到这个体系中。该标准体系提倡一个全球化、开放性的平台，最终使得世界上的任何物品能够实时进行信息的交换和共享。其中，标准体系内制订了关于底层的EPC电子标签的对象交换、基础实施和数据交换等标准；用户体系内制定了上层应用中一些信息交互接口的参数和标准。EPC Global RFID标准深入细致且具有前瞻性，受到业界的一致称赞和广泛采纳。目前在美国和欧洲地区的大型企业均采用或兼容EPC Global RFID标准。

EPC Global系统基于EAN•UCC编码，EAN•UCC标识代码是固定结构、无含义、全球唯一的，涵盖了贸易流通过程各种有形或无形的产品，包括贸易项目、物流单元、位置、资产、服务关系等，并伴随着该产品或服务的流动贯穿全过程。

与ISO/IEC标准体系相比，EPC Global主要针对860～960MHz频段作出规定，应用最多的标准是Class1 Gen2，它定义了在860～960MHz频段内被动式反向散射、读写器先激励工作方式以及RFID系统的物理和逻辑要求，具有可靠性好、实时性强、开放、抗干扰性强和标签隔离度高等优势。EPC Global RFID标准框架包含数据识别、数据获取和数据交换三个层次的内容。

（1）数据识别层的标准：包括RFID标签数据标准和协议标准，这些协议标准使供应链上的不同企业间数据格式和说明保持一致，从而实现当一方将某物体交给另一方时，后者能根据该物体的EPC编码来获得物体的信息。

（2）数据获取层的标准：包括中间件标准、读写器协议标准、读写器管理标准以及读写器组网和初始化标准等，这些标准主要对收集和记录EPC数据的主要基础设施部件作出了规定，并且用户可以合法使用互操作部件来建立RFID系统以实现EPC数据共享。

（3）数据交换层的标准：包括 EPC 信息服务标准、核心业务词汇标准、对象名解析服务标准、发现服务标准、安全认证标准，以及谱系标准等，用户可以通过交互数据，提高物体流动信息的可见性，共享 EPC 数据，完成 EPC 网络服务的接入和共享。

3. UID RFID 标准

与上述 ISO/IEC RFID 标准和 EPC Global RFID 标准相比，UID RFID 标准在使用范围和市场占有率上略为逊色。目前，UID RFID 标准主要应用在日本的各大企业中。UID（泛在识别中心）成立于 2003 年 3 月，具体负责研究和推广自动识别的核心技术，即在所有的物品上植入微型芯片，组建网络实现通信。该中心实际上已成为日本有关 RFID 的标准化组织，并提出了由 Ucode（Ubiquitous Code）、信息系统服务器、泛在通信器和 Ucode 解析服务器等四部分组成的泛在识别技术体系架构。

Ucode 是 UID 的核心，它是 UID RFID 标准在充分借鉴 EPC Global RFID 标准的基础上，提出的自己的一套编码标准。它具备 128Bit 的充裕容量，提供了 340×1 036 的编码空间，更可以用 128 位为单元进一步扩展至 256、384 或 512Bit。该编码标准的优势不仅在于兼容其他厂商的标准，而且充分考虑了其他空中接口及通信协议。此外，在安全方面，UID RFID 标准也提出了一些防范措施。

6.3.3 RFID 空中接口协议

RFID 应用系统基本是由阅读器、天线、标签及后台的企业应用系统组成的，其基本原理是将电子标签安装在被标识的物体上，当被标识的物体进入 RFID 系统的阅读范围时，射频识别技术利用无线电波或微波能量进行非接触双向通信，来实现识别和数据交换功能。标签向读写器发送携带信息，读写器接收这些信息并进行解码，通过串口将读写器采集到的数据送到后端处理，并通过网络传输给服务器，从而完成信息的全部采集与处理过程，以达到自动识别被标识物体的目的。

标签和读写器之间通过耦合元件实现射频信号的非接触耦合。系统的中间件负责完成系统与多种阅读器的适配，过滤阅读器从标签获得的数据，以减少网络流量。RFID 系统阅读器和标签之间的通信过程如图 6.9 所示，阅读器首先发送连续载波信号，通过 ASK 调制等方式发送各种读写命令，标签通过反向散射调制的方式响应阅读器发出的命令，返回 EPC 等信息。

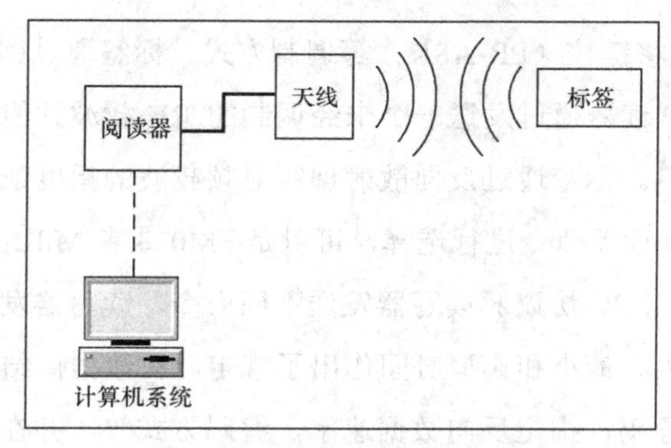

图 6.9 RFID 系统原理图

应用 RFID 系统时，需要解决各层的接口标准问题，其中空中接口协议是 RFID 的基础技术标准，规范了读写器与标签的交互接口，定义了读写器与电子标签通信过程中的通信链路参数、编码方式、调制解调方式、帧结构、存储器结构、防碰撞算法和操作指令集合等。为了保证空中接口协议符合无线频谱规范，满足典型应用场景需求，需要对读写器与标签的物理层、协议层技术进行定量分析。软件仿真因其开发周期短、成本低、可重现等优点，在国外 RFID 空中接口协议标准化中受到广泛应用。ISO/IEC、ETSI 等组织利用通用或专用的仿真工具，对 RFID 空中接口协议进行仿真评估，为标准方案的选择与参数确定提供支持，加快了标准化进程。

根据标签供电方式的不同，RFID 系统可分为有源系统和无源系统两种；根据系统工作的频段不同，RFID 系统可分为工作于低频、高频、超高频和微波频段四种。以下主要介绍超高频段无源 RFID 空中接口协议部分的关键技术。

目前，超高频 RFID 空中接口协议主要包括 ISO 18000-6 TYPE B 协议和 EPC Global Class1 GEN2 协议（EPC C1 GEN2 协议，现已经成为 ISO 18000-6 TYPE C）。从宏观层面上看，EPC C1 GEN2 协议定义更完备，现有产品多数遵循此类协议。另外，ISO 18000-6 基本整合了一些现有 RFID 厂商的产品规格和 EAN-UCC 所提出的标签架构要求而制订出的规范。它只规定了空中接口协议，对数据内容和数据结构无限制，因此可用于 EPC。所以 EPC 协议得到广泛的应用，成为事实标准。

空中接口协议包含 PHY 层和 MAC 层，PHY 层包含数据的帧结构定义、调制/解调/编码/解码及链路时序等；MAC 层包含标签访问控制、防碰撞算法及安全加密算法等。

（1）PHY 层。

EPC 协议中，前向通信使用双边带幅移键控（DSB-ASK）、单边带幅移键控

（SSB-ASK）或反相幅移键控（PR-ASK）等调制方式。标签通过阅读器的 RF 电磁场来获得工作电源能量。阅读器通过发送一个未经调制的 RF 载波并侦听标签的反向散射的回复来获得标签的信息。标签通过反向散射调制射频载波的幅度或者相位来传送信息。编码格式由标签根据阅读器命令进行选择，可以是 FM0 或者 Miller 调制副载波。

在链路时序方面，EPC 协议对读写器发送不同命令，读写器发送命令与标签响应命令之间的时间间隔最大、最小和典型时间作出了规定。在数据帧结构方面，EPC 协议通过规定查询命令的前导码，指定反向数据速率，编码方式等，并在其他命令前使用帧同步码从而实现同步。反向帧同步码的自相关性较差，可以修改反向帧同步码以进一步提高其自相关性。

在 EPC 协议中，前向通信采用不等长的 PIE 编码，来简化标签端的解码算法。另外，PIE 编码还带有时钟信息，在通信过程中，能较好地保持数据同步，抵抗各种无线干扰，从而增强系统在无线环境中的可靠性。在信号调制方面，阅读器使用 DSB-ASK、SSB-ASK 或 PR-ASK 调制方式跟标签进行通信，标签应该能够对全部三种调制类型进行解调。幅移键控（ASK）调制方式受数字数据的调制而取不同值，它采用包络检波方式解调，符合电子标签的特点。相移键控（PSK）采用需要传输的数据值来调整载波相位，这种调制技术具有更好的抗干扰性能，相位的变化可作为定时信息来同步发送机和接收机时钟。

（2）MAC 层。

标签访问控制：阅读器通过选择、清点和访问三个基本操作来管理标签群体。阅读器选择标签群体以便对标签进行清点和访问，这个操作与从数据库中选择记录相似。阅读器通过在 4 个会话中的一个会话发出一个查询命令来启动一轮清点，可能会有一个或者多个标签响应。若单个标签响应，阅读器请求该标签的 PC、EPC 和 CRC-16。若多个标签响应，则进入防碰撞处理过程。阅读器和单个标签进行读或者写之前，标签必须被唯一识别。访问的每一个操作包括多个命令。

防碰撞算法：在标签访问控制过程中，读写器在一轮中清点多个标签响应，需要读写器进行碰撞仲裁。EPC 协议中采用 ALOHA 算法，ISO 18000 协议中采用 BinaryTree 算法解决防碰撞问题。然而，ALOHA 算法清点效率仅有 33%，需要解决标签数目估计问题，BianryTree 算法更低，需要解决标签快速分散问题，因此，用多叉树算法来快速分散标签可以提高防碰撞效率。

安全加密算法：在进行读操作时，读卡器向标签发出读指令，随后标签根据读指令传送出明文数据。在进行写操作时，读卡器向标签请求一个随机数，标签将这个随机数以明文的方式传送给读卡器，读卡器使用这个随机数与待写入的数据进行异或运算传输给标签，标签将获得的数据经过再次异或得到明文后写入存储器。在进行访问指令和杀死指令时，读卡器在发送密码前同样先向标签请求一个随机数，并将经过此随机数异或过的密码发送给标签，以达到数据在读卡器到标签的前向通道上被掩盖的目的。

在EPC协议中，密码在空中无保护传输，任何读卡器都能够读取和向芯片写数据。虽然EPC协议指定使用存取密码来保护芯片中的数据，但是这个存取密码在芯片和读卡器之间在空中被直接无保护传送。这使得密码变得不安全，为密码破解提供了可能性，无法保证数据的安全。

6.4 Bluetooth技术

Bluetooth 是近几年才出现和发展起来的一种短距离无线通信技术，可实现固定设备、移动设备和楼宇个人域网之间的短距离数据交换。它是一种由许多组件和抽象层组成的复杂技术。Bluetooth运行在2.4GHz的非授权ISM频段，支持移动电话、便携式计算机及其他移动设备之间相互通信，其通信的实质是为移动设备或固定设备之间的通信环境建立通用的无线电空中接口，从而将通信技术与计算机技术进一步结合，使各种3C设备[通信产品（Communication）、电脑产品（Computer）、消费类电子产品（Consumer）]在没有电线或电缆相互连接的情况下，能在近距离范围内实现相互通信。通信距离只有10m左右，Bluetooth技术具有不同的通信方式，如点对点的通信方式、点对多点的通信方式和较复杂的散射网方式。Bluetooth技术是一种利用低功率无线电在各种3C设备间彼此传输数据的技术。Bluetooth技术标准的开发主要是在1998年由爱立信、诺基亚、IBM、东芝和INTEL五家公司主导成立的蓝牙特殊利益集团（Bluetooth SIG）来完成的。蓝牙特殊利益集团在1999年发布了最早的Bluetooth 1.0规范版本。Bluetooth技术标准的推出则是为了使得这种低成本，低功耗的短距离无线通信技术在全球范围内能得到更广泛的使用。

6.4.1 Bluetooth核心协议

为了保证各制造商所生产的支持Bluetooth无线通信技术的设备之间能够相互通信，

Bluetooth 规范必须做出较详细的说明和规定。Bluetooth 规范 1.0 版本是 1999 年发布的最早版本，主要包括两大部分，即核心规范和核心子集规范。核心规范对 Bluetooth 协议栈中各层的功能进行了定义，规定系统通信、控制、服务等细节。协议子集规范由众多协议子集构成，每个协议子集都详细描述了如何利用 Bluetooth 协议栈中定义的协议来实现一个特定的应用，还描述了各协议子集本身所需要的有关协议，以及如何使用和配置各层协议。

Bluetooth 技术规范的目的是使符合该规范的各种应用之间能够互通，本地设备与远端设备需要使用相同的协议，所有的应用都要用到 Bluetooth 技术规范中的数据链路层和 PHY 层。完整的 Bluetooth 协议栈模型如图 6.10 所示，显示了数据经过无线传输时，所有 Bluetooth 协议之间的关系。Bluetooth 协议栈按照其功能可分四层：内核协议层（HCI、LMP、L2CAP、SDP）、电缆替代协议层（RFCOMM）、电话控制协议层（TCS-BIN）、选用协议层（PPP、TCP、IP、UDP、OBEX、IrMC、WAP、WAE）。

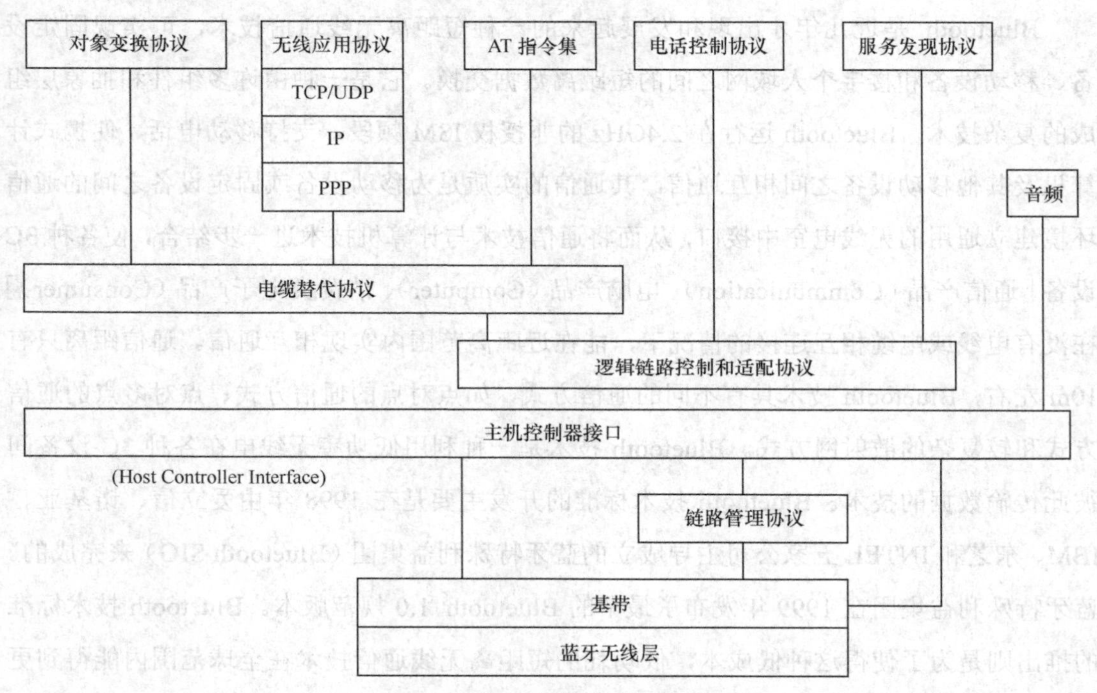

图 6.10 Bluetooth 协议栈模型

Bluetooth 技术规范（Specification）包括核心协议（Protocol）和应用规范（Profile）两个部分。核心协议包含 Bluetooth 协议栈中最低的 4 个层次和一个基本的服务协议 SDP（Service Discover Protocol），以及所有应用 Profile 的基础 Profile GAP（General Acess

Profile)。核心协议是 Bluetooth 协议栈中必不可少的。除了核心协议外，Bluetooth 规范必须包含一些其他应用层的服务和协议——应用层 Profile。本节仅对 Bluetooth 核心协议进行介绍。

Bluetooth 核心协议由 Bluetooth 特别兴趣小组 SIG（Special Internet Group）制定的 Bluetooth 专利协议组成，绝大部分 Bluetooth 设备都需要 Bluetooth 核心协议（包括无线部分），而其他协议根据应用的需要而定。

1. 基带协议

基带（BaseBand）就是 Bluetooth 的 PHY 层，它负责管理物理信道和链路中除了错误纠正、数据处理、调频选择和 Bluetooth 安全之外的所有业务。基带在 Bluetooth 协议栈中位于 Bluetooth 射频之上，基带层控制跳频序列的同步和传输。

基带协议就是确保各个 Bluetooth 设备之间的物理射频连接，以形成微微网。Bluetooth 的射频系统是一个跳频扩频系统，其任一分组在指定时隙、指定频率上发送，它使用查询和寻呼进程使不同 Bluetooth 设备间的发送频率和时钟实现同步。

基带和链路控制层确保微微网内各 Bluetooth 设备单元之间由射频构成的物理连接。Bluetooth 的射频系统是一个跳频扩展频谱系统，其任一分组在指定时隙、指定频率上发送，它使用查询和寻呼进程来同步不同设备间的发送跳频和时钟。

2. 链路管理协议

链路管理协议（Link Manager，LMP）是 Bluetooth 协议栈中的一个重要组成部分，负责 Bluetooth 各设备间连接的建立。它主要负责完成 5 个方面的工作：设备功率管理、链路质量管理、链路控制管理、数据分组管理和链路安全管理。它通过连接的发起、交换、核实，进行身份验证和加密，通过协商确定基带数据分组大小。它还控制无线设备的电源模式和工作周期，以及微微网内设备单元的连接状态。Bluetooth 设备用户通过链路管理器可以对本地或远端 Bluetooth 设备的链路情况进行设置和控制，实现对链路的管理。

3. 逻辑链路控制与适配协议

逻辑链路控制与适配协议（Logical Link Control & Adaptation Protocol，L2CAP）位于

基带协议之上，是数据链路层的一部分，是一个为高层传输层和应用层协议屏蔽基带协议的适配协议。L2CAP 属于低层的 Bluetooth 传输协议，其侧重于语音与数据无线通信在物理链路的实现，在实际的应用开发过程中，这部分功能集成在 Bluetooth 模块中，对于面向高层协议的应用开发人员来说，并不关心这些低层协议的细节。同时，基带层的数据分组长度较短，而高层协议为了提高频带的使用频率通常使用较大的分组，二者很难匹配，因此，需要一个适配层来为高层协议与低层协议之间不同长度的 PDU（协议数据单元）的传输建立一座桥梁，并且为较高的协议层屏蔽低层传输协议的特性。这个适配层经过发展和丰富，就形成了现在 Bluetooth 规范中的逻辑链路控制与适配协议层，即 L2CAP 层。

4．电缆替代协议

电缆替代协议是基于 ETSI 07.10 规范的串行线仿真协议。电缆替代协议在 Bluetooth 基带协议上仿真 RS232 控制和数据信号，为使用串行线传送机制的上层协议（如 OBEX）提供服务。Bluetooth 特别兴趣小组 SIG 提出 RFCOMM 的目的在于以下几点：提供对现有使用串行线接口的应用软件的支持；利用已有的 GSM 07.10 标准；支持 Bluetooth 设备之间点对点的通信。

5．服务发现协议

服务发现协议（Service Discovery Protocol，SDP）是 Bluetooth 核心协议之一，是一个基于客户/服务器结构的协议，它是所有用户应用的基础。它为客户应用提供一种发现服务器所提供的服务和服务属性的机制，服务的属性包括服务类型以及使用该服务所需的机制或协议信息。

如图 6.11 所示，服务器维护一个服务记录列表，服务记录列表描述与该服务器有关的服务器有关的服务的特征。每个服务列表包括一个服务的信息，客户端可以通过发送一个 SDP 请求从服务器记录中索取服务信息。如果一个客户或与客户有关的应用决定使用一个服务，它必须打开一个到服务提供者的连接。SDP 提供的是发现服务及其属性的机制，包括相应的服务接入协议，但它不提供使用这些服务的机制。

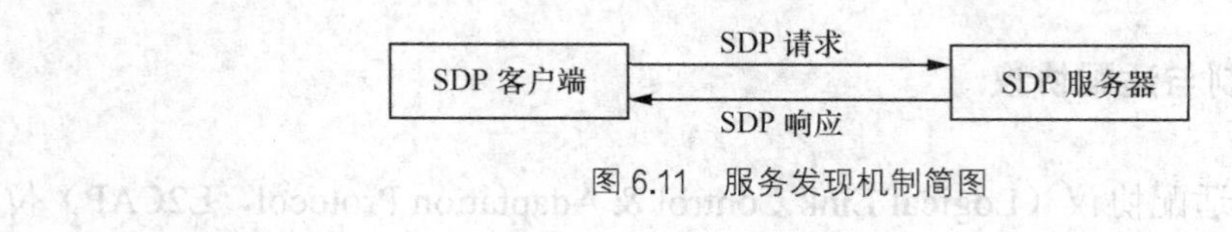

图 6.11　服务发现机制简图

随着服务器到客户端的距离变化，SDP 服务器向 SDP 客户提供服务集也动态地变化。当 SDP 服务器可用后，潜在的客户必须使用不同于 SDP 的机制通知服务器，它要使用 SDP 协议查询服务器的服务。同样，当服务器由于某种原因离开服务区而不能提供服务时，也不会用 SDP 协议进行显式地通知。然而，客户可以使用 SDP 轮询服务器，根据是否能够收到响应来推断服务器是否可用。

6. 电话控制协议

二元电话控制协议（TCS Binary 或 TCS BIN）是面向比特的协议，它定义了 Bluetooth 设备间建立语音和数据呼叫的控制信令，定义了处理 Bluetooth TCS 设备群的移动管理进程。

TCS 用于实现电话的呼叫控制，包括呼叫的建立和终止以及其他的控制功能。TCS Binary 可以同时控制语音呼叫和数据呼叫。语音呼叫时的控制信息由音频部分携带，数据呼叫时的控制信息由协议栈的传输层来携带。

总之，电缆替代协议、服务发现协议、电话控制协议和被采用的协议在核心协议基础上构成了面向应用的协议。

6.4.2 Bluetooth 优势

Bluetooth 技术结合了电路交换与分组交换的特点，可以进行异步数据通信，可以支持多达 3 个同时进行的同步话音信道，还可以使用一个信道同时传送异步数据和同步话音。每个话音信道支持 64kbit/s 的同步话音链路。异步信道可以支持一端最大速率为 721kbit/s，另一端速率为 57.6kbit/s 的不对称连接，也可以支持 43.2kbit/s 的对称连接。其优势主要体现在以下 4 个方面。

1. 开放的规范

Bluetooth 特别兴趣小组（SIG）为 Bluetooth 无线通信技术制定了一个公开使用的、免除许可证的规范。为促进人们广泛地接受这项技术，为 Bluetooth 技术制定一个真正开放的规范是 SIG 成立以来的基本目标。

2．短距离无线通信

在计算和通信设备中有很多短距离数字通信的例子，目前这些通信大部分都是通过缆线来实现的。这些缆线通过各种各样的连接器与各式各样的设备相连接，这些连接器要在形状、尺寸及引脚数目上相匹配，种类繁多的缆线使用户感到很麻烦。有了 Bluetooth 技术以后，这些设备间的通信就不必通过连线来实现了，只需通过一个简单的空中接口（Air-Interface），借助无线电波接收和发送数据。Bluetooth 无线通信技术的设计初衷就是要解决短距离通信问题，其所追求的目标之一是极低的传输功耗，以使该技术能够很好地适用于那些使用电池作为电源的小型便携式个人设备。

3．语音和数据传输

在计算和通信环境之间传统的分界线变得越来越不明显。语音也经常以数字的格式进行存储和转发，数据也可以通过语音设备（如手机）进行传输，如信息的存储和浏览。Bluetooth 无线通信技术同时支持语音和数据传输，这样就使得各种支持语音或数据的设备，或者是两者都支持的设备件间能够互相通信，是统一各类短距离通信的理想选择。

4．在世界任何地方都能进行通信

在世界上的许多地方，电信业受到了严格的限制。与此相似，许多类型的无线通信都受到限制。通常，射频频谱的使用需要有许可证，传输功率受到了严格的限制。然而，有一部分射频频谱的使用不需要许可证。Bluetooth 无线通信选用的频段是世界范围内不需要申请许可证的频段。因此不管用户在什么地方，具有 Bluetooth 功能的设备都无需做任何修改。

6.5 UWB 技术

1993 年提出的 UWB 技术是无线电技术的革命性发展，与传统的通信技术存在很大的不同，是一个全新的无线电技术。UWB 技术的通信并不采用载波，即其利用纳秒至微微秒级的非正弦波窄脉冲传输数据，占用的频谱范围很宽，是一种无载波通信技术，适用于高速、近距离的无线个人通信。由于UWB技术通过纳秒级窄脉冲发射无线信号，且各频段上脉冲信号的功耗很低，因此，对其他信号难以形成有效干扰，目前，正不断成为无线通信研究的热点。

6.5.1 UWB协议模型

根据2002年美国联邦通信委员会（Federal Communications Comission，FCC）对UWB的定义，UWB是指信号的带宽大于1.5GHz，或者信号带宽与中心频率之比B_f（见图6.12）大于20%（B_f在1%～20%之间为宽带，小于1%为窄带）。其中$B_f=(f_H-f_L)/f_C$，f_H、f_L分别为功率较峰值下降10dB时对应的高端频率和低端频率，f_H-f_L为-10dB带宽，f_C为载波频率或中心频率。另外，只要一个信号-10dB带宽超过500MHz，则无论其B_f是多少，均认为该信号为UWB信号。

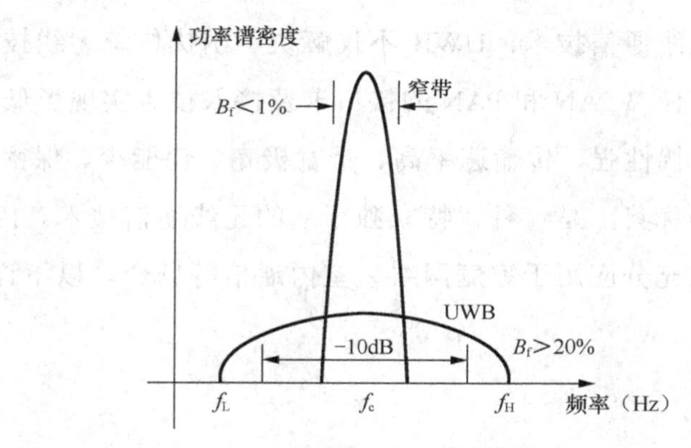

图6.12 UWB的信号频谱

UWB完整的网络协议模型如图6.13所示。其中，应用层协议（Application Profile）包括无线USB（Wireless USB）、无线1394（Wireless 1394）、DLNA兼容（DLNA Compliant）等标准。UWB网络业务汇聚子层协议主要是Wimedia联盟创建的一系列标准，该标准将应用层到达的信号在Wimedia汇聚层汇聚，并转换成相同的信号，然后将其传送给物理层发射。链路层分为MAC层和链路控制层，MAC层实现媒体接入控制、同步、功率控制以及认证加密等功能；链路控制层目前尚无统一的标准。目前，物理层协议主要是DS-CDMA或MB-OFDM规范，位于整个架构的最底层，实现物理成帧、加扰、编码、交织、调制等功能。

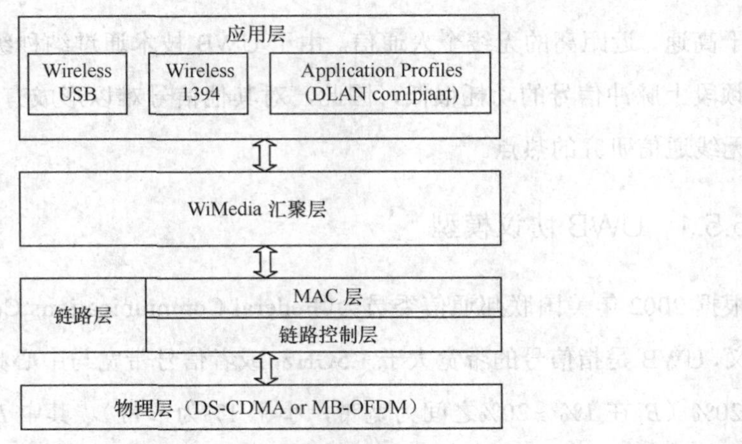

图 6.13　通用的 UWB 网络协议模型

6.5.2　UWB 优势

作为一门新兴的无线通信技术，UWB 不仅解决了困扰传统无线技术多年的有关传播方面的重大难题，使 WPAN 和 PAN 的接口卡及接入技术实现了低功耗和高带宽的目标，而且具有抗干扰性强、传输速率高、带宽极宽、耗能少、保密性好、发送功率非常小、定位精确等优势，是一种“特立独行”的无线通信技术。因此，UWB 技术应用前景广泛，可以充分应用于家庭网络、室内通信等场合。以下详细介绍 UWB 的优势。

1．抗干扰性强

与 Bluetooth、IEEE 802.11a 和 IEEE 802.11b 相比，在同等码速下，之所以 UWB 的抗干扰性更强，是因为其采用跳时扩频信号，使得系统的处理增益较大。UWB 系统将发射的微弱无线电信号分散在宽阔频带中，输出功率非常低，甚至低于普通设备产生的噪声，在接收时还原出信号能量，在解扩过程中产生扩频增益。

2．传输速率高

UWB 的数据传输速率可以达到几十 Mbit/s 到几百 Mbit/s，有望高于 Bluetooth 100 倍，也可以高于 IEEE 802.11a 和 IEEE 802.11b。

3．带宽极宽

UWB 使用的带宽在 1GHz 以上，高达几个 GHz，且 UWB 系统能与当前窄带通信系统同时工作而互不干扰。

4．耗能少

无线通信系统在通信时通常需要不断发射载波，这就需要消耗一定的电能。而 UWB 系统无需发射载波，只在需要时才发送瞬间脉冲电波，即按照 0 和 1 发送，因此其耗能很少。

5．保密性好

UWB 具备很强的保密性，主要是因为：（1）由于跳时扩频技术的使用，已知发送端扩频码是接收机解出发射数据的前提；（2）由于 UWB 系统的发送功率谱密度极低，传统的接收机无法接收。

6．发送功率非常小

UWB 系统对通信设备的发送功率要求非常低，仅需小于 1mW，完全可以实现正常通信。这个优势不仅使得 UWB 系统的电源工作时间大大延长，而且电磁波对人体产生的辐射危害也会大幅下降。

7．定位精确

UWB 无线电通信易于将定位与通信相结合，具有很高的定位精度，常规无线电在这方面却相差甚远。另外，UWB 无线电的穿透能力很好，因此可以实现室内和地下的精确定位，可在室内和地下进行精确定位，其定位精度可达厘米级。

习　题

6.1 IEEE 802.15.4 标准的设计目标是什么？

6.2 ZigBee 协议具有哪些特点？

6.3 ZigBee 标准应用支持子层数据实体提供哪些服务？

6.4 目前 RFID 主要技术标准体系有哪些？

6.5 Bluetooth 技术的优势是什么？

6.6 什么叫 UWB 信号？

6.7 UWB 的网络协议模型包括哪些方面？

6.8 UWB 的优势有哪些？

第7章 节点定位技术概述

无线传感器网络具有许多应用要求，节点只有知道自身的位置信息，才能向用户提供有用的监测服务，没有节点位置信息的监测数据在很多场合下是没有意义的。比如，对于森林火灾监测、天然气管道监测等应用，当有事件发生时，人们关心的一个首要问题就是事件在哪里发生的，此时只有既知道发生了火灾也知道火灾具体的发生地点，才能根据监测结果采取相应的措施，这种监测才有实质的意义，因此节点的位置信息对于很多应用是至关重要的。

在许多场合下，传感器节点被随机部署在某个区域，节点事先无法知道自身的位置，因此需要在部署后通过定位技术来获取自身的位置信息。目前最常见的定位技术就是GPS，它能够通过卫星对节点进行定位，并且能够达到比较高的精度。

7.1 节点定位技术概述

定位即确定方位，确定某一事物在一定环境中的位置。在无线传感器网络中的定位具有两层意义：其一是确定自己在系统中的位置；其二是系统确定其目标在系统中的位置。在无线传感器网络的实际应用中，传感器节点的位置信息已经成为整个网络中必不可少的信息之一，很多应用场合一旦失去了节点的位置信息，整个网络就会变得毫无用处，因此无线传感器网络节点定位技术是一个重要课题。

7.1.1 节点定位相关的基本术语

锚节点（Beacon Node）：也称参考节点，即已知自身位置信息的节点，可通过 GPS 定位设备或人工部署等方式预先获取位置信息，为其他节点提供参考坐标。

未知节点（Blind Node）：也称盲节点、普通节点，即自身位置未知的节点，需要定位的节点。

邻居节点（Neighborhood Node）：如果两个节点之间能够相互通信发送消息，则它们互称为邻居节点。

跳数（Hop Count）：两个节点之间跳段的总数。

节点连接度（Node Degree）：就是节点可以探测发现到的邻居节点个数。

网络连接度（Network Degree）：就是所有节点的邻居个数取平均值，反映传感器配置的密集程度。

接收信号强度（Receive Signal Strength Indicator，RSSI）：节点接收到无线信号的强度大小。

到达时间（Time of Arrival，TOA）：信号从一个节点传播到另一节点所需要的时间。

到达时间差（Time Different of Arrival，TDOA）：两种不同传播速度的信号从一个节点传播到另一节点所需要的时间之差，或两个发送节点向同一个接收节点同时发送同一种性质的信号，信号传播到接收节点的时间之差。

到达角度（Angle Of Arrival，AOA）：节点接收信号方向相对于自身轴线的方位角度。

7.1.2 节点定位技术的定义及基本原理

1．定义

无线传感器节点定位，即通过一定的技术、方法和手段获取节点的绝对（相对于地理经纬度）或相对位置信息的过程。节点定位技术借助少数锚节点，通过邻居节点之间的距离测量、角度测量或连通信息、拓扑关系估算未知节点的位置。

2. 基本原理

无线传感器网络中包含大量传感器节点，通常节点的放置采用随机撒播的方式，如果依靠人工标定来确定每个节点的位置，其工作量巨大，难以完成。另一种可直接获得节点位置的方法是为每个节点配备GPS，但由于节点数目众多，考虑到价格、体积和功耗等因素的限制，通常不采取这种方案。一种较合理的方法是为部分节点事先标定好准确位置，这些节点通常称为锚节点，然后利用这些能确定位置的节点提供的信息和锚节点与非锚节点之间的协作来确定非锚节点的位置，这样所有节点的准确位置就都能得到。

无线传感器网络定位问题的一般前提假设是以下4点。

（1）网络具有较高的密度。

（2）网络内每一个节点具有全网唯一的ID。

（3）在没有特别说明的情况下所有节点具有相同的最大通信距离。

（4）在定位过程中节点相对位置不变。

7.1.3 定位算法的分类

无线传感器网络节点的定位算法有很多，根据分类标准的不同，主要有以下几种分类。

（1）基于测距技术的定位和无需测距技术的定位。

根据定位过程中是否测量实际节点间的距离，现有的无线定位技术可分为基于测距的定位方法和无需测距的定位方法。

基于测距的方法是通过物理测量获得节点之间距离（角度）信息的定位算法，使用三边测量、三角测量和极大似然估计等方法计算节点位置，其定位结果的精度在一定程度上依赖于这些物理测量本身的精确度。

无需测距的方法则不需要节点间的距离和方向信息，它主要是根据网络连通性等信息来实现节点定位。距离无关的定位算法主要包括质心算法、DV-Hop算法、Amorphous算法、APIT算法等。

（2）集中式计算与分布式计算。

根据进行计算的发生位置可将计算方法分为集中式计算和分布式计算。

集中式计算方法中定位计算发生的位置是某个中心节点，计算所需信息由分布到各地的节点传送到该中心节点。常见的集中式算法有凸规划算法、质心定位算法、MDS-MAP 算法、APIT 算法等。

分布式计算中定位计算发生的位置是每个节点，节点之间相互进行信息交换，每个节点都能够自行进行定位计算，不需要中心节点的参与。常见的算法有 Bounding Box1 算法、DV-Hop 算法和 Robust Position1 算法等。

（3）绝对定位与相对定位。

绝对定位的定位结果是一个标准的坐标位置，如经纬度，目前大部分无线传感器网络系统采用这种表示方式。相对定位通常以网络中部分节点为参考，建立整个网络的相对坐标系统。典型的相对定位算法有 SPA（Self-Position Algorithm）算法，而 MDS-MAP 定位算法可以根据网络配置的不同分别实现两种定位。

7.1.4 节点定位的意义及必要性

在无线传感器网络的某些重要功能，如环境监控、目标定位、未知空间探测中，节点定位技术起着奠定基础的作用。节点定位技术及其算法是无线传感器网络最基本的功能之一，在整个无线传感器网络中占据重要地位。

首先，无线传感器网络是基于应用的网络，在许多实际的应用场景中，只有知道了发生事件的节点的准确位置，控制中心才能够根据位置及发生的事件作出相应的反应。无线传感器网络分布范围广泛的节点探测到的数据必须有该节点的准确位置信息，该节点的位置或事件发生的位置信息是节点所监控到的信息中包含的较为重要的信息，没有位置信息的监测数据不能提供准确的方位，这样的数据不能使用。只有节点能正确定位，将位置信息包含在探测信息之内，在事件发生后才能确定事件发生的具体位置。

其次，如果要确定整个网络的覆盖范围，也需要知道节点位置信息。覆盖控制技术关系到传感器网络的服务质量（QoS），地理位置信息是决定网络覆盖水平的关键信息，因此在地理位置的辅助下可以高效实现覆盖控制等。

最后，许多无线传感器网络路由协议也是基于节点位置信息的。采用地理位置信息辅助路由，直接利用节点位置信息进行数据传递的地理路由协议，可以使节点不需要存储和维护路由表，并可以实现定向的信息查询。在有地理位置信息情况下，拓扑控制可以利用节点间的几何约束进行分布式实现从而避免全网的信息广播，进而得到高效率的拓扑结构。

7.2 基于测距的定位技术

无线传感器网络中的基于测距的节点定位算法通常可以分为距离测量、坐标计算以及位置修正三个阶段。

首先是距离、角度测量。节点通过一定的测量手段获得到邻居锚节点的距离或角度，锚节点是位置已知点，通用的测量手段有 RSSI、TOA、TDOA 和 AOA，也可以根据无线传感器网络中数据传递的速度等信息来估计距离或角度。

其次是位置计算。根据位置测量手段得到与三个及以上的锚节点的距离或角度后，因为锚节点的位置是已知的，所以可以利用这些准确地位置信息来计算未知节点的坐标，通用的计算方法主要有三边测量法、三角测量法或者极大似然估计法等。在未知节点的坐标计算过程中，为了减小误差，一般进行多次测量，也可以利用循环定位求精的方法提高计算精度。

最后是位置修正。基于距离测量的节点定位技术易受环境因素的影响，通常是不太可靠的，需要通过多次测量、循环定位求精等方法来减小测距误差对定位的影响，提高定位精度。

7.2.1 测距技术

常见的测距机制分为到达时间测距机制、到达角度测距机制和接收信号强度测距机制。其中，到达时间测距机制又分为到达时间（TOA）和到达时间差（TDOA）。下面将针对这几种测距技术进行详细介绍。

1. TOA

TOA 测距算法的基本原理是距离等于速度和时间的乘积。速度即信号的传播速度，时间即信号从起节点到终节点的传播时间。假设求两个时间同步的节点之间的距离，起节点发送声波信号时，也将发送信号的时间一同发送给终节点，这样终节点在检测到声波信号后，信号传播时间已知，信号传播速度已知，根据公式就能计算出起节点到终节点的距离。

（1）TDOA

在 TOA 算法中需要节点在无线传感器网络中全局时间同步，但采用 TDOA 方法不需要这样严格的要求，同时 TDOA 还避免了因为反射体反射抵消信号产生的测量误差，提高了测量精度。

基于 TDOA 的定位也被称为双曲定位，其基本原理是测量未知节点到三个及三个以上锚节点的距离，计算到多个锚节点的距离差，组成关于该未知节点的双曲线方程组，求解该方程组就可以得到未知节点的位置坐标。

如图 7.1 所示，已知锚节点 A、B、C 的位置坐标分别为（x_1，y_1）、（x_2，y_2）、（x_3，y_3），假设未知节点 O 的坐标为（x，y）。若将节点 A 作为参考节点，则其余各个锚节点到未知节点的距离与锚节点 A 到达未知节点的距离差分别为 r_{21}，r_{31}。列写的双曲定位方程为

$$\begin{cases}\sqrt{(x-x_2)+(y-y_2)}-\sqrt{(x-x_1)+(y-y_1)}=r_{21}\\ \sqrt{(x-x_3)+(y-y_3)}-\sqrt{(x-x_1)+(y-y_1)}=r_{31}\end{cases} \tag{7-1}$$

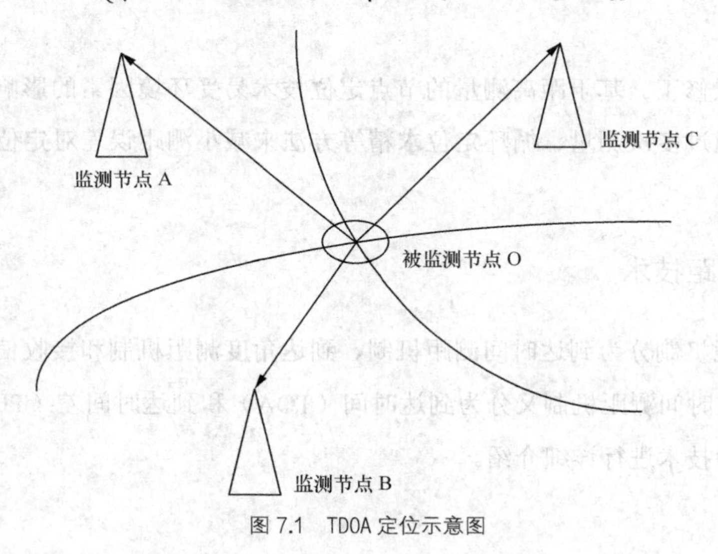

图 7.1　TDOA 定位示意图

求此双曲方程所得的结果则为定位的结果。

基于 TDOA 的定位技术要求设备之间满足时钟精确同步条件即可，同时定位精度高，测距误差小，精度可高达到厘米级。

（2）AOA

基于信号到达角度 AOA 的定位技术属于测向技术，接收节点通过天线阵列或多个

超声波接收器探测发射节点信号的到达方向，计算出接收节点和发射节点之间的相对方位或角度，多个方位线的交点就确定了未知点的估计位置，如图 7.2 所示。

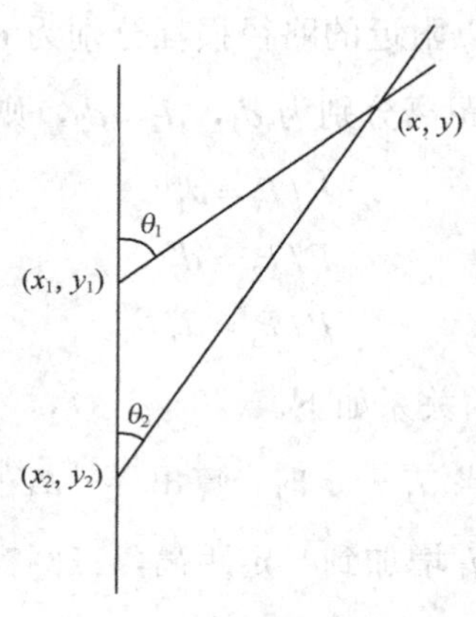

图 7.2 AOA 定位算法

设两个参考站的坐标分别为（x_1，y_1）和（x_2，y_2），待测目标点为（x，y），由测得的角度θ_1和θ_2解式（7-2）的方程组，可以得到目标点的坐标。

$$\begin{cases} \tan(\theta_1) = \dfrac{y_1 - y}{x_1 - x} \\ \tan(\theta_2) = \dfrac{y_2 - y}{x_2 - x} \end{cases} \tag{7-2}$$

AOA 测距技术对硬件要求较高，在测距过程中需要多个超声波接收器来探测信号到达的方向，并且抗干扰能力差，噪声、非视距问题等都会对测量结果产生不同的影响。

2．接收信号强度指示

接收信号强度测距机制是指根据信号发射过程中信号发射时的强度和被接收到时的强度的差值，得到在传播过程中的损耗，利用该损耗计算出发射节点与接收节点之间的距离。由于该技术容易实现，对硬件要求低，所以在许多领域中被广泛使用。

环境因素对信号传播过程中的信号损耗影响很大，在无线传感器网络中经常采用的无线传播模型中，阴影模型充分考虑了环境因素变化的情况。在实际环境应用中，一定距离下接收到的信号强度是一个随机量，接收节点收到的路径损耗为

$$PL(d) = PL(d_0) + 10n\log_{10}(d/d_0) + X_\sigma \tag{7-3}$$

其中，PL（d）表示信号经过距离 d 后的路径损耗，X_σ表示均值为零的高斯随机变

量，n 为路径衰减因子，其中在不同网络环境下的路径衰减因子 n 及阴影 X_σ 不同。

假设有三个感知节点 A、B、C 作为锚节点，接收到未知节点 O 发射的信号功率分别为 P_1、P_2、P_3，A、B、C 三点附近的路径损耗分别为 n_1，n_2，n_3，又假设节点 O 的发射功率为 P，O 与 A、B、C 的距离分别为 d_1，d_2，d_3，则可得到以下方程：

$$\begin{aligned} P/P_1 &= d_1^{n_1} \\ P/P_2 &= d_2^{n_2} \\ P/P_3 &= d_3^{n_3} \end{aligned} \tag{7-4}$$

由上式可得到 d_1，d_2，d_3 的关系如下。

我们让 d_1 从小到大变化，当 d_1 一定时，算出 d_2，d_3 的值，分别以 A、B、C 为圆心，以 d_1，d_2，d_3 为半径作圆。当 d_1 增加到一定距离，三圆交于一点，此时的交点为节点 O 的坐标。

接收信号强度测距定位在实际应用中，受外界环境影响较大导致计算有很大的不稳定性，误差较大，定位精度低，所以尽管该算法功率低、成本小，但并未得到广泛应用。

7.2.2 三边定位技术

基于 TOA 测距的定位技术因为利用了节点与三个及以上锚节点的距离来定位，所以又被称为三边定位技术。三边测量法的示意图如图 7.3 所示。

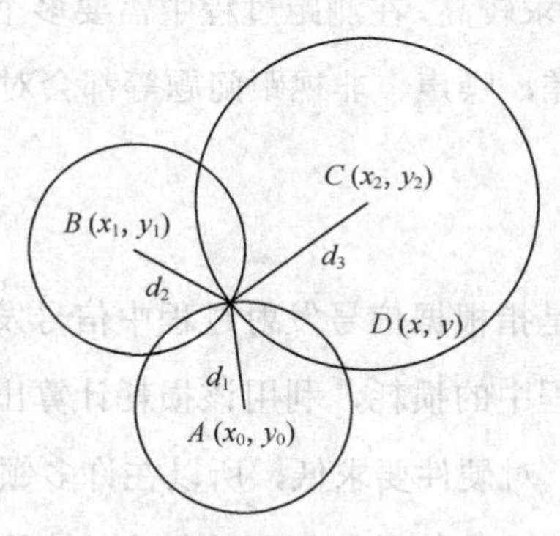

图 7.3 三边测量法

如上图所示，已知锚节点 A、B、C 的坐标分别为（x_0，y_0）、（x_1，y_1）、（x_2，y_2），未知节点 D 的坐标为（x，y），锚节点到未知目标节点的距离分别为 d_1、d_2、d_3。三边测量定位法的基本原理就是分别求以（x_0，y_0）、（x_1，y_1）、（x_2，y_2）为圆心，以 d_1、d_2、d_3 为半径的三个圆的交点，并以此求出未知节点的坐标，定位方程组如式 7-5 所示。

$$\begin{bmatrix}(x-x_0)^2+(y-y_0)^2\\(x-x_1)^2+(y-y_1)^2\\(x-x_2)^2+(y-y_2)^2\end{bmatrix}=\begin{bmatrix}d_1^2\\d_2^2\\d_3^2\end{bmatrix} \tag{7-5}$$

通过求解上面的方程组就可以有效获得目标节点的位置坐标。

$$\begin{bmatrix}x\\y\end{bmatrix}=\begin{pmatrix}2(x_0-x_2) & 2(y_0-y_2)\\2(x_0-x_2) & 2(y_0-y_2)\end{pmatrix}^{-1}\begin{bmatrix}x_0^2-x_2^2+y_0^2-y_2^2+d_3^2-d_1^2\\x_1^2-x_2^2+y_1^2-y_2^2+d_3^2-d_2^2\end{bmatrix} \tag{7-6}$$

三边测量法最大的优点是定位精度高，但是对测距过程依赖大，若该工程中出现误差，则上述 3 个圆无法交于一点，如图 7.4 所示。这时若用带误差的距离去计算时需要增加额外算法，使计算更加复杂。因此，三边测量法在实际定位应用不多，三边测量法一般只作为定位的理论基础知识。

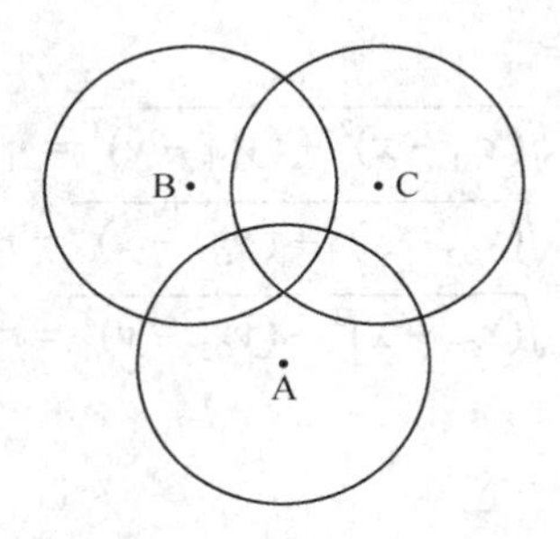

图 7.4　三圆不交于一点

7.2.3　三角测量定位技术

基于 AOA 测距的定位方法因为利用了信号到达的方向所以被称为三角测量定位法。为了方便说明，假设有三个锚节点 A、B、C 的坐标分别为（x_1，y_1），（x_2，y_2），（x_3，y_3），未知节点 O 的位置（x_O，y_O），三角测量法示意图如图 7.5 所示。

假设各个锚节点已通过天线阵列测量得到节点 O 发出信号的到达方向，方位角确定之后，可计算出$\angle AOC$、$\angle COB$ 和$\angle AOB$。节点 A、C 和$\angle AOC$ 可以唯一确定一个圆心为 O_1（x_{O1}，y_{O1}），半径为 r_1 的圆，其中$\angle AOB$ =2π-2$\angle AOB$，则通过以下方程组能够确定圆心 O_1 和半经 r_1：

$$\begin{cases}\sqrt{(x_{O1}-x_1)^2+(y_{O1}-y_1)^2}=r_1\\\sqrt{(x_{O1}-x_2)^2+(y_{O1}-y_2)^2}=r_1\\(x_1-x_3)^2+(y_1-y_3)^2=2r_1^2-2r_1^2\cos A_{O1}B\end{cases} \tag{7-7}$$

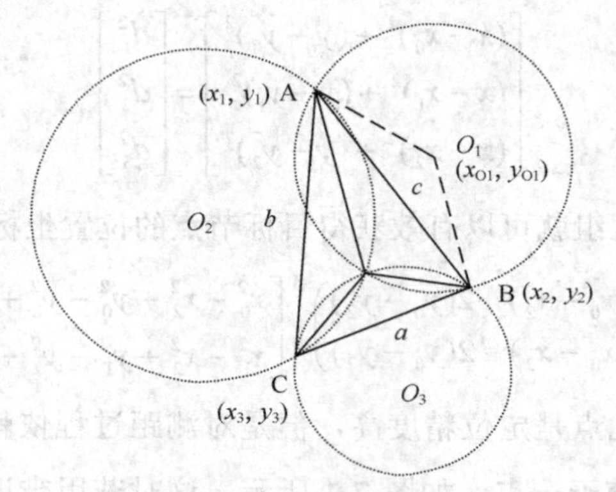

图 7.5　三角测量法图示

同理可确定圆心 O_2（x_{O2}，y_{O2}），O_3（x_{O3}，y_{O3}）及对应半径 r_2，r_3。最后利用三边测量法计算节点 O（x，y），即：

$$\begin{cases}\sqrt{(x_{O1}-x)^2+(y_{O1}-y)^2}=r_1\\ \sqrt{(x_{O2}-x)^2+(y_{O2}-y)^2}=r_2\\ \sqrt{(x_{O3}-x)^2+(y_{O3}-y)^2}=r_3\end{cases} \tag{7-8}$$

由上式求得 O 的坐标为

$$\begin{bmatrix}x\\y\end{bmatrix}=\begin{pmatrix}2(x_{O1}-x_{O3}) & 2(y_{O1}-y_{O3})\\2(x_{O2}-x_{O3}) & 2(y_{O2}-y_{O3})\end{pmatrix}^{-1}\begin{bmatrix}x_{O1}^2-x_{O3}^2+y_{O1}^2-y_{O3}^2+r_3^2-r_1^2\\x_{O2}^2-x_{O3}^2+y_{O2}^2-y_{O3}^2+r_3^2-r_2^2\end{bmatrix} \tag{7-9}$$

基于 AOA 定位测距技术易受外界环境影响，噪声对它的影响比较明显，而且 AOA 需要额外的硬件，比如阵列天线等，所以对具有低成本、低功耗要求的传感器网络不太适用。

7.2.4　最大似然估计定位技术

最大似然估计法如图 7.6 所示，其基本思想是假如一个节点可以根据它和邻居节点中锚节点的距离关系构成二次方程式，当它的邻居节点足够多，就可以构造拥有唯一解的方程组，求解方程组就能得到未知节点的位置信息。如图 7.6（b）所示，未知节点 2 和 4 都有 3 个邻居节点，且 1，3，5 和 6 都是锚节点，根据拓扑中的 5 条边建立 5 个二次方程式，其中有 4 个未知数，分别是节点 2 和节点 4 的横纵坐标，此时就能计算出节点 2 和节点 4 的位置。

假设锚节点 D_1、D_2、…、D_n 的坐标分别为（x_1，y_1）、（x_2，y_2）、…、（x_n，y_n），待定位的未知节点 D 的坐标为（x_d，y_d）。各个锚节点到未知目标节点 D 的距离分别为 d_1、d_2、…、d_n，则有以下关系：

$$\begin{cases}(x_1-x_d)^2+(y_1-y_d)^2=d_1^{\ 2}\\ \cdots\cdots\\ \cdots\cdots\\ (x_n-x_d)^2+(y_n-y_d)^2=d_n^{\ 2}\end{cases} \tag{7-10}$$

逐次相减得：

$$\begin{cases}x_1^2-x_n^2-2(x_1-x_n)x+y_1^2-\mathrm{y}_n^2-2(y_1-y_n)y=d_1^2-d_n^2\\ x_2^2-x_n^2-2(x_2-x_n)x+y_2^2-\mathrm{y}_n^2-2(y_2-y_n)y=d_2^2-d_n^2\\ \cdots\cdots\\ \cdots\cdots\\ x_{n-1}^2-x_n^2-2(x_{n-1}-x_n)x+y_{n-1}^2-\mathrm{y}_n^2-2(y_{n-1}-y_n)y=d_{n-1}^2-d_n^2\end{cases} \tag{7-11}$$

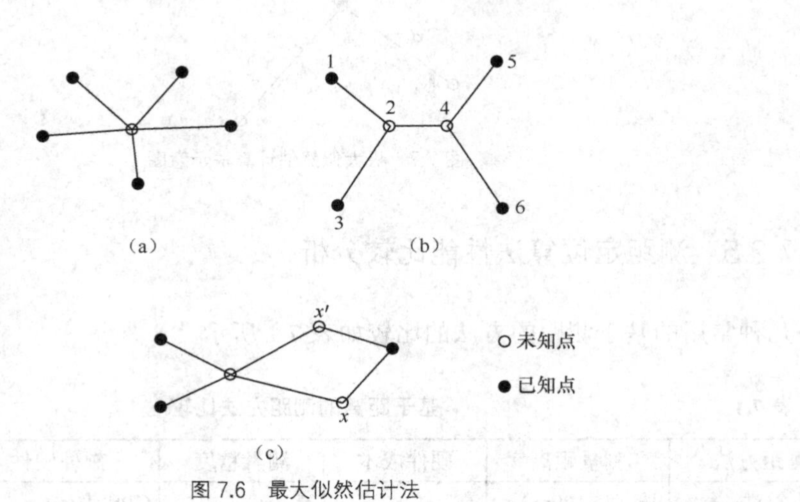

图 7.6 最大似然估计法

将其表示为 $\boldsymbol{AX=B}$，则有：

$$\boldsymbol{A}=\begin{pmatrix}2(x_1-x_n) & 2(y_1-y_n)\\ 2(x_2-x_n) & 2(y_2-y_n)\\ \cdots\cdots & \\ \cdots\cdots & \\ 2(x_{n-1}-x_n) & 2(\mathrm{y}_{n-1}-y_n)\end{pmatrix} \tag{7-12}$$

$$\boldsymbol{B}=\begin{pmatrix} x_1^2-x_n^2+y_1^2-y_n^2+d_n^2-d_1^2 \\ x_2^2-x_n^2+y_2^2-y_n^2+d_n^2-d_2^2 \\ \cdots\cdots \\ \cdots\cdots \\ x_{n-1}^2-x_n^2+y_{n-1}^2-y_n^2+d_n^2-d_{n-1}^2 \end{pmatrix} \tag{7-13}$$

$$\boldsymbol{X}=\begin{pmatrix} x \\ y \end{pmatrix}$$

使用标准的最小均方差估计方法可得到节点的坐标为

$$\hat{\boldsymbol{X}}=(\boldsymbol{A}^{\mathrm{T}}\boldsymbol{A})^{-1}\boldsymbol{A}^{\mathrm{T}}\boldsymbol{b} \tag{7-14}$$

解之可得 D 坐标。图 7.7 是极大似然估计算法示意图。

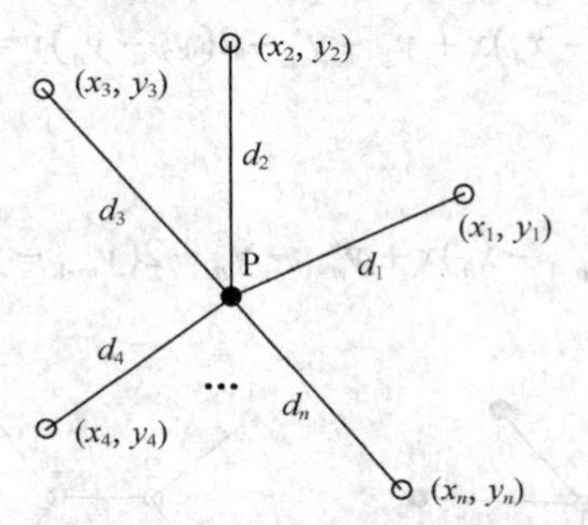

图 7.7 极大似然估计算法示意图

7.2.5 测距定位算法性能比较分析

几种常用的基于测距的方法的比较如表 7.1 所示。

表 7.1 基于距离的测距方法比较

测距方法	测量距离	硬件成本	测量精度	额外硬件	传输介质
TOA 算法	长（＞100m）	高	高	GPS 设备	电磁波
TDOA 算法	很短（10m）	高	高	超声波接收设备	电磁波、超声波
AOA 算法	短	高	较高	天线阵列	电磁波、超声波
RSSI 算法	长（＞100m）	低	低	不需要	电磁波

TOA 测距算法需要 GPS 辅助设备，应用范围小，且易受到环境的影响；AOA 测距算法中视距信号占主要地位。基于 RSSI 测距方法传输距离远，成本功耗低，节点硬件体积小、重量轻，在面对复杂的室内环境时可以采用基于 RSSI 的测距方法。但 RSSI 算法定位精确度较低，需要采取辅助手段来提高精度。综上所述，三种定位方法都不能应

用于复杂的室内环境中。

几种常用的定位算法的性能比较如表7.2所示。

表7.2 定位算法性能比较

算法类型	算法名称	特征	定位精度	节点密度	锚节点密度	通信开销
基于测距	基于TOA定位算法	需要时间同步	较高	较大	较大	较大
	基于TDOA定位算法	易受NLOS及超声波传播距离的影响	很高	较大	较大	较大
	基于AOA定位算法	节点的方向必须已知	较高	较大	较大	较大
	基于RSSI定位算法	易受环境影响	较低	较大	较大	较小
基于非测距	质心定位算法	实现简单	很低	无	较大	很大
	DV-HOP算法	适合大规模密集网络	一般	较大	较小	很大
	APIT算法	要求较高的锚节点密度	较低	较小	较大	很小
	MAP定位算法	易受NLOS影响，但具有较好的扩展性	较高	较小	较小	较小
	凸计划定位算法	对硬件要求较低	较低	较大	较大	较大
	Amorphous定位算法	网络连通度必须已知	较高	较大	较大	较大

综上所述各定位算法的特征与性能，对各类定位算法的总结如下。

在基于测距的定位算法中，基于TOA的定位算法拥有较高的定位精度且算法的实现简单，但是该算法需要有严格意义上的时间同步，并且需要增加声波收发器，无疑增加了硬件方面的开销，一般在需要精确定位的小型网络且多径效应不明显的环境中该算法比较适用。基于TDOA的定位算法较TOA的定位算法有很大改进，基于TDOA的定位算法不需要严格意义上的时间同步，并且该算法基本上不受外界干扰，定位精度很高，但该项技术也有一定的不足，它需要安装超声波收发器，易受多径效应影响，并且由于超声波的传播距离对该算法有较大的限制，因此该算法一般适用于小规模且对定位精度要求较高的环境网络。基于AOA的定位算法拥有较高的定位精度，并且能根据具体需求提供节点的方位信息，但是也易受外界环境的影响，并且需要安装超声波发射器，功耗较大，该定位算法一般适用于需要较高的定位精度且外界环境不复杂的小型网络。基于RSSI的定位算法原理简单，实现容易，且不需要增加额外的硬件，在节点的微型化方面有优势，唯一的缺点就是信号的强度易受外界环境的干扰，定位相对来说比较粗糙，一般在外界环境不复杂，对定位精度要求不高的情况下采用基于RSSI测距技术的定位算法，如城市公交定位系统等。

7.3 基于非测距定位技术

基于测距技术的定位算法具有比较高的定位精度，但是其成本往往比较高，因此在定位精度要求不高的一些应用中，没有必要采用此类测距技术，因此对于一些基于非测距定位技术的研究也就变的比较热门。

目前，典型的基于非测距的定位算法主要有如下几种：质心定位算法、凸规划法、APS 算法、APIT 法等。

由于基于非测距的算法需要通过一些节点间的通信来估算节点间的距离，因此普遍存在定位过程中通信开销过大的问题，因为不直接测量节点间距离，该类算法定位精度也有待进一步提高。基于非测距的算法不需要额外的距离或角度测量硬件，传感器节点的成本可以大大降低，因而应用范围比较广。

7.3.1 基本原理

非测距的定位方案能耗小，成本低，虽然精度不高，但已有的精度能满足大多数的应用需求，基于这些因素，则非测距的定位方法应用广泛。现有的非测距定位算法，一般基于一跳或多跳原理，即节点不需要知道邻居节点的距离和方位，只需要能够通信并确定其邻居节点。如图 7.8 所示，节点 A 分别被节点 B、C 感知到与自己存在一跳关系，其中假设节点具有理想的球型传播模型，且节点通信半径为 r。多跳几何原理则是对节点信息广播的过程进行跳数统计，然后使用两节点间的跳数信息，估算它们间的距离。

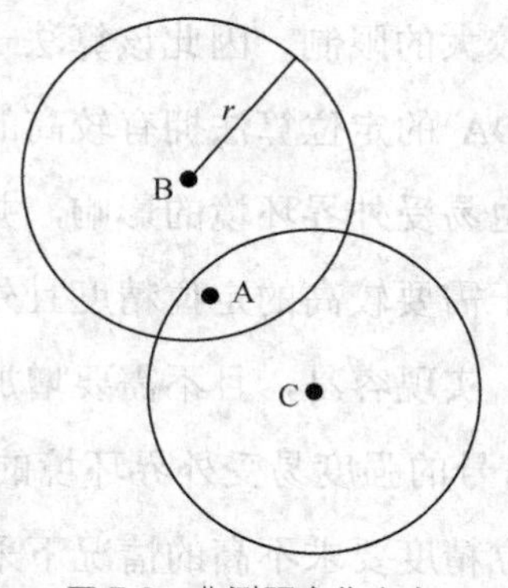

图 7.8 非测距定位方案

7.3.2 典型算法

1. 质心算法

多边形的几何中心称为质心，多边形顶点坐标的平均值就是质心节点的坐标。多边形 ABCDE 的顶点坐标分别为 A（x_1，y_1）、B（x_2，y_2）、C（x_3，y_3）、D（x_4，y_4）、E（x_5，y_5），其质心 O 的坐标为 $(x,y)=\left(\dfrac{x_1+x_2+x_3+x_4+x_5}{5},\dfrac{y_1+y_2+y_3+y_4+y_5}{5}\right)$。

质心定位算法的核心思想是根据某未知节点的通信范围内的锚节点组成多边形，求出其质心坐标，该坐标就是未知节点的估计坐标。质心算法非常简单，完全基于网络连通性，无需锚节点和未知节点间协调，但仅能实现粗粒度定位，需要较高的锚节点密度才能实现精确定位。

图 7.9 中，A、B、C、D、E、F、G 为可以发送信息的锚节点，坐标分别为（x_A，y_A）、（x_B，y_B）、（x_C，y_C）、（x_D，y_D）、（x_E，y_E）、（x_F，y_F）、（x_G，y_G），O 为未知节点，坐标假设为（x，y），利用质心算法计算出的未知节点的坐标如式（7-15）所示。

$$\begin{pmatrix} x \\ y \end{pmatrix}=\begin{pmatrix} (x_A+x_B+x_C+x_D+x_E+x_F+x_G)/7 \\ (y_A+y_B+y_C+y_D+y_E+y_F+y_G)/7 \end{pmatrix} \tag{7-15}$$

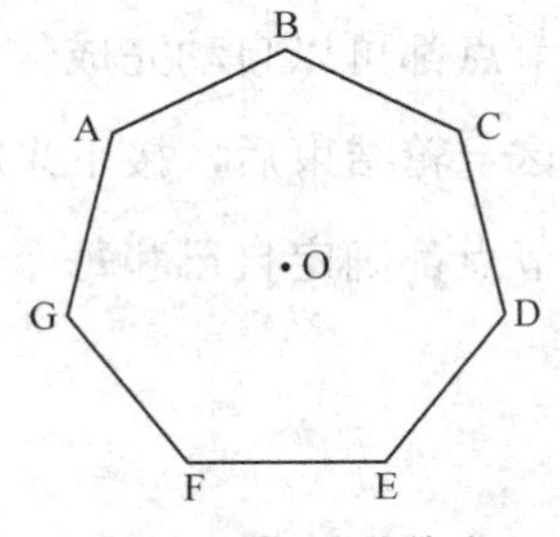

图 7.9　质心定位算法

质心算法可以实现粗糙定位，质心算法提出了一个异构的网络，网络中锚节点的位置信息已知。质心算法的精度和网络中节点间的连通度有很大关系，对于节点间的协调性要求很低，所以相对而言实现起来很容易。该方法的缺点是定位精度不高，用质心作为实际位置本身就是一种估计，该方法的精度与锚节点的分布密度有关，精确度随锚节点的密度的增大而增大。

2. APS 算法

APS 是根据距离矢量路由和 GPS 定位的原理提出的一系列定位算法。它包括 6 种定位算法：DV-Hop、DV- distance、Euclidean、DV- coordinate、DV-Bearing 和 DV- Radial。本书将主要介绍前两种定位算法。

（1）DV-Hop 算法。

DV-Hop 算法利用典型的距离向量机制进行定位。其基本思想是，未知节点与锚节点之间的距离用平均每跳距离与未知节点和锚节点之间的跳数总数的乘积来表示。在算法中，锚节点在网络中广播自身的位置坐标，使网络中的所有节点都取得了它们到每一个锚节点的最小跳数。锚节点计算出网络平均每跳距离后将其计算结果广播给相邻节点，当接收到平均每跳距离值后，节点可根据跳数计算与锚节点的距离。最后，未知节点利用与锚节点的距离，利用三边测量法或极大似然估计法计算自身坐标。DV-Hop 算法定位精确度较高，但算法通信开销大。

DV-Hop 算法的具体定位过程如下。

① 计算未知节点到每个锚节点的跳数。

初始化阶段，锚节点首先向网络中广播信息包，那么它的邻居节点就会收到包含$\{x_i$，y_i，$h_i\}$的信息包。其中$\{x_i$，$y_i\}$代表锚节点的位置信息，h_i通常初始化设置为 0，代表距离锚节点的跳数。网络中的所有节点都可以自动完成信息交换，最后每个未知节点都会记录自己到锚节点最小跳数值。这一轮结束后，接下来将 h_i 的值加 1，节点间继续进行信息包的转发，直到网络中所有节点都确定自己和每个锚节点的最小跳数值之后，第一阶段的任务才真正完成。

② 计算平均每跳距离。

网络中，锚节点收到其他锚节点的信息包后，开始根据公式计算平均每跳距离，计算公式如式（7-16）所示。

$$\text{HopSize}_i=\frac{\sum_{j\neq i}\sqrt{(x_i-x_j)^2+(y_i-y_j)^2}}{\sum_{j\neq i}h_{ij}} \tag{7-16}$$

其中（x_i，y_i）、（x_j，y_j）分别为锚节点 i、j 的坐标，h_{ij} 表示锚节点 i，j（$j\neq i$）之间的最小跳数。然后锚节点在网络中广播平均跳距值，未知节点有选择性的记录信息，它只记录离自己最近的锚节点的平均跳距值，记录保存后继续信息的转发。然后未知节点根据第一阶段保存的跳步数，按照公式分别计算出未知节点距离每个锚节点的物理距离，这样第二阶段的工作正式结束。

图 7.10 给出了 DV-Hop 算法的一个简单的例子。A、B、C 是锚节点，O 是未知节点。A、B 之间的距离为 30m，跳数为 2 跳，B、C 之间的距离是 60m，跳数为 5 跳，A、C 之间距离是 100m，跳数为 6 跳，则我们可以根据公式得到 A 的平均每跳距离为 C_1，B 的平均跳距为 C_2，C 的平均跳距为 C_3，公式如下。

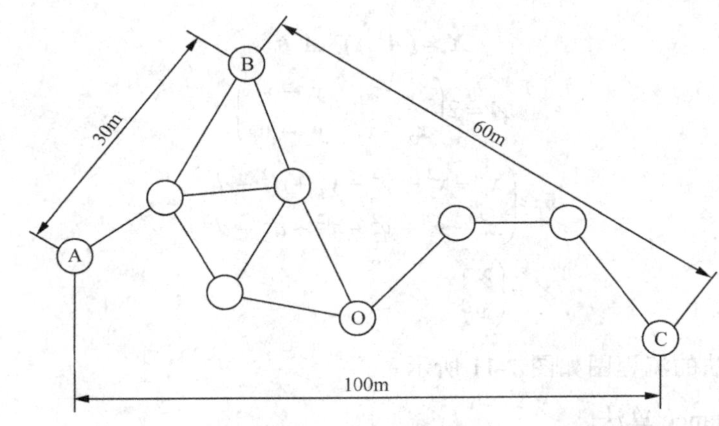

图 7.10 DV-Hop 算法示意图

$$C_1=\frac{\sqrt{(x_1-x_2)^2+(y_1-y_2)^2}+\sqrt{(x_1-x_3)^2+(y_1-y_3)^2}}{h_{12}+h_{13}}=\frac{30+100}{2+6}=16.25\text{m}$$
$$C_2=\frac{\sqrt{(x_2-x_1)^2+(y_2-y_1)^2}+\sqrt{(x_2-x_3)^2+(y_2-y_3)^2}}{h_{12}+h_{13}}=\frac{30+60}{2+5}=12.86\text{m} \quad (7\text{-}17)$$
$$C_3=\frac{\sqrt{(x_3-x_1)^2+(y_3-y_1)^2}+\sqrt{(x_3-x_2)^2+(y_3-y_2)^2}}{h_{12}+h_{13}}=\frac{100+60}{6+5}=14.55\text{m}$$

③ 计算未知节点坐标。

当未知节点收到三个锚节点的平均跳距后，就可以根据公式（7-18）计算出自己到锚节点的距离。

$$d_i=hop*C_i \quad (7\text{-}18)$$

在图 7.10 中，O 点距 A 的最小跳数是 3 跳，距 B 点的最小跳数是 2 跳，距 C 点的最小跳数是 3 跳。当未知节点 O 收到锚节点 A、B、C 的平均每跳距离时，可以算出 O 距离 A、B、C 的距离分别为：

$$
\begin{aligned}
d_1 &= 3 * C_1 = 3 * 16.5 = 48.75\text{m} \\
d_2 &= 2 * C_2 = 2 * 12.86 = 25.72\text{m} \\
d_3 &= 2 * C_3 = 2 * 14.55 = 29.1\text{m}
\end{aligned} \tag{7-19}
$$

最后未知节点开始估算自身位置，采用的方法是三边测量法。

$$
\begin{cases}
(x_1 - x)^2 + (y_1 - y)^2 = d_1^2 \\
(x_2 - x)^2 + (y_2 - y)^2 = d_2^2 \\
(x_3 - x)^2 + (y_3 - y)^2 = d_3^2
\end{cases} \tag{7-20}
$$

对上式进行整理，得到未知节点的坐标为

$$
\hat{\boldsymbol{X}} = (\boldsymbol{A}^{\mathrm{T}}\boldsymbol{A})^{-1}\boldsymbol{A}^{\mathrm{T}}\boldsymbol{b} \tag{7-21}
$$

$$
\boldsymbol{A} = 2\begin{pmatrix} x_1 - x_3 & y_1 - y_3 \\ x_2 - x_3 & y_2 - y_3 \end{pmatrix} \tag{7-22}
$$

$$
\begin{aligned}
\boldsymbol{b} &= \begin{pmatrix} x_1^2 - x_3^2 + y_1^2 - y_3^2 + d_3^2 - d_1^2 \\ x_1^2 - x_3^2 + y_2^2 - y_3^2 + d_3^2 - d_2^2 \end{pmatrix} \\
\boldsymbol{X} &= \begin{pmatrix} x \\ y \end{pmatrix}
\end{aligned} \tag{7-23}
$$

DV-Hop 算法的流程图如图 7-11 所示。

（2）DV-distance 算法。

DV-distance 算法的基本原理是使用接收信号强度测距机制测量节点之间的距离，然后将与锚节点之间的距离传播出去。锚节点发送的信息中包括其在无线传感器网络中的编号、坐标信息以及一个可以变化的路径长度，该长度初始值为零，当有节点接收到这个消息后，将其测量到的距离累加到这个变量中，条件允许时将其转发出去。如果节点接收到多个锚节点的消息，那么只有现在接收的长度小于原来接收到的路径长度时才将其转发。未知节点得到三个及以上锚节点的距离信息后使用三边测量法定位。

3. APIT 算法

PIT（Perfect Point in Triangulation Test）是最佳三角形内点测试法，即测试未知节点是在三个锚节点所组成的三角形内部还是外部。如图 7.13 所示，点 M 与另外三个节点 A、B、C 所组成三角形处于同一平面，如果存在这样一个方向使得节点 M 沿着该方向移动则该节点会同时接近或远离三角形的任一节点，则可判断此节点在三角形外，否则，则可判断此节点在三角形内部。内点测试的示意图如图 7.12 所示。

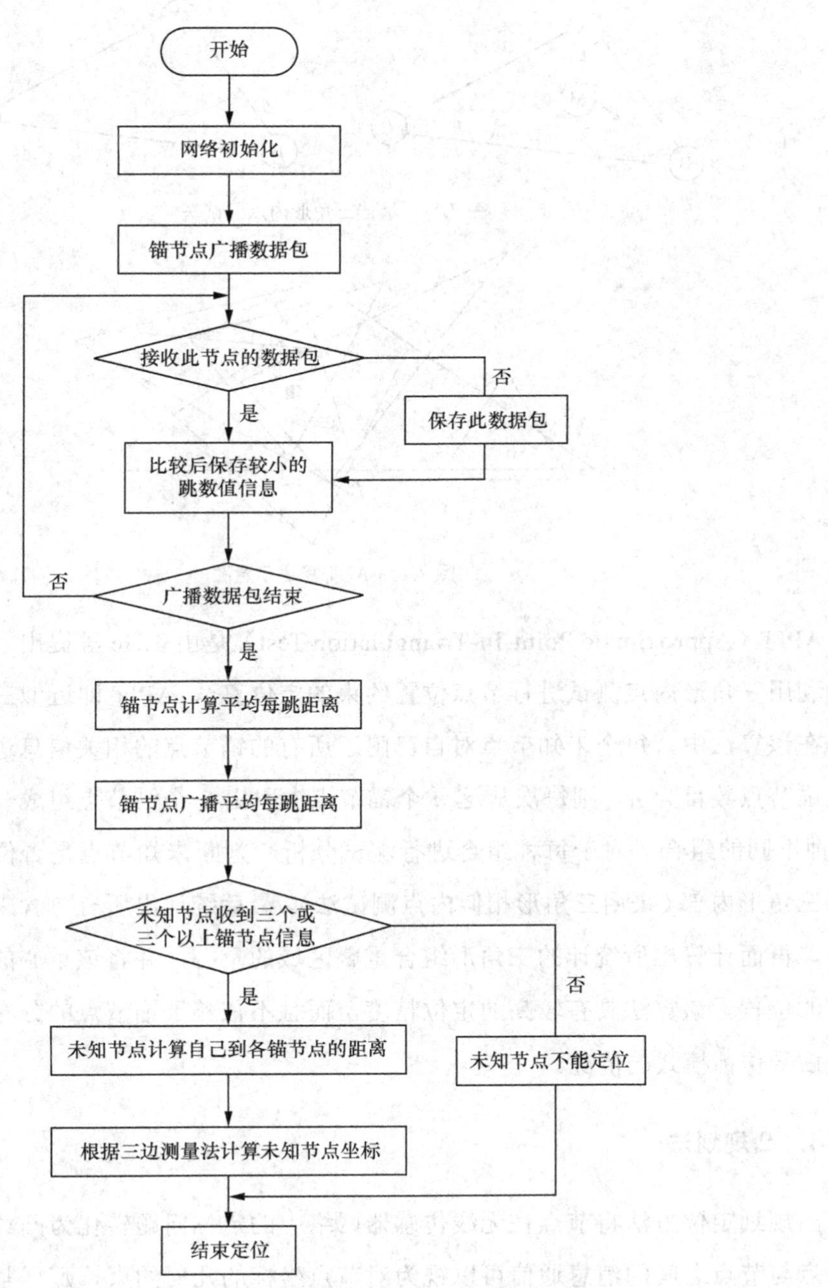

图7.11 DV-Hop算法定位流程图

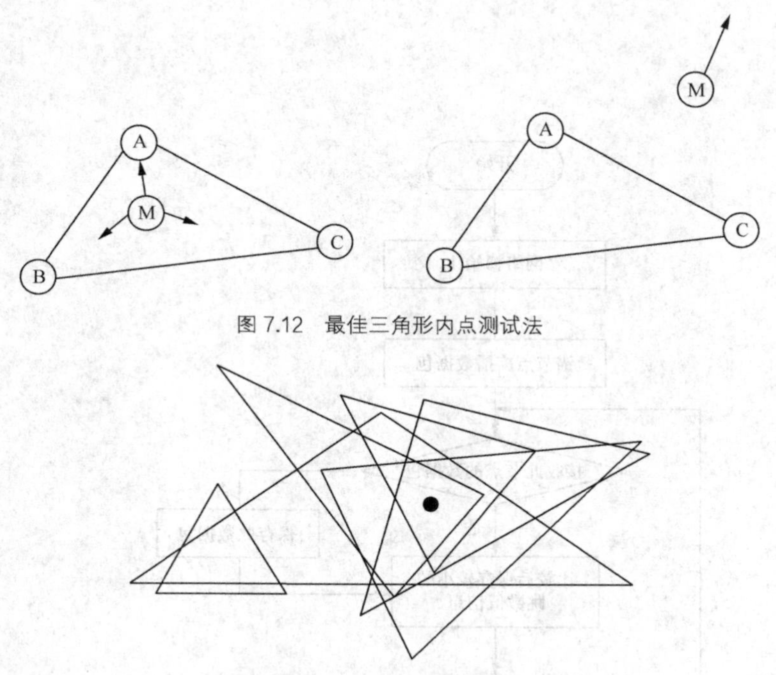

图 7.12　最佳三角形内点测试法

图 7.13　APIT 算法示意图

APIT（Approximate Point-In-Triangulation Test）是由 T.He 等提出一个类似于质心算法的利用三角形内点测试进行节点位置约束的定位算法。APIT 即近似三角形的内点测试法，在该算法中，每个未知节点对自己附近所有的锚节点的相关信息进行监听，假设其邻居锚节点数目为 n，则每次从这 n 个锚节点中取出 3 个锚节点组成一个三角形，共有 C_n^3 种不同的组合，对于每种组合进行测试分析，判断未知节点是否位于对应组合所组成的三角形内部（采用三角形相似内点测试法），最后统计出所有包含未知节点的三角形组合，再而计算出所统计的三角形组合重叠区域的重心，并将该重心的位置作为待定位节点的位置。该算法具有较高的定位精度，而且不依赖于锚节点的分布情况，常适用于无线信号传播模式的情况。

4．凸规划法

凸规划定位方法将节点在无线传感器网络中的定位问题转化为凸约束优化问题，其中节点与节点之间的消息通信可以视为对节点坐标的几何约束，那样整个无线传感器网络视为一个凸集，然后使用规划方法得到全局最优解，得到节点位置，同时也给出了另一种方法得到未知节点的位置，如图 7.14 所示，根据未知节点与锚节点之间的通信连接和节点无线射程，计算出未知节点可能存在的区域，该区域是矩形的，然后矩形的质心就是未知节点的估计位置。

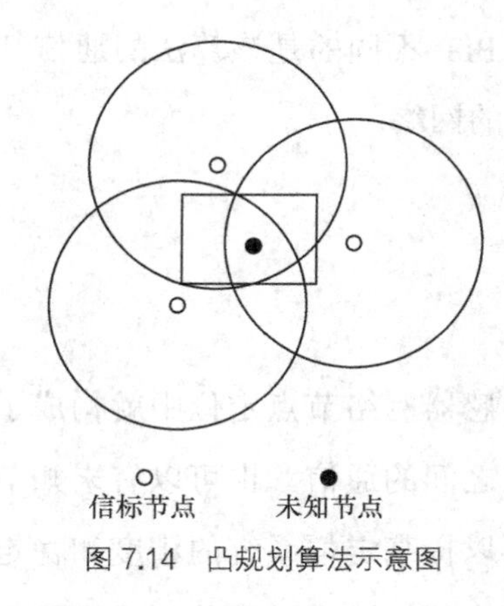

图 7.14 凸规划算法示意图

该算法要求锚节点部署在网络边缘，否则未知节点的估计位置会向网络中心偏移。

7.3.3 几种非测距的定位技术性能分析

在基于非测距的定位算法中，质心定位算法实现较简单，由于该算法无需节点间的协调，且其是完全基于网络的连通性，因此该算法通信开销很小，但该算法对锚节点的分布及密度要求较高，只有在锚节点密度比较大的时候才有可能保证较好的定位精度，因此该算法比较适用于锚节点密度较大、分布较均匀且对定位精度要求不高的网络。

DV-Hop 算法相对于质心算法拥有较好的定位精度，且该算法较易实现，硬件要求较低，但该算法对锚节点的密度大小有所依赖，且该算法的通信开销很大，因此该算法比较适用于大规模、锚节点密度较大且可人工部署锚节点的环境。

APIT 算法定位精度相对较高，性能比较稳定，通信开销小，对锚节点的分布要求也较低，但该算法对网络的连通性及锚节点的密度要求较高，一般在复杂环境下，信号传播不规则，节点需要在随机部署的网络环境中使用。

MAP 算法在定位精度上要高于其他基于非测距的算法，但由于移动广播信息的存在使得节点必须具有足够的能量，一般情况下将该算法应用于对定位精度要求较高的锚节点移动自定位的网络。

凸规划定位算法对硬件的要求非常低，该算法的定位精度较低，并且该算法对锚节点的部署有所要求，需要锚节点部署在网络边缘，该算法一般对人工部署节点，并且对定位精度要求不高的网络较适用。

Amorphous 定位算法与 APIT 算法有着相同的需求，该算法需要知晓网络的连通度，需要较高的节点密度，但与 APIT 不同的是该算法的通信开销较大，该算法一般适用于大规模的网络连通度信息已知的网络。

7.4 协作定位技术

将协作技术应用到无线传感器网络节点定位中就构成了协作定位技术，在协作定位中，可以有未知节点与锚节点之间的通信，也可以有未知节点与未知节点之间的通信，这样可以获得更多新信息，可以提高定位系统的精度和稳定性。在协作定位技术中，节点距离的测量和无线传感器网络的组网由对等的方式进行。针对不同的应用需求，节点定位系统的设计也有很大不同，在设计时要充分考虑具体应用关于规模、能量、精度的要求来设计。协作定位方法与传统定位方法相比有很大不同。

1. 传统定位方法与协作定位方法

传统定位方法：未知节点只与锚节点通信，即未知节点的位置直接由锚节点来确定。

协作定位方法：各节点间是对等的关系，任何节点间都可以参与测量，充分利用各节点资源。

图 7.15 是传统定位与协作定位的示意图，图中黑色点为锚节点，白色点为未知节点。

从本质上来说，协作定位技术是无线定位技术与协作通信思想的结合。在传统的定位方法中，主要被用来协助定位的是，多个基站 BS 和移动终端 MS 之间的电波 TOA、TDOA、电波到达角 AOA 等信息，而在整个定位过程中 MS 之间的信息被忽略。在协作定位方式中，MS 之间的测量数据也被纳入协助定位的考虑因素.

图 7.16（a）为传统定位方式，图 7.16（b）为协作定位方式，都以三基站定位方式为例，其中黑色圆点代表 MS，A 点代表 MS_A，B 点代表 MS_B，C 点代表 MS_C。

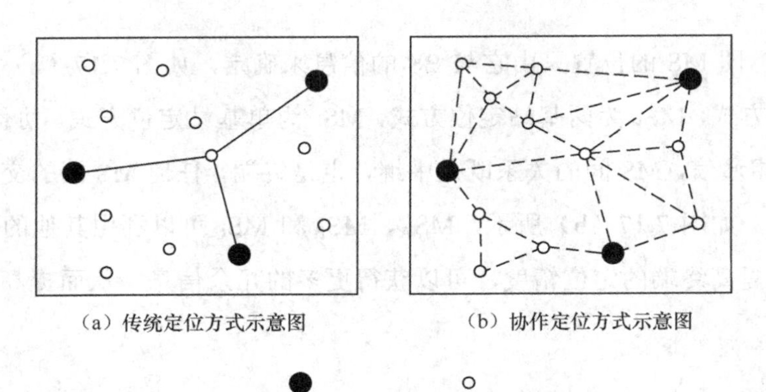

（a）传统定位方式示意图　（b）协作定位方式示意图

图 7.15　传统定位方法和协作定位方法示意图

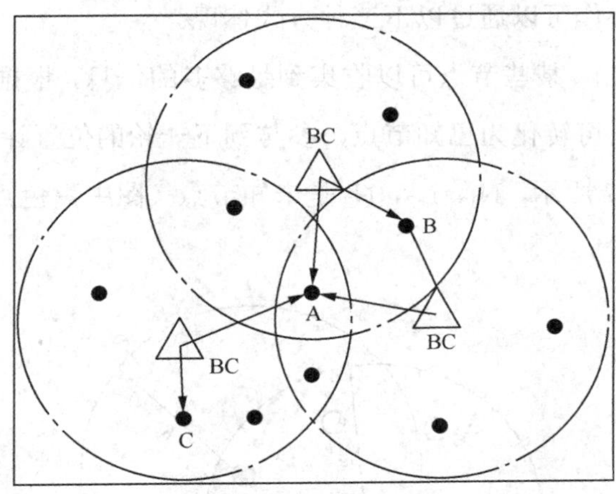

（a）传统定位方式示意图

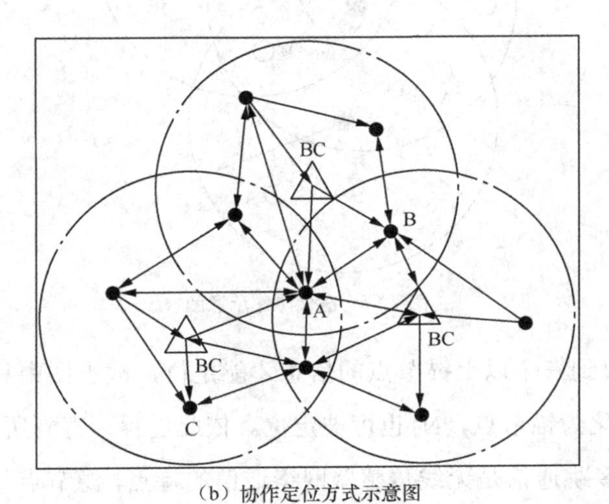

（b）协作定位方式示意图

图 7.16　传统定位方法与协作定位方法对比

从图 7.17 中可以看出协作定位技术与传统定位技术的区别。传统定位技术中，MS

只与 BS 通信，即 MS 的位置只由它与 BS 的信息来确定，如图 7.17（a）所示，MS_A采用三基站定位方式，MS_B为两基站定位方式，MS_C为单基站定位方式。协作定位技术中，MS 之间能互相通信，MS 间的关系既是中继，也是终端，任何 MS 间的交互信息都可以参与定位过程，如图 7.17（b）所示，MS_A、MS_B和 MS_C可以利用其他的 MS 的信息进行定位，这样提高终端的定位精度，可以获得更多的冗余信息，从而提高了定位系统的鲁棒性。

2．协作定位

在无线定位中，协作可以通过以下三种方式体现。

① 迭代协作：首先，某些节点可以收集到足够多的信息，根据这些信息算出这些节点位置；然后这些节点可转化为已知节点，参与到下一轮的位置计算中。

协作过程如图 7.17 所示，N_1，N_2，N_3是未知节点（图中黑色点），A_i（i=1, 2, …, 6）为锚节点（图中白色点）。

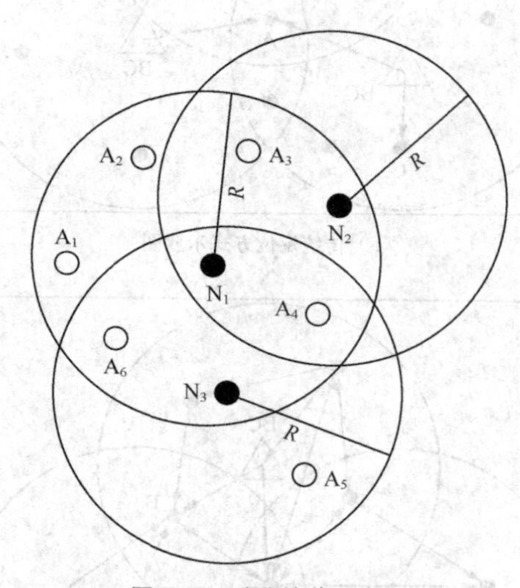

图 7.17　迭代协作示意图

未知节点必须收到三个以上锚节点的信息才能定位，故上图中只有 N_1和 N_3可被定位。当 N_1定位后转化为锚节点，N_2也可被定位。依此进行，直到所有节点都被定位。

② 多跳协作：多跳通信是无线传感器网络通信的特点，源节点与目的节点之间的数据通信以多跳的方式进行，所以在无线传感器网络节点定位技术中，包括锚节点位置信息、节点间距、角度等信息的定位数据也可以用多跳的方式来通信，通过多跳通信的方

式，使不在锚节点通信范围内的未知节点也能接收到锚节点的信息，扩大了定位范围，使计算更加精确。

③ 缩小定位区域：在无线传感器网络三边法定位时，由于测量误差的影响，未知节点的位置只能被确定在一块区域内，不能准确定位，若此区域过大，那么定位精度则太低。在协作定位技术中，利用协作方法获得信息并将信息优化，可以缩小该定位区域，提高定位精度。

7.4.1 刚性体理论概述

在不考虑物质特性的理想条件下任何两个连接点之间的欧氏距离不随其运动状态改变的特性被称为刚性，在运动中，也可以描述为空间任意一条直线在任意时刻的位置都是重合或相互平行的。刚性特性根据其结构稳定性可以分为普通刚性图和全局刚性图。普通刚性理论是一种定义在光滑轨道上的运动特性。当图沿着光滑轨道：

$$q([0,\infty]) = \{\text{column}\{q_1(t), q_2(t), \cdots, q_n(t)\} : t > 0\} \tag{7-24}$$

运动时，任意两个节点 q_i（t）和 q_j（t）间的欧氏距离不随时间函数变化，则 q_i（t）和 q_j（t）具有普通刚性特性。用数学描述为：当几何图沿着轨道 $q[0,\infty]$做刚性运动时，则任意时刻的节点集 q（t_1）和 q（t_2）是全等的。用数学公式表示为：

$$R(q) * \dot{q} = 0 \tag{7-25}$$

其中，$\dot{q} = \text{column}\left\{\dot{q}_1, \dot{q}_2, \ldots, \dot{q}_n\right\}; R(q)$ 是一个 m*dn 型的矩阵，称为刚体矩阵。

公式（7-24）和公式（7-25）从运动学的角度描述了刚性特征，而在网络拓扑中，特别在静态网络中，需要确定图像拓扑与普通刚性间的联系，因此 1970 年 Laman 给出了相关定理。

定理 1：在二维的平面空间中，图形 G=（V，L）拥有 n 个顶点，如果 L（L 为图形的边集）存在一个有 $2n-3$ 条边的子集 E，且对任意一个非空 E' 属于 E，边集 E' 中有 n' 个顶点且 E' 中元素数量不超过 $2n-3$，那么图形 G=（V，L）在二维平面空间中具有普通刚性。

具有普通刚性的框架结构拥有一定的稳定性，但当其局部发生折叠或翻转时并不全等于原图，因此提出“全局刚性”理论，即在边集 L 与稠密开集 $p \in \mathrm{R}^{dn}$ 的约束下能确定唯一的框架结构 G=（V，L）。全局刚性理论的判定定理如下。

定理 2：在一个二维平面空间中图 G 内包含 $n \geqslant 4$ 个定点，如果图 G 中某个点具有 3-点连接结构且该图形是冗余刚性的，那么图 G 就是全局刚性结构。

7.4.2 协作体的定义

在无线传感器网络协作定位中，定位的第一步就是讲刚性理论应用在网络结构中，用图形结构的方式来描述网络拓扑结构。设传感器网络 N 中含有 n 个节点，锚节点占整体节点的比例是 s，该网络中有 $m = ns$ 个锚节点，$n - m$ 个未知节点，锚节点与未知节点是随机分布的。每个节点的最大通信距离相同，只要邻近节点的距离在该最大通信距离内，未知节点就能与该邻近节点通信，这样构成通信网络。具有测距硬件的节点可以测量与本节点连接的节点的距离。传感器网络 N 的网络节点拓扑关系：网络节点连接构成的图形 $G_N=(V, E_N)$，其中 $V=\{v_i, i=1, \cdots, n\}$ 表示网络中所有的节点集合即点集，E_N 为网络中节点之间双向链路连通集合即边集，为了后续的论述，同时给出以下定义。

定义 1：在网络图形 $G_N=(V, E_N)$ 中，存在节点 $u, v \in G(V)$，$R(u, v)$ 或 $R(u, v)$ 表示节点 u，v 之间的几何距离，设 r 是网络中节点的最大无线传输距离，当 $R(u, v)<r$ 时，u，v 之间可以无线连通，则称 u，v 为直接相邻节点或邻居节点。

经过定义，无线传感器网络的节点链路被转换为随机图形 $G_N=(V, E_N)$ 的框架结构，这样有利于后续分析。定理 3 研究了网络与刚性结构关系，为协作体的定义给出理论支持。

定理 3：在二维空间的无线传感器网络 N 中的节点以随机的形式分布，当网络中存在 $m \geqslant 3$ 个非共线锚节点，且网络 N 所对应的结构 $G_N=(V, E_N)$ 是全局刚性，则网络 N 中的节点可以被定位。

定理 3 可以得到的结论是根据网络图形的结构可以简易判断该节点是否能定位，即网络是全局刚性的，则节点能够被定位。但因为无线传感器网络往往范围广，结构复杂，构建刚性图十分不易，而且全局刚性的判定也十分复杂，所以全局刚性的直接运用来进行节点定位不太实用。而将网络分块，对网络拓扑结构进行局部刚性判定则应用性较强。

定义 2：将无线传感器网络中的部分连通的节点构成一个节点块 C 形成的局部网络拓扑结构 N′，若 N′中未知节点依据与其连接的锚节点间的连接距离及这些锚节点的位置坐标可以唯一确定局部网络 N′中该未知节点的位置信息，那么称局部网络 N′为定位协作体（Localizable Collaborative Set，LCS）。

定义 3（单元定位协作体）：对某一非空集的定位协作体 L_u，若不存在一个非空集的定位协作体 Ls 满足 L_s 属于 L_u，则定位协作体 L_u 为“单元定位协作体”。由 m（m=3）个锚节点和具有 n（n=1，2，3）个连通的未知节点构建，且不含任何冗余连接的 LCS 称为最简单元定位协作体或最简定位协作体。

如图 7.18 所示，根据定理 3 可以判定，图中的三种网络拓扑图形是全局刚性的，如果去掉网络中任意两个节点间的连接，网络结构就不再是全局刚性。由定义 3 可知图中的三个网络结构均为最简单元定位协作体。

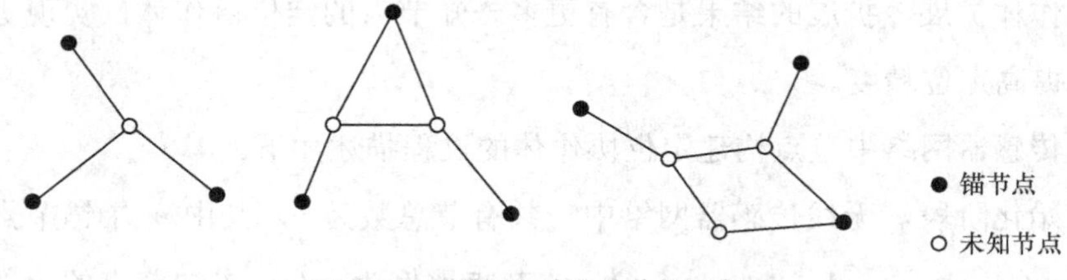

图 7.18 最简单元定位协作体示意图

在无线传感器网络的大量节点中，节点自由组合构成网络，即网络结构是随机构建的，当网络中锚节点的比例很小时，如果只利用最简单元定位协作体对网络进行节点定位，这样结构图形的覆盖面小，因此可以扩展最简单元定位协作体来定位，其扩展方式由定理 4 和定理 5 给出。

定理 4：设两个定位协作体 L_1 和 L_2，V_1 和 V_2 分别为 L_1 和 L_2 所对应的节点集，且满足 V_1 和 V_2 为非空集，若存在一个锚节点 v_{1b} 属于 L_1 及 v_{2b} 属于 L_2，且 v_{1b} 与 L_1，v_{2b} 与 L_2 中节点的连接度为 1，去掉锚节点 v_{1b} 与 v_{2b}，并合并 v_{1b}、v_{2b} 与节点的连接链路形成新的连接链路 I_b, L_1、L_2 和 I_b 合并构建成新网络拓扑结构 L，则 L 为定位协作体（见图 7.19）。

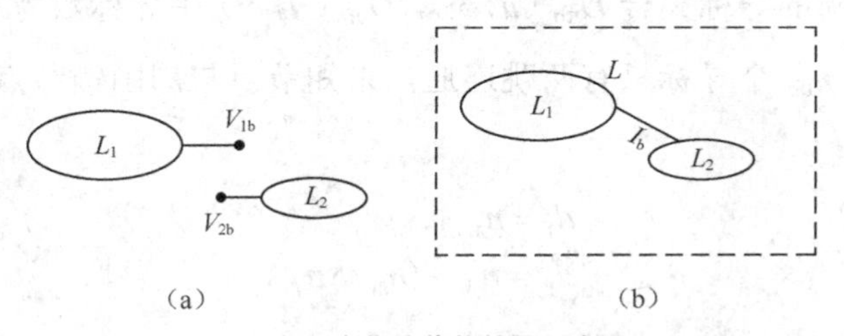

图 7.19 定位协作体扩展示意图

定理 5：设一个定位协作体 L，即构建 L 的所有节点的位置信息都是可以唯一确定的，因此可以将 L 中所有节点看作锚节点，若存在包含 m 个不属于 L 的未知节点集合 S_u，如果 S_u 与 L 中的部分或全部节点连接构成的网络可以判定为定位协作体，则 $S_u \cup L$

所形成的网络结构是定位协作体。

7.4.3 协作定位原理

在无线传感器网络协作定位技术中，构建一个稳定的定位协作体是该技术的关键，其主要过程为：无线传感器网络中的节点自主进行网络通信，构成通信链路，根据与未知节点连接的锚节点个数和形式，判断该未知节点是否可以与它的邻居锚节点构建最简单元定位协作体，然后在最简单元定位协作体的基础上依据定理 4 与定理 5 的原理将最简单定位协作体扩展，扩展的结果是含有更多未知节点的定位协作体，实现更多节点的定位，同时提高定位精度。

将无线传感器网络中节点构建定位协作体的过程描述如下。

（1）初始化阶段，无线传感器网络中一共有节总数为 n，其中 m 个锚节点，锚节点的坐标集 $g=$（x_i，y_i）（i=1，2，…，m），锚节点比例为 m/n，未知节点的个数为 $n-m$。初始化未知节点的邻居锚节点集为空集。

（2）锚节点向四周广播发送自己的位置信息，未知节点与其邻居锚节点通信，与该未知节点无线连接的锚节点个数为 n_{ib}，这些锚节点集的坐标 D_i（u，v），即该未知节点和 n_{ib} 个锚节点单跳连通。

（3）未知节点采集与之邻近未知节点的导标连通信息，这些邻近未知节点的导标连通个数为 n_{jb}，坐标集为 D_{u}（u，v），即该未知节点与 n_{jb} 个导标两跳连通。但有的锚节点和未知节点的连通方式不只一种，即该锚节点可以与某未知节点既单跳连通又多跳连通。比较锚节点坐标集 D_i（u，v）与 D_{u}（u，v），当两个集合有重合部分时，D_{u}（u，v）删掉该重合部分得到新的导标集合 D_{ub}（u，v），D_{ub}（u，v）中导标数为 $n_{\mathrm{ub}}=n_{jb}-$（$n_{ib}\cap n_{jb}$），即该未知节点与这 n_{ub} 个导标只有两跳连通。未知节点与周围锚节点的连通情况用连通公式表示如下。

$$
\begin{aligned}
d_1 &= n_{ib} \\
d_2 &= n_{jb} - (n_{ib} \cap n_{jb})
\end{aligned}
\tag{7-26}
$$

其中，d_1 为未知节点与网络中锚节点单跳连通个数，d_2 为未知节点与网络中锚节点两跳连通个数。

当 $d_1+d_2<3$ 时，该未知节点与周围邻居导标的连通数目小于 3，根据定理 3 知，该节点不具备构建全局刚性图的连通条件，即该节点不能与网络锚节点构建定位协作体，

因此不能定位。

当 $d_1+d_2<3\&d_1>2$ 时，该未知节点与周围锚节点可直接构成最简定位协作体。

当 $d_1+d_2<3\&d_1\leqslant 2$ 时，该未知节点可与周围锚节点通过二跳连通构建定位协作体，即该未知节点与网络节点可构成准最简定位协作体，该未知节点可能被定位。

最简单元定位协作体是在无线传感器网络中扩展定位协作体的基本单元，连通度满足 $d_1+d_2\geqslant 3\&d_1\leqslant 2$ 的未知节点可依据定理 4、定理 5 与最简单元定位协作体扩展成新的定位协作体。如图 7.20 所示，最简单元定位协作体 L_t，若未知节点 n_u 与该定位协作体 L_t 有 $3-n_b$ 个节点相连通，其中 n_b 表示与未知节点 n_u 连接且不包含在 L_t 内的锚节点数量，则 n_N、n_b 和 L_t，构成新的定位协作体，即原定位协作体 L_t 被扩展。

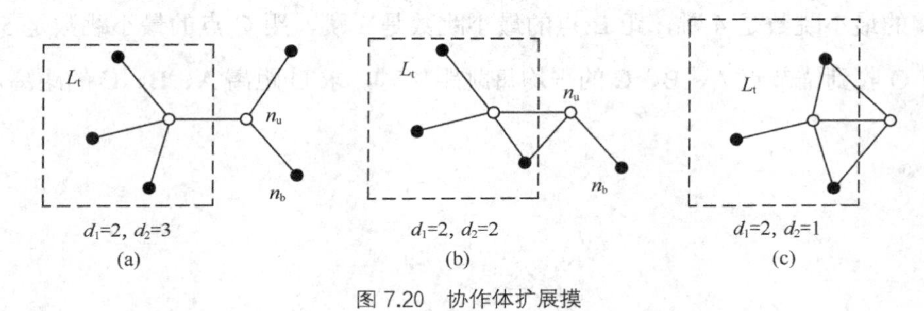

图 7.20　协作体扩展摸

整个无线传感器网络被构建为一个定位协作体，而网络几何结构的复杂性加大了计算量，为了尽可能简化构建过程，在定位协作体扩展时可以根据定位协作体生命值来限制扩展次数，形成局部定位协作模式的定位方法。无线传感器网络中节点间通信是节点自主形成的，因此网络拓扑结构的构建是随机的，未知节点扩展形成定位协作体时有很多方式，在此过程中尽可能选择生命值高的节点可以选出最优的扩展方式，这样保证了通信能量及信息收集的准确性。生命值不仅可以控制定位协作体的大小，也在一定程度上约束了协作体的构建框架，其在计算环节有重要的意义。

习　题

7.1 节点定位的基本原理是什么？节点定位有哪些评价指标？

7.2 请简述三边定位技术的原理。

7.3 请根据具体情况分析基于测距的定位技术和基于非测距的定位技术在性能上的

优劣性。

7.4 使用三边测量法，已知锚节点 A、B、C 的坐标分别为（10，20）、（25，35）、（30，40），锚节点到未知目标节点的距离分别为 10、5、15。求目标节点的位置坐标。

7.5 使用三角测量定位技术，计算上题。

7.6 已知多边形 ABCDE 的顶点坐标分别为 *A*（10，10）、*B*（15，10）、*C*（20，15）、*D*（25，10）、*E*（20，10），求其质心坐标。

7.7 已知在 APS 算法中，A、B、C 是锚节点，O 是未知节点。A、B 之间的距离为 20m，跳数为 3 跳，B、C 之间的距离是 70m，跳数为 8 跳，A、C 之间距离是 120m，跳数为 8 跳。（1）求 A 的平均每跳距离 C_1，B 的平均跳距 C_2，C 的平均跳距 C_3；（2）已知 O 点距 A 的最小跳数是 4 跳，距 B 点的最小跳数是 2 跳，距 C 点的最小跳数是 5 跳。当未知节点 O 收到锚节点 A、B、C 的平均每跳距离时，求 O 距离 A、B、C 的距离。

第8章 时间同步技术

时间同步技术是无线传感器网络应用的重要组成部分，也是其他协议稳定运行的先决条件。时间同步技术是指通过一定的方法调整两个或多个时钟之间的偏移，使其小于允许误差范围，从而达到相对一致的过程。这要求网络中的每个节点彼此协作，共同维持一个全局时间以实现整个网络的时间同步。目前，时间同步技术几乎在定位、测距、数据融合等场合都有广泛应用，同时时间同步技术还面临着能耗、精确度、可扩展性、成本和尺寸等新的挑战。

8.1 时间同步技术概述

时间同步技术是无线传感器网络的重要组成部分，在应用过程中，传感器节点通常需要协调操作完成一项复杂的监测和任务。在本节中，我们将介绍时间同步技术的应用场合，时间同步的方法，同步协议的分类，然后再介绍无线传感器网络的同步机制，从宏观上了解时间同步。

8.1.1 应用场合

时间同步技术广泛应用于无线传感器网络中，它保证了突发高流量数据传输的实现。在无线传感器网络中，晶振用来维持每个节点自己的本地时钟。由于晶振频率存在偏差，再加上外界环境因素的影响，当各节点运行一段时间后，各节点就会出现时间差。

统一的网络时间是无线传感器网络应用的前提。只有网络时间基准得到统一，才能确保无线传感器网络各节点步调一致、准确无误地完成数据采集、处理和传输任务。时间同步技术主要应用于无线传感器网络的以下几个方面。

（1）网络节点定位。部分网络节点的定位算法要测出定位信号的发出时间和到达时间之间的差值，只有各节点保持统一的时钟才能确定发射源信号到达各节点的时间差值，并算出距离差。因此时间同步是节点定位的基础。

（2）节点数据融合。传感器节点将收集的数据传送给网关节点进行数据融合，并生成一个融合结果，在这一过程中必须利用事件发生的时间来处理节点信息。如果网络中节点的时间不能保持同步，传回的数据就不具备关联性，融合的数据将没有意义，因此时间同步是无线传感器网络的数据处理的前提。

（3）时分多路复用。无线传感器网络中的时分多路复用技术，是根据传送信号的时间进行分离的，它在不同时间内传送不同的信号，它将整个传输时间划分为很多时间间隔，每路信号占用一个时间片。这就需要网络中的全部传感器节点的时间保持统一。

8.1.2 时间同步的设计

传感器网络的时间同步一般采用两种方法，第一种方法是在每个网络节点上配备 GPS 模块，使之得到精确时间，这样各个网络节点就能和标准时间达到同步；第二种方法是使用网络通信，通过时间信息的交换，确保全网维持时间的一致，达到同步。GPS 设备的成本高、能耗大，所以很少为每个网络节点都配备 GPS 模块，大多数节点都采用交换时间同步消息的办法来达到全网时间同步。设计时间同步协议时需考虑以下几个方面。

（1）能量问题。每个无线传感器网络节点的能量是有限的，为增加传感器网络的使用时间，节省能量是时间同步算法必须考虑的首要问题。

（2）可扩展性。当新的节点加入到一个已经分布好的无线传感器网络中时，要求新加入的节点迅速达到时间同步。

（3）健壮性。无线传感器网络可能在一定区域里很长时间无人管理，当某些节点失效或者通信质量受到影响时，时间同步算法要保证全网的时间同步不会受到破坏。

（4）精确度。精确度的需求根据场合和目的的不同而要求不同，对于一些应用，只需知道时间和消息的顺序就可以了，然而对于一些应用，对精度的要求要达到微秒级。

（5）收敛性。无线传感器网络是动态变化的，并且传感网络的能量是有限的，这就要求各网络节点要在短时间内迅速达到时间同步。

8.1.3 同步协议分类

时间同步在无线传感器网络中要依据协议实现，而原理特性的不同也使得时间同步协议具有不同的分类。

1. 根据同步范围

根据同步范围可划分为大范围同步和局部同步。大范围同步是指在网络中的全部传感器节点都要进行时间同步，而局部同步则只要求网络中部分节点同步，这样有利于节省网络节点中的有限能量。一般情况下，大范围同步应用在长期的目标追踪事件环境中，而局部同步模式则应用在检测一个目标信号协同处理的情况下。

2. 根据时间同步时所参考的时钟来源

根据时间同步时所参考的时钟来源可分为内同步和外同步。当网络中某个节点的时钟作为此网络各节点的标准时钟时，我们称之为内同步；而当网络中节点的基准时钟来自网络的外部时钟时，我们称之为外同步。通常有线的分布式系统需要传递统一的标准时间进行时间同步，而无线传感器网络则不常采用统一的标准时钟。有些应用环境对时间发生的绝对时间没有严格要求而是只需记录时间的先后顺序，在这种情形下则只需内同步。同时，还有些应用环境需交互使用外同步和内同步。

3. 根据同步时间寿命

根据时间同步寿命可分为按需同步和长期同步。按需同步是指各网络节点时间并不要求一直保持同步，只要在事件发生前或发生后保持时间同步即可。按需同步的优点是可根据网络的需求进行调整，并且不需要花费大量的通信开销来维持时间同步，这既节省了通信带宽又节约了节点能量。而长期同步是指在网络中各节点时钟一直保持一致，这种同步方式对于能量有限的传感器节点而言，代价较大，在一些情况下还要进行周期性再同步，能耗更大。相对而言，多数情况下，按需同步更实用，比较适用于能量有限的无线传感器网络。

4. 根据节点间消息交互方式

根据节点间消息交互方式的不同，时间同步算法可划分为基于接收者-接收者时间同步机制、基于发送者-接收者的时间同步机制两类。

8.1.4 无线传感器网络时间同步机制

网络时间同步是在节点间时间同步的基础进行的，根据节点间消息的交互方式，可将现存的经典时间同步算法分为两大类：基于接收者-接收者的时间同步机制、基于发送者-接收者的时间同步机制。其中基于发送者-接收者的时间同步机制又有单向和双向之分。这些算法在不同方面有着不同的实行要求。

1. 基于接收者-接收者时间同步机制

图 8.1 是接收者-接收者的时间同步机制示意图。发送端广播同步消息，其中同步消息中不包含发送时刻的时间信息，接收端接收到同步消息后，记录下接收时刻的时间信息。所以只有接收端参与时间同步，而发送端则不参与。

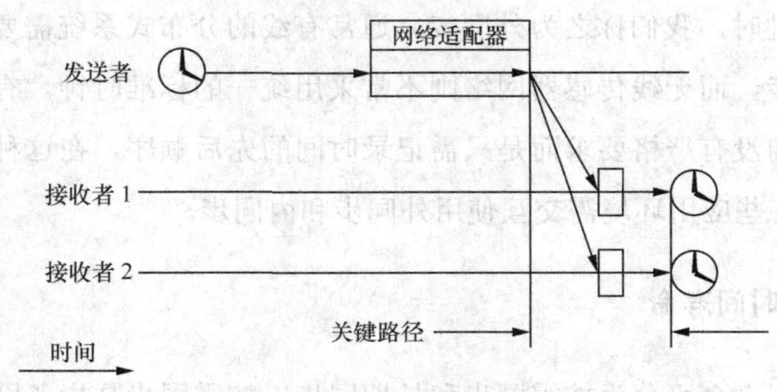

图 8.1 接收者-接收者同步机制示意图

传感器节点无线数据链路层的广播信道特性应用于基于接收者-接收者的时间同步机制，利用一个第三方节点作为辅助节点，向广播域中的其他节点广播同步消息，当一组接收节点接收到同步消息后，通过比较各自接收到消息的本地时间，计算出它们之间的时间偏差，最终实现接受者之间的时间同步。最具典型的同步算法是 RBS 算法，在 8.4.1 节，我们将具体讨论 RBS 算法。

2. 基于发送者-接收者的时间同步机制

如图 8.2 所示，发送者-接收者时间同步机制指的是在时间同步过程中，发送端广播同步消息时，记录下发送时间，接收端接收到同步消息后，记录下接收时间。发送端和接收端参与了时间同步，这一过程中，从发送端广播带有时间信息的同步消息开始到接收端记录下接收时间为止所经历的路径称为“关键路径”。

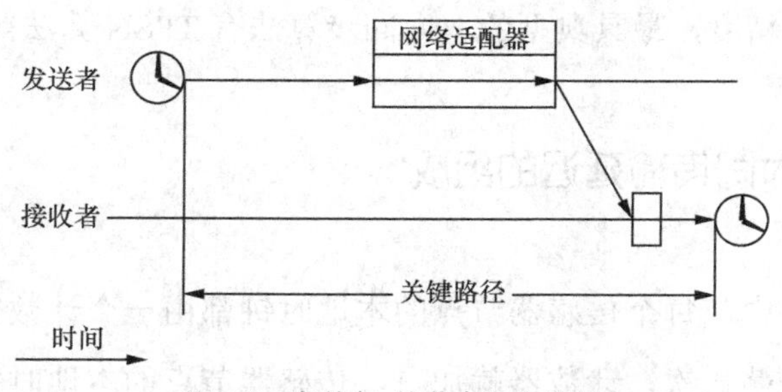

图 8.2 发送者-接收者同步机制

对发送者-接收者同步机制来说，“关键路径”里包含了大部分传输时间迟延，具体情况要依据时间同步协议的实现细节来确定。例如当时间同步协议采用了 MAC 层的时间信息技术时，就可以排除时间延迟的问题。如若不然，时间迟延就会被记入“关键路径”里。

根据时间同步消息发送的方向，基于发送者-接收者的时间同步协议又可分为以下两种同步机制。

（1）单向同步机制。

发送者-接收者的单向同步机制是指发送端对接收端广播带有时间信息的同步消息后，接收端不会对发送端进行信息反馈。这种同步机制的优点是可以降低网络的能量消耗，同时又不会损害网络的扩展性，缺点是发送端无法判定同步消息是否被接收端接收。

单向同步机制是基于传感器节点的单向广播特性，由基准传感器节点将包含时间信息的同步消息广播出去，直到当同步节点估算出同步分组的传输延迟时间后，才将接收到的数据包中包含的时间加上同步分组传输延迟作为自己的本地时间，从而使网络中的待同步节点和基准节点达到时间同步，最具典型的单向同步算法是 DMTS 算法和 FTSP 同步算法。

（2）双向同步机制。

不同于单向同步机制，双向同步机制过程中，接收端在接收到发送端发送的同步消息后，会对发送端进行反馈。其中反馈消息由两条时间信息组成：接收端接收到同步消息的时间和反馈消息的发送时间。这样发送端就可以知道接收端是否收到同步消息，收到同步消息的时间以及做出应答的时间。

双向同步机制网络节点间的消息交换同步机制充分考虑了收发双方的时延情形，同时又具有较高的同步精度，最具典型的双向同步算法有 TPSN 算法等。

8.2 时钟模型及时间传输延迟的组成

无线传感器网络中，每个传感器节点的本地时钟都由一个计数寄存器和特定频率的晶振组成。晶振每振荡一次，计数器就加 1。传感器节点的本地时钟就是从计数寄存器读出的数值。一般情况下，晶体振荡器的频率是恒定的，但由于传感器节点的微型化、低成本、低功耗的要求以及晶振性能存在差异，使得晶振频率会受到环境因素影响。这样在实际使用中，各节点的晶体振荡器会出现振荡频率不一致的情形，从而导致了无线传感器网络中的时钟不同步。

8.2.1 时钟模型

时钟模型从数学的角度分析了时间同步协议的性能。其中基于晶振计时的时钟模型有两种，即硬件时钟模型和软件时钟模型。

1. 硬件时钟模型

在无线传感器网络中，常用晶振来计时，如式（8-1）所示。

$$c(t) = k\int_{t_0}^{t} \omega(\tau)\,\mathrm{d}\tau + c(t_0) \tag{8-1}$$

式中，$\omega(\tau)$是晶振的频率，k是常量，t是时间变量，$c(t)$是节点的本地时钟。现实环境中$\omega(\tau)$容易受到温度、晶振老化等多因素影响，故我们常用$r(t)=\frac{\mathrm{d}c(t)}{\mathrm{d}t}=1$来表示理想的时钟变化率。将 $c(t)-t$ 和 $r(t)-1$ 分别定义为 t 时刻的时钟偏移和时钟漂移，其中记

$\rho(t)=r(t)-1$，这两个参数反映了时间量度的性能。时钟偏移反映了时钟的准确性，时钟漂移则反映了晶振的稳定性。

实际环境中理想时钟的构造是困难的。通常，在一些特定环境下和条件下，可以定义以下三种时钟模型。

（1）速率恒定模型。对于满足该模型的时钟，时钟频率 $r(t)=\frac{\mathrm{d}c(t)}{\mathrm{d}t}$ 可认为是保持恒定的。现实中，如果时钟漂移变化很小，该模型就被认为是合理的。

（2）漂移有界模型。对于满足这种模型的时钟，其时钟漂移应满足下面的子式，即：

$$-\rho_{\max}\leqslant\rho(t)\leqslant\rho_{\max},\forall t$$

此外，$\forall t,\ \rho(t)>-1$，它的物理意义是时钟永远不会停止（$\rho(t)=-1$）或倒走（$\rho(t)<-1$）。通常晶振频率变化的范围是给定的，目前，对于无线传感器网络中节点所使用的低成本的晶振，一般可认为 $\rho_{\max}\in[10\mathrm{ppm},100\mathrm{ppm}]$（part per million，ppm）。基于上述描述，漂移有界模型在实际工程中常被用来计算误差上下界或时钟精度。

（3）漂移变化有界模型。对于满足这种模型的时钟，通常认为时钟漂移的变化率 $\xi(\mathrm{t})=\frac{\mathrm{d}\rho(t)}{\mathrm{d}t}$ 有上下界，即满足：

$$-\xi_{\max}\leqslant\xi(t)\leqslant\xi_{\max},\forall t$$

时钟漂移的变化主要是物理量的变化所引起的，如温度电压等。这时，漂移变化有界模型可以通过适当的补偿算法有效地修正时钟漂移。

2．软件时钟模型

上面介绍的时间是节点的物理时钟，即硬件时钟，可以根据此物理时钟值构造出本地的逻辑时钟，即软件时钟。在无线传感器网络中，外界的标准时钟往往不能实时地修改网络中节点的本地时钟。为了保持本地时间的连续性，时间同步协议通常构造一个软件时间同步模型，根据本地时间 $h(t)$来实现时间同步，软件时钟不需要硬件支持，软件时钟实际上就是将硬件时钟的本地时间 $h(t)$转化为时间函数 $c[h(t)]$，例如 $c\left[h(t)\right]=t_0+h(t)-h(t_0)$ 就是软件时钟的一种简单形式。对于软件时钟来说，它不能提供像硬件时钟一样精确的时间同步。

依据以上传感器节点的物理时钟模型可以设计出不一样的传感器节点逻辑时钟。t

时刻传感器节点 i 的逻辑时钟如式（8-2）所示。

$$L_i(t) = \theta_i \times H_i(t) + \varphi_i \tag{8-2}$$

式中，$L_i(t)$ 是传感网络节点的逻辑时钟，$H_i(t)$ 为节点的物理时钟，θ_i 为节点的时钟漂移率，φ_i 为节点的相位偏移。无线传感器网络时间同步协议的设计者一般通过改变 θ_i 和 φ_i 的值间接改变节点中计数寄存器的值来达到节点间的时间同步。

选定的节点与参考节点进行同步，则两个节点相互移交消息，要进行同步数据的计算，校正时钟漂移和时间本身偏移的节点从而达到与参考节点时钟的同步。待同步节点与参考节点的关系如下：和参考节点完全同步，和参考节点存在时间偏移但没有时钟漂移，参考节点存在时钟漂移但没有时间偏移，参考节点具有时间偏移和时钟漂移。在一般情况下，实现两个节点的时间同步，需要同步实现时钟漂移补偿和时间偏移补偿。

时间偏移补偿是利用算法得到的两个节点之间的相对偏移量，待同步节点调整自身时钟达到使之与参考节点同步。时间偏移补偿，不考虑时钟漂移变化的节点或两个节点时钟漂移率相同的假设。在这种情况下，时间偏移两节点成线性变化，当同步间隔增加时，同步误差会越大。

时钟漂移补偿第一需要计算待同步节点和参考节点的时钟漂移的相对变化率。根据节点的相对变化率的时间同步协议，设计者计算逻辑时钟漂移。如果以较高的准确率计算变化率则可以延长同步间隔，降低节点的同步频率，从而降低了节点能量消耗，延长网络的寿命。

8.2.2 时间传输延迟的组成

时间传输延时对于时间同步所能达到的精度有很大的影响，图 8.3 所示是时间同步消息的端到端延迟示意图。通常，同步消息的时间传输延迟包含以下几个部分。

（1）发送延时。发送节点生成同步消息和将消息发送到网络接口的时间差。这包括操作系统活动（系统调用接口、内容切换）、网络协议栈以及网络设备驱动器引起的延时。

（2）访问延时。这是发送节点访问物理信道的延时，主要取决于 MAC 协议。基于竞争的协议，如 IEEE 802.11 的 CSMA/CA，必须等待信道空闲才能进行访问。当同时有多个设备访问信道时，冲突会引起更长的延时（例如 MAC 协议的指数补偿机制）。更容易预测到的延时是在基于 TDMA 的协议中，设备在发送消息前，必须在一个周期内等待属于它的那个时隙到来。

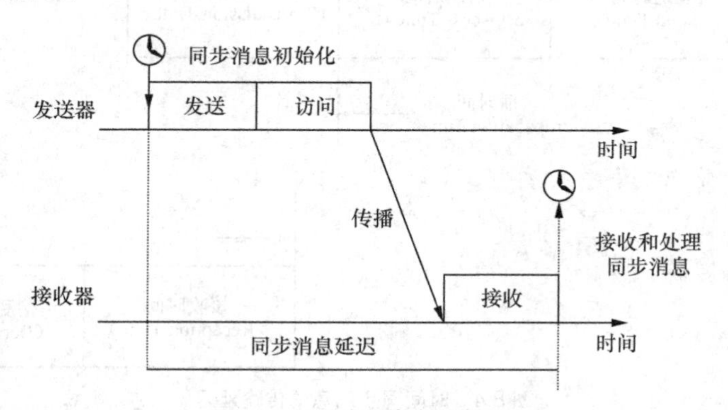

图 8.3 同步消息的端到端延迟

（3）传播延时。传播延时是消息从发送端到接收端的时间延时。当节点共享物理信道时，传播延时是非常小的，在分析关键路径时通常可以忽略。

（4）接收延时。接收设备从介质层中接收消息、处理消息以及将到达消息告知主机所需要的时间。告知主机的方式一般通过终端方式，用这种方式可以读取中断发生的本地时间（即消息到达时间）。因此，接收时间一般比发送时间小一些。

为了减小其中一些组件的数量和种类，许多无线传感器网络的同步方案采用了底层的技术。例如，MAC 层的时间戳可以减少接收和发送的延时。

8.3 时间同步的基本原理

无线传感器网络中有多个节点，为降低节点的成本，时间同步无法为每个节点都配备昂贵的接收设备，因此为实现全网时间同步，必须采用交换时间消息的方法。然而交换时间消息会引起时间延迟，所以我们应该明白两个重要问题：一是影响时间同步的关键因素；二是传感器节点时钟的基本原理。

8.3.1 影响时间同步的关键因素

无线传感器网络中的节点需要交换时间同步消息来达到时间同步。然而在实际环境中，广播的同步消息会受到外界信号干扰、节点自身信道质量等因素影响，在传输的过程中时间同步消息会出现时间延迟的现象，从而会导致在时间同步过程中受到各种不稳定因素影响。图 8.4 所示为时间同步消息的传输延迟分解示意图。

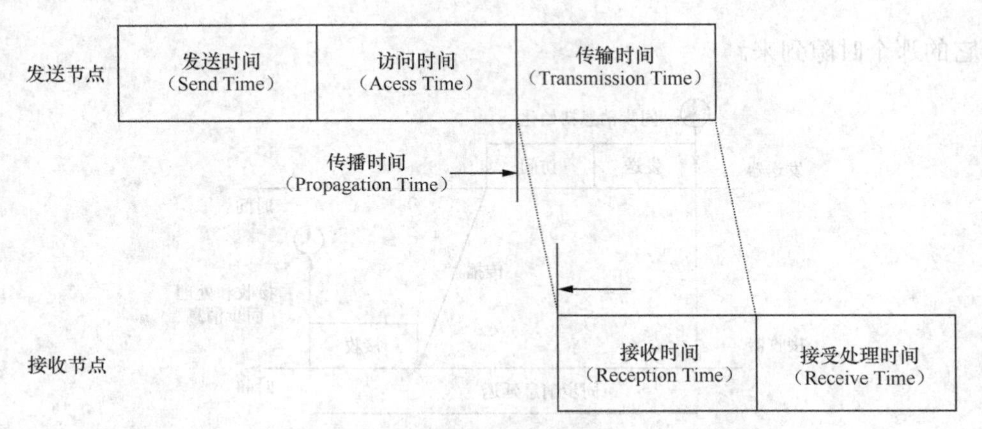

图 8.4　时间同步消息的传输延迟

发送时间（Send Time）：发送时间即发送节点广播时间同步消息，同时发送节点向MAC 层发送请求。发送时间的长短取决于传感器节点当前处理器载荷和操作系统的负担。通常发送是不确定的，范围多在 0～100ms 内。

访问时间（Access Time）：一般来说，发送节点在发送时间同步消息时等待空闲信道的时间是未知的，这由传感网络的流量和 MAC 协议决定。

传输时间（Transmission Time）：时间同步消息的传输时间长短一般由广播消息的长度和信号的传播速度决定。

传播时间（Propagation Time）：传播时间即时间同步消息由发送节点发送到接收节点接收的时间。这段传播时间一般小于 1 微秒，故忽略不计。

接收时间（Reception Time）：接收时间，即接收节点从物理层接收到时间同步消息到交给上层应用的时间，它与传输时间在传输过程中相重叠。

接收处理时间（Receive Time）：接收处理时间与发送时间相似，用来处理时间同步消息并开启相应时间。

现在大多数的时间同步机制研究集中在时间延迟方面，通过降低各时间传输延时来提高时间同步精度。

8.3.2　传感器节点时钟的基本原理

在无线传感器网络中，传感器节点间的本地时间不同步是由于节点自身晶振的频率误差和初始时间不同造成的。如果能够得出物理时钟与本地时钟的联系或者本地时钟之间的联系，就可以实现传感器节点的时间同步。无线传感器网络中任一节点 i 在物理时

刻 t 的本地时钟可由式（8-3）得出：

$$C_i(t)=\frac{1}{f_0}\int_{t_0}^{t} f_i(t)\mathrm{d}t+C_i(t_0) \tag{8-3}$$

式中，f_0 表示节点晶振的标准频率，$f_i(t)$ 表示节点晶振的实际频率；t_0 代表开始计时的物理时刻；$C_i(t_0)$ 代表节点在 t_0 时刻的本地时钟读数，t 是真实时间变量。由于晶振频率在短时间内相对稳定，式（8-4）也可以表示为节点时钟：

$$C_i(t)=a_i(t-t_0)+b_i \tag{8-4}$$

对于理想时钟，记 $r(t)=\dfrac{\mathrm{d}c(t)}{\mathrm{d}t}=1$，即理想时钟的变化率为 1，由于实际工程中，外界环境的变化会影响节点的晶振频率，例如温度，压力的影响会导致节点晶振频率的不稳定。所以，一般情况下很难构造理想时钟，通常晶振频率的不稳定值会在一定范围波动，即

$$1-\rho\leqslant\frac{\mathrm{d}c(t)}{\mathrm{d}t}\leqslant 1+\rho \tag{8-5}$$

式中 ρ 是由厂商规定的绝对频差上界，ρ 的范围在 $(1\sim100)\times10^{-6}$。

网络节点的时间不同步主要是由以下三个因素引起的。

（1）网络节点的初始计时时间不同。

（2）每个节点的晶振频率不同可能也相同，即时钟偏差所引起的偏差误差。

（3）由于时钟老化或实际环境所引起的时钟频率变化，即时钟漂移所引起的漂移误差。对于任何两个时钟 A 和 B，分别用 $C_A(t)$和 $C_B(t)$来表示它们在 t 时刻的时间值，那么：

偏移（Offset）可表示为： $$C_A(t)-C_B(t) \tag{8-6}$$

偏差（Skew）可表示为： $$\frac{\mathrm{d}C_A(t)}{\mathrm{d}t}-\frac{\mathrm{d}C_B(t)}{\mathrm{d}t} \tag{8-7}$$

漂移（Drift）或频率（Rate）可表示为：

$$\frac{\partial^2 C_A(t)}{\partial t^2}-\frac{\partial^2 C_B(t)}{\partial t^2} \tag{8-8}$$

假定 $c(t)$是一个理想的时钟。如果在 t 时刻，有 $c(t)=c_i(t)$时钟，我们称时钟 $c_i(t)$在 t 时刻是准确的，如果 $\mathrm{d}c(t)/\mathrm{d}t=\mathrm{d}c_i(t)/\mathrm{d}t$，则称时钟 $c_i(t)$在 t 时刻是精确的；而如果 $c_i(t)=c_k(t)$，则称时钟 $c_i(t)$在 t 刻与时钟 $c_k(t)$是同步的。上面的定义表明：时间同步的网络节点在时间上可能是不精确的，甚至是不准确的，但对大多数实际工程而言，只需要达到传感器

节点间的时间同步即可。

为实现节点间的时钟同步，我们可以在本地时钟的基础上构造逻辑时钟，任一网络中的节点 i 在 t 时刻的逻辑时钟可表示为

$$Lc_i(t) = l_{a_i} \times c_i(t_0) + l_{b_i} \tag{8-9}$$

式中，$c_i(t_0)$代表了本地时钟的实时读数，l_{a_i} 表示频率修正系数，l_{b_i} 表示初始偏移修正系数。对任意两个网络节点 i 和 j 的同步，有两种方式构造逻辑时钟：一种方式对本地时钟与物理时钟进行变换。由式（8-9）反变换可得：

$$t = \frac{1}{a}c(t)\left(t_0 - \frac{b_i}{a_i}\right) \tag{8-10}$$

如若需要调至物理时钟的基准上，只需将 l_{a_i}、l_{b_i} 设为相应系数。

另一种途径是根据两个节点的本地时钟进行相应变换。由式（8-4）得节点 i 和 j 的本地时钟关系可表示为：

$$c_j(t) = a_{ij}c_i(t) + b_{ij} \tag{8-11}$$

式中，$a_{ij} = \frac{a_j}{a_i}$，$b_{ij} = b_j - \frac{a_j}{a_i}b_i$。若使 i,j 节点时钟同步，只需构造出一个逻辑时钟，其中 l_{ai}，l_{bi} 设置为对应的 a_{ij}、b_{ij} 即可。

8.4 几种经典的时间同步算法

时间同步是无线传感器网络的基础，研究时间同步算法是必要的，目前已经有很多时间同步算法。下面详细讨论几种具有代表性的无线传感器网络时间同步算法，并对各算法的性能进行分析。

8.4.1 RBS 同步算法

参考广播同步机制（Reference Broadcast Sync hronization，RBS）由 J.Elson 等提出。RBS 算法是经典的时间同步算法，它具有实现简单，节省存储的特点，对于一些时间同步精度要求低的场合能充分满足。其同步原理是指定某节点作为时间同步参考节点，其他节点每隔一段时间接收该节点发送的同步广播消息，收到广播消息的节点在利用本地时钟记录收到消息的时间，然后将记录的时间与相邻节点进行交换，根据两节点间接收

到时间的差值，其中一个节点根据这个差值修改自己的本地时间，从而达到两个接收点的时间同步。

如图 8.5 所示，接收节点能够知道彼此之间的时钟偏移量，然后利用式（8-12）计算相对其它各节点时钟偏移的平均值，并用它对本地时钟进行相应的调整。

$$\forall i \in n, j \in m: \text{offest}[i,j] = \frac{1}{m}\sum_{k-1}^{m}(T_{j,k} - T_{i,k}) \tag{8-12}$$

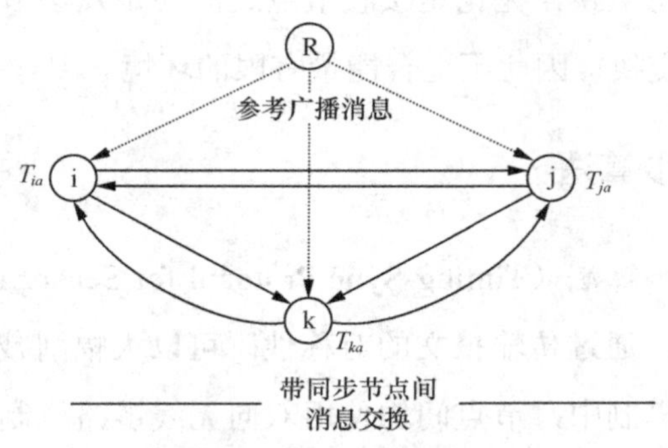

图 8.5 RBS 同步机制原理

式中，n 表示待同步节点数，m 表示参考广播的数量，$T_{i,k}$ 表示第 i 个节点接收第 k 个参考广播的本地时刻。

显然，由 offset（i, j）形成的矩阵为对称阵，且对角元素为 0。

如图 8.6 所示，RBS 算法也可在多跳网络中使用，但随着网络跳数的提高，会导致同步误差积累，这样同步精度就会降低。当 RBS 时间同步机制在多跳网络使用时，节点的广播域可当做跳数的分界点。如图 8.6 所示，节点 A、B 分别是不同广播域内的节点，节点 C 为两广播域交集处节点，它可当作消息的中转节点，能够同时接收节点 A、B 发送的广播消息。这样通过节点 C 可同时使 A、B 两节点时间同步。

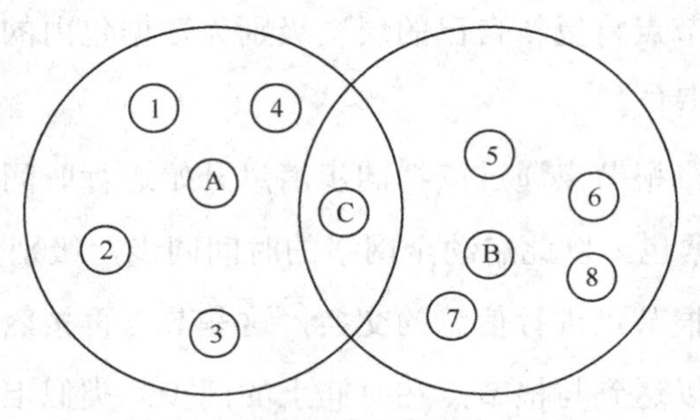

图 8.6 RBS 机制在多跳网络中应用

RBS 同步机制中，每一对节点在同步过程中，都会累积误差，传感器节点数目越多，累积的误差就会越大，这样后来节点时钟的偏移也会增大。所以说影响时间同步精度的主要原因就是节点数量。要提高时间同步精度，可以采用最小线性回归的方式线性拟合时间的偏移。

RBS 同步算法只是同步接收者，而不同步发送者和接收者，这样可以去除时间同步被发送者访问时间影响，去除发送延迟，从而提高了节点间的精确度。同时，RBS 的弊端也很明显，过多的信息交换，无论是接收节点之间还是发送节点和接收节点之间，要达到同步都要经过消息交换，因此不适合能量有限的环境。

8.4.2 TPSN 同步算法

传感器网络时间同步算法（Timing-Sync Protocol for Sensor Networks，TPSN）是典型的双向成对同步算法，通过传输报文的对称性，可以大幅削减同步信息时间延迟所带来的影响。TPSN 同步机制中，节点间均使用双向无线链路机制，每个节点都有只属于自己的地址。TSPN 算法在同步过程中可划分为两个阶段，分别为层次建立阶段和时间同步阶段，具体过程如下。

层次建立阶段就是指传感网络建立一个层次型的网络拓扑结构，其中每个节点都有自己的层次级别，通常具有硬件处理能力的基站会被网络认为是根节点，其层次级别为0。下面介绍层次建立阶段的过程：根节点广播将自己的层次级别和地址打包发送给其他节点，其他节点将接收到的数据包解析，判断其层次级别然后加 1 作为自己的层次级别，再将此节点当作父节点，同样，它打包自己的层次级别后发送给其他节点，如此直至全网节点都拥有自己的层次级别和父节点。在广播消息的过程中，如果一个已经拥有层次级别的节点接收到数据包，它将判断数据包内的层次级别，如果数据包内的层次级别小于自己的层次级别，此节点将更新自己的层次级别为数据包内的层次级别，如果大于自己的层次级别则忽略数据包。

层次结构建立以后，根节点通过广播同步消息开始进行时间同步阶段。层次级别为 0 的根节点开始广播数据包，以此启动全网络的时间同步，级别为 1 的节点在接收到数据包后延迟一段时间与根节点进行信息的交换，这些节点再按照根节点回复的时间信息确定自己的本地时钟，以达到与根节点在时间上的同步。类似上述过程，进行下层节点的时间同步，直到达到全网时间同步。时间同步过程的下层节点是随机等待的，这样做的优点是可以避免信号之间的干扰，减少消息包丢失率，降低使用信道时的冲突。

TSPN 同步算法的原理图如图 8.7 所示。A、B 节点分别是网络中的两节点，A 是 B 的父节点，节点 A 和节点 B 的本地时间分别由 T_2、T_3 和 T_1、T_4 记录。节点 B 在 T_1 时刻向父节点 A 发送含有 T_1 值和 B 的层次级别的同步消息包，A 收到这个消息包时间为 T_2 时刻，其中这消息传输延迟为 d，A 与 B 间的时间偏差为 Δ，则 $T_2=T_1+d+\Delta$。在 T_3 时刻 A 节点发送应答消息包给 B 节点，这个消息包含了 T_1、T_2、T_3 和节点 A 的层次级别信息。节点 B 在 T_4 时刻接收到 A 节点发送的应答数据包。由节点 B 与节点 A 之间的时间偏差和传输延时可由式（8-13）与式（8-14）计算。然后节点 B 可根据计算的结果调整自身的本地时间，从而 A、B 节点实现时间同步。

$$d=[(T_2-T_1)-(T_4-T_3)]/2 \tag{8-13}$$

$$d=[(T_2-T_1)-(T_4-T_3)]/2 \tag{8-14}$$

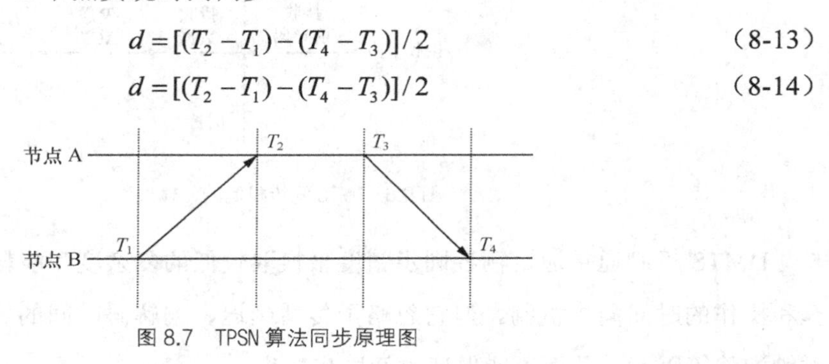

图 8.7 TPSN 算法同步原理图

TPSN 算法利用双向同步消息相互交换的方法提高了同步精度。但是 TPSN 同步机制的消息包传输量很大，浪费了节点能量，同时这种同步机制扩展性很差。

8.4.3 DMTS 同步机制

延迟测量时间同步（Delay Measurement Time Synchronization，DMTS）机制是伯克利英特尔实验室的 SuPing 等在 2003 年提出的。它是最为简单直观的同步机制，它的原理是将一个节点当作基准节点广播包含本地时间信息的同步消息。所有的接收节点在 MAC 层记录一个时间，并在接收完成时再记录一个时间，通过测量这个时间差值计算接收延迟，接收节点将接受延迟时间和同步消息中包含的本地时间相加设置为本地时间，从而实现接收节点与基准节点时间的同步。

图 8.8 所示的是 DMTS 同步机制的传输过程。发送节点在检测到信道空闲时才会给即将广播的同步消息加上时间信息 t_0，这样可以避免发送端的处理延迟和 MAC 层的访问延迟所造成的影响。由于通信机制的要求，DMTS 同步机制通过数据发射的速率和发射数据的位数对发射延迟进行估计，发射延迟包括发射前导码和发射数据时间以及起始

字符时间。设发送的前导码的信息位数是 n 个比特，每隔Δt 时刻发送一个比特，这样可以估出同步消息的传输延迟为 $n\Delta t$。同步节点标记一个时标 t_1 给同步消息，并在修改本地时间之前再标记一个时标 t_2。这样，通过计算两个时标的差值，同步节点设 $t_0 + n\Delta t + t_2 - t_1$ 时刻作为自己的本地时间，从而实现了和基准节点的时间同步。

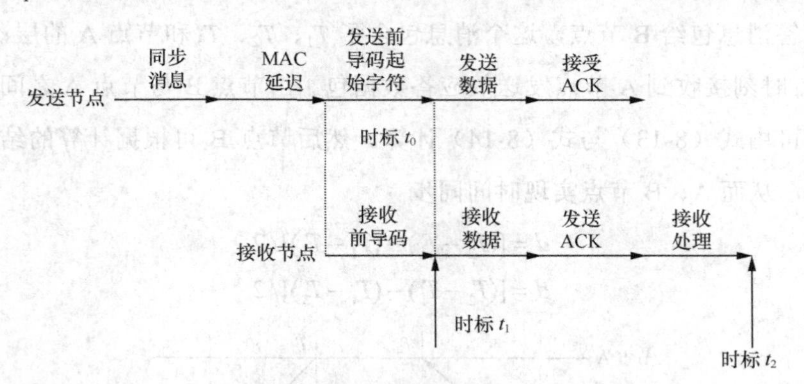

图 8.8 DMTS 同步机制的传输过程

DMTS 机制通是通过牺牲同步精度来换取较低的复杂度和能耗的，它是一种简单运算和操作的时间同步机制。但它忽略了传播延迟、编解码时间的影响，而且没有考虑到时钟漂移等因素，从而不能保证时间同步精度。

8.4.4 FTSP

泛洪时间同步协议（Flooding Time Synchronization Protoco1，FTSP）是由 Vanderbilt 大学教授 Branislav Kusy 等在 2004 年提出的，它综合考虑了稳定性、收敛性等需要，也使用了单向广播消息来实现发送节点与接收节点的时间同步。

同步协议 FTSP 与 DMTS 类似，都是发送者-接收者的同步方式，也有着相似的原理。图 8.9 所示的是 FTSP 传播消息的示意图。

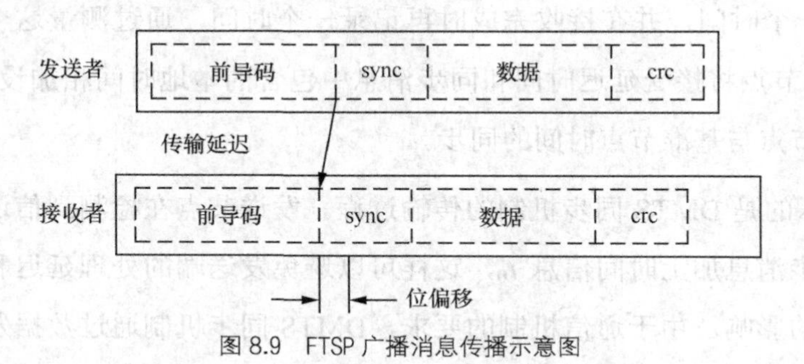

图 8.9 FTSP 广播消息传播示意图

FTSP 算法的主要技术就是时间戳。发送节点发送完同步字节（SYNC）到 MAC 层后，发送者将一个标记的时间戳嵌入到发送信息中，这个时间戳记录了发送者的本地时间。同样，接收者在接收完同步字节后也会嵌时间戳，该时间戳记录了接收到同步字节的时间。这样，发送者和接收者之间就可以构成多个一一对应的时间戳对，接收者和发送者之间的时间偏移可以通过时间戳的差值计算出来。FTSP 协议计算得到的数据误差具有较高的时间同步精准度。

FTSP 在物理层和 MAC 层加上时间戳来记录时间，记录接收和发送的多个时间对可以去除传输过程中一些未知因素带来的影响。根节点向周围节点以一定地周期发送带有时间戳的同步信息，接收节点在收到同步信息后在字节的最后嵌入本地的接收时间戳，本地节点存储了接收到的时间戳信息。FTSP 假设周围环境稳定，传感器节点的晶振频率保持一个恒定值，这样采用线性回归的方式估算分析节点间的时钟漂移。根据接收到的时间戳和嵌入的多个时间数据，以获得最佳拟合线，节点通过拟合直线估算在某个时间的时钟偏移量。然后调整本地时钟和发送节点时钟同步，这样就降低了传感器节点间需要同步的次数，从而降低了节点能量的消耗，为无线传感器网络的续航能力提供支持。

FTSP 设置了一个根节点在广播域内来广播含有该节点本地时间的时间同步信息，接收节点在接收到同步信息后就将该时间信息作为自己的本地时间。FTSP 没有建立拓扑结构而是采用泛洪的方法对时间基准的时间进行广播，图 8.10 显示了 FTSP 中数据包的组成，其中根节点 ID 主要用来判定基准节点，顺序号可以使接收节点判断数据包的有效性。当网络中时间节点正常工作时，每隔一段时间，基准节点将广播一个数据包。根据顺序号值接收节点判断数据包是否是有效的数据包，若是，则在节点缓冲区内记录新的同步点，否则丢弃之。随后，这些节点计算出新的基准节点，继续广播同步其他节点，反复迭代这个过程，直至全网络同步。

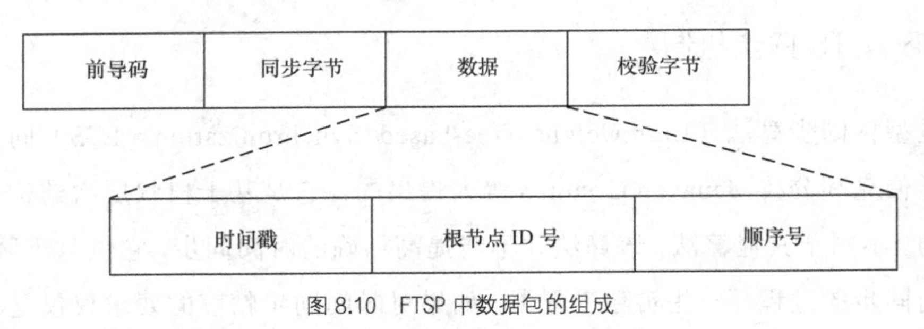

图 8.10　FTSP 中数据包的组成

图 8.11 所示的是 FTSP 的同步顺序示意图。

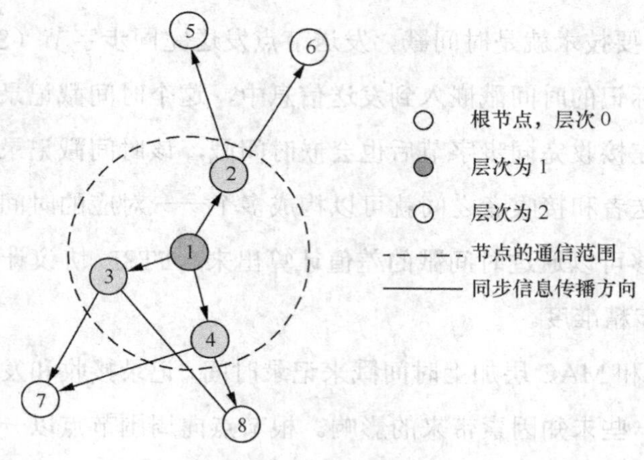

图 8.11 FTSP 的同步顺序

多跳 FTSP 一个重要的特点就是其健壮性。整个网络的性能不会因个别节点的失效而受到影响，当基准节点失效时，其他节点在一段时间内将不会受到任何新的数据包。根据协议，某些节点会自动升为基准节点，通过竞争，网络中顺序号最小的有效节点会成为新的基准节点，负责为其他节点提供基准时间，通过这种方式，FTSP 也解决了多个基准节点同时出现的问题，从而保证了协议的健壮性。FTSP 多跳时间同步图如图 8.12 所示。

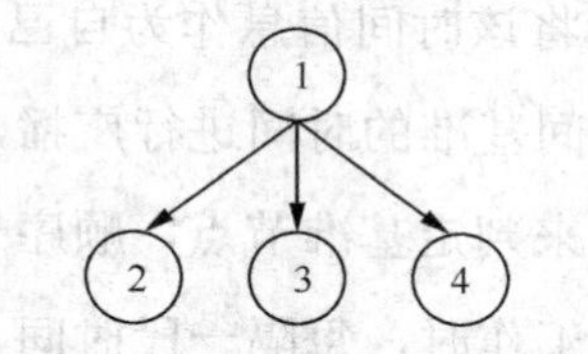

图 8.12 FTSP 多跳节点示意图

FTSP 在实际工程中实用性很强，是目前同步精度最高的协议，具有很强的健壮性。

8.4.5 LTS 同步机制

轻量型树同步算法（Lightweight Tree-based Synchronization，LTS）同步机制由加州大学伯克利分校 Janavan Greunen 等人提出的，它是基于树状层次结构来实现全网同步的。不同于其他算法，该算法并不能提高精确的时间同步，它侧重于降低能耗，减化时间同步的过程。一些实际工程中，如果对时间同步精度的要求仅仅是秒级就可以达到要求，同时只需网络中的部分节点参与时间同步，就可以使用 LTS 时间同步机制。

LTS 的多跳同步协议有两种方式：集中式和分布式。集中式的设计思想是是基于网络中树状层次结构的连接构造低深度的生成树，树根为根节点，其他节点为叶节点，网络的同步由根节点向叶节点逐级同步，最终实现整个网络的同步。LTS 协议具体的同步过程是根节点同步邻近叶节点启动同步；然后，叶节点再同它自己的叶节点进行同步；不断重复这一过程，直至全网络同步。这种算法，树状层次结构越深，算法的运行时间也就会越长。网络尽量以最小深度使生成的树结构。集中式多跳同步算法常应用于完成全网络节点的时间同步。

LTS 协议中的分布式多跳同步机制不依赖于树状结构，不同于集中式分布协议，分布式协议中任意节点都可以进行初始化，所有节点均采用节点对的方式，即只有当参考节点发送同步消息到节点，节点才进行时间同步。这种情况下，节点可以得到它与参考节点的距离并跟踪自身的同步精度来确定同步的发起时刻。由于同步精确度随着距离的增加而降低，相应的距离参考节点越远的节点重同步频率也就越高。分布式同步机制适用于网络中部分节点需要频繁同步的情况。

8.4.6 协作同步

协作同步是针对大规模的传感器网络提出的一个解决问题的思路，但该算法实现条件较为严格，只能对解决多跳传感网络问题起到一个启发作用。

协作同步的思想：受限于能源和传输功率，传感器节点的时间同步广播只能局限在一定范围内而不能覆盖全网，但假若多个节点组成分布式传输阵列，就可以发送一个能够覆盖全网络的同步广播。虽然根节点发送的信号不能覆盖全网络，但是通过其他节点的协同，可以加强在根节点发送的同步信号，可以使信号覆盖全网络，这样可以减少中间环节的误差。其具体实现如图 8.13 所示。

根节点以固定周期 T 向广播域内其他节点发送时间基准节点 N 个同步脉冲，根节点周围的节点（R_2 范围内）会记录下这 N 个同步脉冲的发送时间，然后计算这 N 个同步脉冲的时间间隔，估出第 N+1 次脉冲的发送时间，在估出的时间点发送脉冲，实现节点和根节点时间脉冲同步，进一步加强了时间跟节点的发送信号强度，从而是广播信号传播到更远的范围 R_3。根据这个方式，使广播信息覆盖整个传感网络。协作同步的优势在于中间节点只起到协作的作用，帮助根节点将同步信息扩散至整个传感网络，在这一过程中所有节点都不会存在时钟漂移，从而避免了误差累积的情况。

近年来还提出了一些其他同步算法，如 TS/MS 算法（Tiny-Sync 算法/Mini-Sync 算法）是由 Sichitiu 和 Veerarit tip han 提出的同步算法采用传统的双向消息来估算时钟的相对漂移和相对偏移。

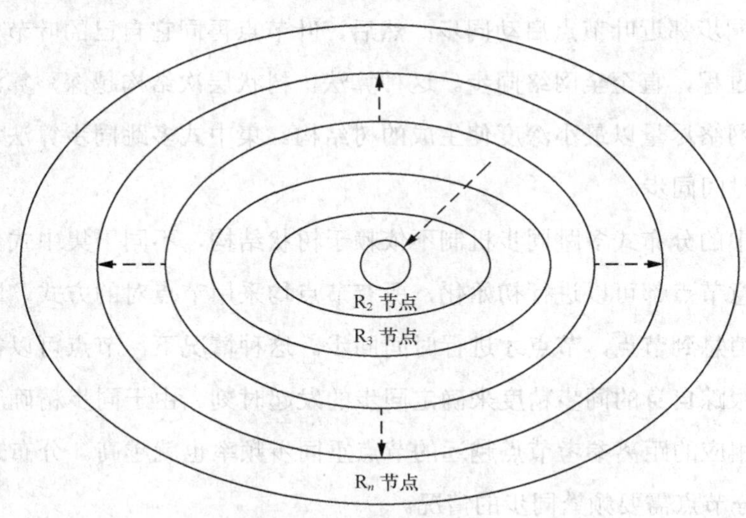

图 8.13 协作同步工作图

HRTS（Hierarchy ReferencingTime Synchronization Pro-toc01）算法是 Dai.Hzai 在 2004 年提出的一种同步算法，这种算法由 TPSN 模型和 RBS 模型演变而来，但在大规模网络中性能会受制约。这些算法在无线传感器网络的发展过程中起到了很大的作用。表 8.1 是对几种同步算法的优缺点进行了综合比较。

表 8.1　　算法之间比较

	RBS	TSPN	HRTS	TS/MS	DMTS	FTSP
频率/偏移	两者	偏移	偏移	两者	偏移	两者
连续/按需	按需	连续	按需	连续	连续	连续
全网/子网	子网	全网	两者	子网	全网	全网
广播	是	是	否	否	是	是
单/双向通信	单	双	双	双	单	单
复杂性	一般	一般	较高	高	中等	高
同步精度	较高	较高	低	高	低	高
收敛时间	一般	一般	一般	长	长	长
鲁棒性	较好	差	一般	一般	良好	良好

8.5 时间同步的挑战

时间同步技术是无线传感器网络分布式系统基础框架的重要支撑机制，是无线传感器网络各种应用正常运行的必要条件。目前设计合理的时间同步协议有三个挑战。

（1）同步精度。实际传感器网络中传输延迟抖动、时钟观测误差等因素是不可避免的，这会导致时间同步精度降低。同时，由于同步体系中的根节点不能和远端节点实现直接同步，只能依靠与中间节点实现间接同步，因而会出现误差积累的现象这也会导致误差同步精度降低。

（2）容错性和健壮性。容错性是指在网络中的节点出现问题时，节点间同步信息仍能继续交换；健壮性是指在同步信息包缺失时，网络中的节点仍能估出全局时钟。在恶劣环境下无线传感器网络节点会出现意想不到的干扰，有时会出现传输失败和数据包，因此在实际环境下对时间同步协议的容错性以及健壮性有很高的要求。

（3）优化设计。由于无线传感器网络资源有限，存在一个精度和能耗的冲突问题。无线传感器网络中需要提高时间同步精度来实现提高资源的利用率，但提高同步精度又需要更多的能耗。因此，时间同步要通过优化设计来提高精度，同时还要求降低能耗。

习　题

8.1 无线传感器网络实现同步的作用是什么？

8.2 无线传感器网络常见的时间同步机制有哪些？

8.3 简述 TSPN 时间同步协议的设计过程。

8.4 为什么无线传感器网络需要时间同步？简述 RBS、TPSN 时间同步算法工作原理。

第9章 无线传感器网络应用

无线传感器网络系统中包含传感器技术、无线通信技术、微型机电系统技术和分布式信息处理技术等，是当前信息技术的前沿和热点之一，因而受到了广泛的关注。正是因为它具有的优势与特点，使其在工业控制与监测、家庭护理、电子消费、国家安全、军事领域、交通管理、智能农业、商业、医疗健康监测、环境监测、空间探索等领域的应用非常广泛。

9.1 概述

无线传感器网络是由震动、热量、地磁、红外、视觉、声音和雷达等多种不同类型传感器构成的网络节点所组成，从而用来监控多种环境条件。无线传感器网络可以无处不在，它使我们可以更加深入地了解和把握周围的环境。无线传感器网络的自组织、随机布设和环境适应等特点使其在多种领域的应用前景和应用价值非常高。此外，无线传感器网络在太空探索和重大灾难处理等领域也有着无与伦比的技术优势。

无线传感器网络是由许多具有计算能力与无线通信能力的微小传感器节点构成的自组织、分布式网络系统。无线传感器网络系统的工作过程是，通过传感器节点收集、处理外界环境数据，然后传输到外部基站，由相应软件进行处理。无线传感器网络的特点是自组织、微型化和对外部世界感知，综合运用了传感器技术、嵌入式系统技术、无线通信技术及稳压电源等多项新型技术。

作为新一代无线网络通信技术的无线传感器网络，其应用发展前景非常广泛，对人类生产和生活的各个领域影响非常深远。美国等发达国家，非常重视无线传感器网络的发展，美国电气和电子工程师学会（IEEE）正在努力推进无线传感器网络的应用和发展。波士顿大学创办了无线传感器网络协会，期望能由此促进无线传感器技术的发展。除了波士顿大学外，该协会还包括 BP、Honeywell、Invensys、Inetco Systems、Millennial Net、L-3 Communications、Radianse，以及 Textron Systems 等多个组织机构。

随着无线传感器网络技术的日趋成熟，它在军事、农业、环境监测和预报、健康护理、建筑物状态监控、复杂机械监控、城市智能交通、大型车间和仓库管理，以及机场、太空探索等领域都有着非常广阔的应用。如今，随着无线传感器网络的深入研究和广泛应用，它将会逐渐深入人类生活的各个领域。

9.2 无线传感器网络的应用场景

无线传感器网络的应用场景主要是指其网络覆盖问题。覆盖是无线传感器网络中的基本问题之一，反映网络可以提供的“感知”服务质量，能够优化分配无线传感器网络的空间资源，进而感知环境、获取及有效传输信息，即如何部署传感器网络节点，使之拥有较高的服务质量，达到网络覆盖范围的最大化。

9.2.1 无线传感器网络覆盖感知模型

传感器节点的感知模型牵涉到了覆盖问题。目前，无线传感器网络有布尔感知模型和概率感知模型两种。

1. 布尔感知模型

节点的感知范围是一个圆形区域，它以节点为圆心，半径为感知距离，只有落在该圆形区域内的点才能被该节点覆盖。该模型的数学表达式为：

$$P_{ij}=\begin{cases}1, d(i,j)\leqslant r\\0, d(i,j)>r\end{cases} \tag{9-1}$$

式中，P_{ij} 是节点 i 对监测区域内目标 j 的感知概率，$d(i,j)$是节点 i 与目标 j 间的欧式距离，r 是感知半径。布尔感知模型也称为 0-1 感知模型。如果节点的感应区域内存在监控对象时，监控对象被节点监控到的概率恒为 1；而当节点的感应区域内不存在监控对象时，对象被监控到的概率恒为0。

2．概率感知模型

目标在节点的圆形区域感知范围内，被感知到的概率是由节点物理特性、目标到节点的距离等诸多因素决定的变量。

若节点i的邻节点不存在，那么节点i对目标j的感知概率有如下3种定义形式。

$$P_{ij}=\mathrm{e}^{-\alpha d(i,j)} \tag{9-2}$$

$$P_{ij}=\begin{cases}1, & d(i,j)\leqslant r_1\\ \mathrm{e}^{-\alpha[d(i,j)-r]}, & r_1<d(i,j)\leqslant r_2\\ 0, & d(i,j)>r_2\end{cases} \tag{9-3}$$

$$P_{ij}=\begin{cases}\dfrac{1}{[1+\alpha d(i,j)]^{\beta}}, & d(i,j)\leqslant r\\ 0, & d(i,j)>r\end{cases} \tag{9-4}$$

式中，$d(i,j)$为节点i与目标j间的欧式距离，α和β为类型参数，与传感器的物理特性有关，通常α是一个可调整的参数，β取值为1到4之间的整数。

监测区域内若存在障碍物，会阻塞信号的传输，从而导致探测效率降低。令P_{ij}等于零，即障碍物坐标满足$d(i,j)$的方程，可避免障碍物出现在节点i到目标j之间的问题。

从以上3种形式可看出，任意一个节点的覆盖概率位于[0,1]，且当i恰好与j重合时，$d(i,j)=0$，此时节点的感知概率等于1。

若存在邻节点，由于节点本身的感应区域与邻节点的感应区域有重叠部分，因此如果节点j落在这些重叠的区域内，它的感知概率会受到邻节点的影响。假设节点i存在N个邻节点$n_1, n_2, \cdots, n_N$，节点i及邻节点的感知区域分别记为$R(i), R(n_1), R(n_2), \cdots, R(n_N)$，则感知区域的重叠区域为

$$M=R(i)\cap R(n_1)\cap R(n_2)\cap\cdots\cap R(n_N) \tag{9-5}$$

假设每个节点对目标的感知是独立的，由概率计算公式知，可用如下两种计算方式计算M中任意一个节点j的感知概率，分别为

$$G_j=\sum_{k=1}^{M}p_{kj}-\sum_{1\leqslant i<k<l\leqslant N}p_{ij}p_{kj}+\sum_{1\leqslant i<k<l\leqslant N}p_{ij}p_{kj}p_{lj}-\cdots+(-1)^{N-1}p_{1j}p_{2j}p_{Nj} \tag{9-6}$$

或者

$$G_j=1-(1-p_{ij})\prod_{k=1}^{N}(1-p_{n_k j}) \tag{9-7}$$

9.2.2 无线传感器网络覆盖算法分类

网络覆盖控制是无线传感器网络需要研究的基本问题之一，良好的网络覆盖控制可以使传感器网络的寿命提高，并降低网络使用成本，同时对网络服务质量也可有大幅改善。根据覆盖目标的不同，目前无线传感器网络覆盖控制又可分为以下几种类型。

1. 点覆盖

如图 9.1（a）所示，点覆盖主要关注监测节点的监测范围内是否存在监测关键点。在点覆盖算法中，一个传感器节点至少覆盖一个目标点。目前的算法是将传感器节点划分为若干不相交的节点集，所有的目标点都能由每个节点集覆盖。若采用轮换调度的方式，使处于活动状态的节点只有一个，其他节点处于睡眠状态，则可以降低整个网络的能量消耗，延长网络寿命。

2. 区域覆盖

如图 9.1（b）所示，区域覆盖主要关注监测节点的监测范围内是否至少覆盖一片区域。此外，如果 k 个监测节点共同监测一片区域下，则这种情况被称作 k 覆盖问题。

3. 栅栏覆盖

如图 9.1（c）所示，栅栏覆盖主要关注对监测区域某些事物的捕捉能力，传感器网络对穿过被监测区域的移动物体进行信息感知。栅栏覆盖以找出一条或者多条路径为目的。这些路径是连接出发位置和离开位置的连线。如果模型定义不同，则栅栏覆盖要使得该路径能提供对目标的不同传感和监视质量。

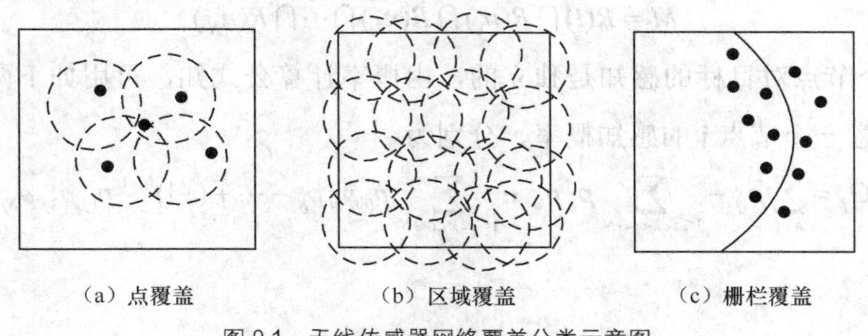

（a）点覆盖　　（b）区域覆盖　　（c）栅栏覆盖

图 9.1　无线传感器网络覆盖分类示意图

9.2.3　无线传感器网络覆盖算法与协议

常用的无线传感器网络的覆盖算法与协议包括 6 种，下面分别对这 6 种算法与协议进行详述。

1. 圆周覆盖

随机节点覆盖类型的圆周覆盖可归纳为决策问题：在目标区域中放置一组传感器节点，如果区域中每个点至少被 k 个节点覆盖，则说明该区域满足 k 覆盖。考虑每个传感器节点覆盖区域的圆周重叠情况，进而由邻节点信息来确定是否对于给定传感器的圆周构成完全覆盖，如图 9.2 所示。

可以用分布式方式来实现该算法：如图 9.2（a）所示，圆周被邻节点覆盖的情况首先由传感器 S 确定，3 段圆周[0, a]，[b, c]和[d, π]分别被 S 的 3 个邻节点所覆盖。按照升序顺序将结果记录在[0, 2π]区间，如图 9.2（b）所示。由图可知传感器节点 S 的圆周覆盖情况：[0, b]段为 1，[b, a]段为 2，[a, d]段为 1，[d, c]段为 2，[c, π]段为 1。传感器节点圆周被充分覆盖等价于整个区域被充分覆盖。通过收集每个传感器节点的本地信息，对本节点圆周覆盖进行判断，另外本算法还可以应用于不规则的传感区域中。

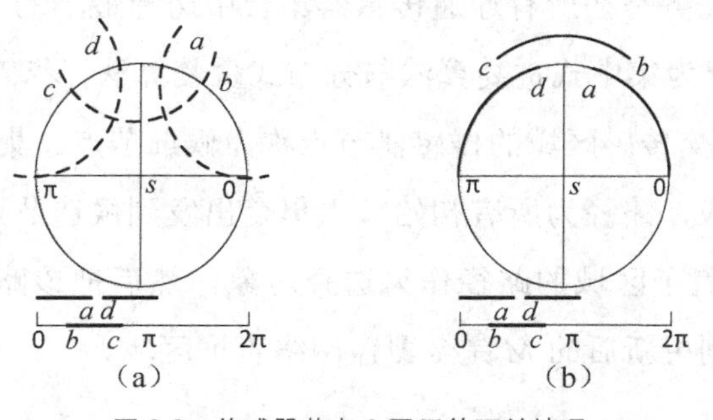

图 9.2　传感器节点 S 圆周的覆盖情况

2. 基于网格的覆盖定位传感器配置算法

该算法采用网格形式配置传感器节点及目标点，传感器节点采用布尔覆盖模型，使用能量矢量来表示格点的覆盖。区域完全覆盖的情况是，网络中的各格点都可至少被一个传感器节点所覆盖，如图 9.3 所示。当网络资源受限导致无法达到格点完全识别时，如何提高定位精度就成了急需解决的问题。衡量位置精度的一个最直接的标准是错误距离，其值越小，覆盖识别的结果越优化。

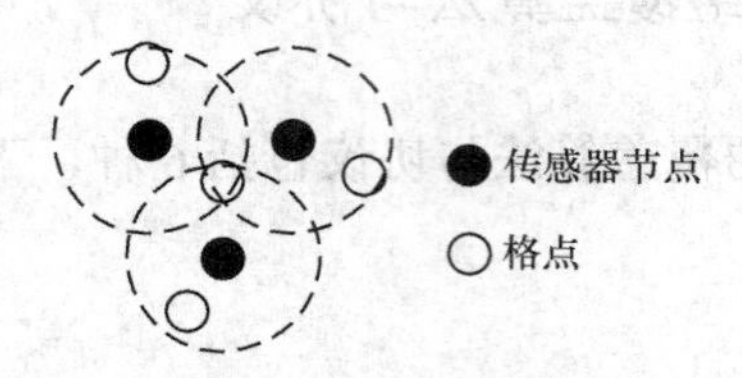

图 9.3 区域完全覆盖示意图

基于网格的覆盖定位传感器配置算法是利用一种模拟退火算法来最小化错误距离。假设配置代价的上限没有达到，每个格点在初始时刻都配置有传感器，则循环执行以下过程：首先尝试将一个传感器节点去除，然后评价配置代价。若没有通过评价，则将移动该节点到另外一个位置，要保证此位置是随机选择的，然后再评价配置代价。通过这种方法进行循环可以得到优化值，并同时保存新的节点配置情况。最后，对算法停止执行的准则进行改进。从而，模拟退火算法冷却温度达到时，也可以同时达到优化覆盖识别的网络配置。

3．连通传感器覆盖

该算法属于区域覆盖或点覆盖类型。当指令中心将一个基础区域查询消息向网络发送时，该覆盖算法的任务是在所有连通传感器集合中选择最小的并能充分覆盖网络区域的集合。该覆盖算法分为集中式贪婪算法与分布式贪婪算法，若 M 为已选择的传感器节点集，其他与 M 有相交传感区域的传感器节点称为候选节点。集中式算法的 M 由初始节点通过随机选择构成，路径为所有初始节点集合出发到候选节点的连线，其中，将一条可以覆盖更多未覆盖子区域的路径作为选择对象，然后把该路径经过的节点加入 M 中，算法继续执行直到更新后的 M 完全覆盖网络查询区域。

4．轮换活跃/休眠节点的自调度覆盖协议

采用该覆盖协议可以使无线传感器网络生存时间延长。该协议属于区域覆盖或点覆盖类型。协议采用节点轮换周期工作机制，每个周期由一个自调度阶段和一个工作阶段组成。在自调度阶段：各节点首先将节点编号和位置消息向传感半径内邻节点广播，然后节点检查是否邻节点可以完成自身传感任务，若可以，则可替代的节点返回一条状态通告消息，之后进入“休眠状态”，传感任务由需要继续工作的节点执行。在判断休眠的

节点有哪些时，如果邻节点检查到自身的传感任务可由对方完成，而且自身已进入“休眠状态”，就会出现图 9.4 所示的“盲点”。

在图 9.4（a）中，邻节点代替覆盖节点 e 和 f 的整个传感区域。“休眠状态”条件满足之后，两个节点将关闭自身的传感单元进入“休眠状态”，但这时网络中出现“盲点”，即出现了不能被检测的区域，如图 9.4（b）所示。对于这种“盲点”的情况，需要一个节点的退避机制在自调度阶段检查之前执行：每个节点的检查工作在一个随机产生的时间之后开始。此外，周围节点密度可以计算退避时间，这种方式有效地控制网络“活跃”节点的密度。对于“盲点”的出现，还可以通过在进入“休眠状态”之前监听邻节点的状态更新来避免。

5. 暴露穿越覆盖

暴露穿越覆盖同时属于点覆盖和栅栏覆盖的类型。该覆盖模型考虑了时间因素，同时也考虑了节点对于目标的“感应强度”因素，这种运动目标由于穿越网络时间增加而“感应强度”累加值增大的情况，更加符合实际的环境。节点 s 的传感模型定义为：

$$S(s,p)=\frac{\lambda}{[d(s,p)]^{K}} \tag{9-8}$$

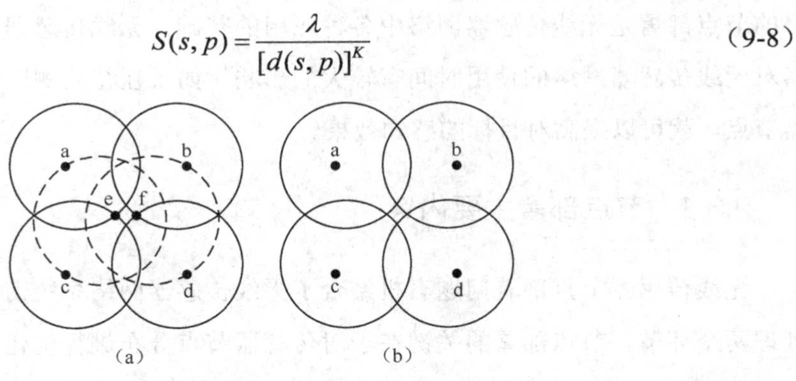

图 9.4 网络中出现的“盲点”

式中，p 为目标点，正常数 λ 和 K 均为网络经验参数。其中，无线传感器网络最坏的覆盖情况由最小暴露路径来表示，一个运动目标沿着路径 $p(t)$ 在时间间隔 $[t_1, t_2]$ 内经过网络监视区域的暴露路径可定义为：

$$E\left[(p(t),t_1,t_2)\right]=\int_{t_2}^{t_1} I[F,p(t)]\left|\frac{\mathrm{d}p(t)}{\mathrm{d}t}\right|\mathrm{d}t \tag{9-9}$$

式中，$I[F,p(t)]$ 代表传感区域 F 中沿着路径 $p(t)$ 运动时被相应传感器感应的效果。

6. 最坏与最佳情况

最坏与最佳情况覆盖算法属于栅栏覆盖类型。该算法考虑如何感应穿越网络的目标或其所在路径上各点并进行追踪，体现了一种网络的覆盖性质。其中，又分为“最大突破路径”与“最大支撑路径”。“最大突破路径”是指最大化路径上的点到周围最近传感器的最小距离，而“最大支撑路径”是指最小化路径上的点到周围最近传感器的最大距离。显然，前者代表了无线传感器网络最坏（不被检测概率最小）的覆盖情况，后者代表了最佳（被发现的概率最大）的覆盖情况。

9.3 无线传感器网络应用技术

无线传感器节点部署是无线传感器网络应用技术的关键，它是指使用各种算法对无线传感器节点进行部署，目标是通过对无线传感器节点的合理部署使无线传感器网络对待监测区域中目标的感知效果提升，并同时提高对各种资源的使用效率。无线传感器网络的节点部署是无线传感器网络中各种应用的基础，无线传感器节点初始部署结果的优劣对无线传感器网络的使用时间有较大的影响，如果在待监测区域中合理部署无线传感器节点，就可以提高对目标的感知效果。

9.3.1 节点部署主要内容

无线传感器节点部署问题有机结合了无线传感器网络系统前端信息采集和后端信息处理两个环节。节点部署的关键在于对传感器节点分布进行优化，对网络拓扑结构进行调整，并使目标区域覆盖需求满足的同时，设法将网络中传感器节点的部署成本降低。此外，节点在特定应用环境下的容错处理及网络通信等要求也要考虑到。因此节点部署需要解决如何根据监测需求和环境属性优化网络配置并调整节点位置，从而达到最优的监测质量。

传感器节点部署主要包括两方面：一是优化配置目标区域中的传感器节点，以及考虑环境状况对传感器网络配置的影响；二是优化管理传感器网络的资源，即将网络生存期延长和对节点进行冗余管理的有效技术。

区域覆盖率和节点间的数据连通率，以及网络生存期的问题是目前节点部署中最为关注的几个方面。每个节点的感知范围和通信范围对区域覆盖性能的影响，在区域覆盖的部署问题中往往起到决定性作用。首先保证网络覆盖，然后通过提升节点的通信半径来提高网络的连通性能。但是当通信范围受限时，连通性则需要重点关注。节点部署的网络生存期延长问题是另一个重要的部署问题，该类问题主要关注节点的位置和网络中节点的疏密程度。在一些情况下，网络生存期会受节点在网络中的位置影响。例如，节点离基站的距离较近时，它的能耗速率较高，因为其承载着过多的数据转发任务；而数据通信负载的不平衡也会由于整个网络中节点密度的变化而造成，从而导致通信出现问题。

节点部署是指在某一监测区域内，通过适当的方法，然后考虑到某种特定的需求来布置无线传感器网络节点。节点部署是无线传感器网络的首要工作，网络监测信息的完整性、准确性和时效性都与其直接相关。合理的节点部署不仅可以根据应用需求的变化改变活跃节点的数目，对网络的节点密度动态调整，同时还能优化利用网络资源、提高网络工作效率。此外，重新部署某些出现故障或者能量耗尽的节点，可保证网络性能不受大的影响，使网络的稳定性增强。

设计无线传感器网络的节点部署方案时必须考虑以下问题。

（1）如何完全覆盖监测区域并保证整个网络的连通。由于地形或者障碍物的存在，对监测区域的完全覆盖也不一定能够保证网络是连通的，而更主要的问题是如何实现节点数量最小化的同时，还能满足完全覆盖和网络的连通。

（2）如何在减少系统能耗的同时最大化延长网络的寿命。电池供电的无线传感器网络节点，当电用完时就会直接导致节点的失效，因此除了覆盖和连通的问题，节能也是节点部署时必须考虑的。

（3）如何对部分节点失效时的网络进行重新部署。当某些节点能源耗尽或者发生故障时，会导致部分区域失去覆盖，甚至造成网络的不连通，分割成几个子区域，这时就需要重新部署网络。此时，要考虑是对网络进行局部调整还是全局调整，有什么信息可以参考调整方式，每步调整是否影响原有的部署等。

9.3.2 节点部署评价标准

节点部署的评价标准有如下 6 个指标，通过这些指标，可以判断节点部署的好坏。

1．节点感知区域与监测半径

节点感知区域是指节点监测数据所能代表的区域范围。节点感知区域由于受节点资源的限制，因此通常较小。若将节点感知区域理想化为平面圆，则 R_s 为其监测半径。监测半径的大小对网络监测覆盖有着重要的影响。

2．节点通信范围与通信半径

节点通信范围是指节点广播信息所能覆盖的区域，节点的广播信息只能传输到节点广播覆盖范围内的临近节点。同样，节点的通信范围由于节点资源的有限也存在一定的范围。节点通信范围也可理想化为平面圆，则 R_c 为其通信半径。通信半径的大小对网络的连通度有着重要的影响，节点通信半径与网络的连通度成正比的关系。

此外，节点的监测半径 R_s 与节点的通信半径 R_c 是有关系的。若 $R_s \geqslant R_c$，则当网络监测区域达到完全覆盖时，网络中的节点无法达到连通。当 $R_c \geqslant 2R_s$，并且监测区域达到完全覆盖时，这种情况下的网络才是连通网络。

3．监测覆盖率

监测覆盖率也可以称为覆盖率。覆盖率可以表明网络监测覆盖情况，它的值为网络内所有节点实现覆盖的区域面积总和除以被监测区域总面积，其比值越大表明覆盖效果越好，如式（9-10）所示。

$$\sigma = \frac{U_{k=1}^{n} A_k}{A_s},\ \sigma \leqslant 1 \tag{9-10}$$

式中，σ 为监测覆盖率，n 为网络节点个数，A_k 为第 k 个节点在网络中独立的覆盖面积，A_s 为整个被监测区域面积。由于网络中节点覆盖会有所重叠，因此需计算所有节点单独覆盖面积的并集。

4．覆盖效率

覆盖效率是表明网络监测区域覆盖情况的另一指标。当两个网络在同一监测区域覆盖率相等时，网络中节点的利用率与覆盖效率成正比。覆盖效率的值是网络内所有节点实现覆盖的区域面积总和除以所有节点在网络中独立覆盖面积总和，如式（9-11）所示。

$$\delta = \frac{\bigcup_{k=1}^{n} A_k}{\sum_{k=1}^{n} A_k}, \quad \delta \leqslant 1 \tag{9-11}$$

式中，δ为覆盖效率，n 为网络节点个数，A_k 为第 k 个节点在网络中独立的覆盖面积。

5. 覆盖均匀度

覆盖均匀度通常用节点间距离标准差来表示，是网络中衡量节点分布均匀状况的一种指标。标准差值越大相应的覆盖均匀度就越低，则网络中节点分布均匀状况就越差。反之则网络中节点分布较为均匀，如式（9-12）所示。

$$U = \frac{1}{N}\sum_{i=1}^{N} U_i \tag{9-12}$$

$$U_i = \left(\frac{1}{k_i}\sum_{j=1}^{k_i}(D_{i,j} - M_i)^2\right)^{\frac{1}{2}} \tag{9-13}$$

式中，N 为需要计算的网络中节点数，k_i 为节点 i 的邻节点数，$D_{i,j}$ 为节点 i, j 之间的欧式距离，M_i 为节点 i 与其传感区域重叠节点的平均距离。

6. 连通度

在无线传感器网络中，连通度主要是指点连通度问题。无线传感器网络可抽象为一个连通图，因此无线传感器网络的鲁棒性可以用图的点连通度概念来衡量。若网络中的任意 K-1 个节点工作不正常时，不影响网络的连通，而当有任意 K 个节点无法正常工作时，会影响网络的连通时，称这个网络为 K 连通。

9.3.3 节点部署分类

节点部署是无线传感器网络正常工作的基础，将传感器节点准确地部署在目标区域，才能够进行其他的工作和优化。传感器节点的部署算法可根据安装后节点位置是否变化，分为静态部署算法、动态部署算法和异构/混合节点部署算法三大类。

1. 静态部署

（1）静态部署的基本概念。

静态部署是指通过人工的方式，按照事先已经规划好的位置安装传感器节点，并保持其节点位置不发生变化。静态部署可分为两类问题。

① 部署方案利用给定节点数量进行设计，使监测区域内给定节点实现最大覆盖。

② 部署方案利用给定监测区域进行设计，使监测区域在最少节点数量时达到全覆盖。

静态部署是由画廊问题引出的，即在一个已知的环境下，使用线性规划方式部署节点位置以达到监测区域不出现监测死角的目的。静态部署可以不出现监测死角、监测空洞，而且还能使布设节点数量达到最小，实现最优化。比如最大覆盖算法与最小覆盖算法，后续节点的布设位置可由之前布设的节点位置信息来启发，从而实现全局优化；多边形法则是用一定数量的规则多边形将监测区域划分，并在多边形的顶点布设节点，然后多边形大小与形状根据不同的参数来设计，从而实现最优化部署。静态部署适合利用已有的经验对节点部署进行优化，即应用于条件良好的室内环境，而不适合于复杂恶劣的野外环境。

（2）静态部署算法。

静态部署算法可分为确定性部署和自组织部署两种部署方式。

① 确定性部署。

确定性部署方法是指手工部署无线传感器网络节点，数据传输和通信按照设定的路由进行。这种简单直观的方法适用于规模较小、环境状况良好，以及人工可以到达的区域。若是将无线传感器网络部署在室内等封闭空间，则问题可以转化为经典的画廊问题（线性规划问题），若是将无线传感器网络部署在室外开放空间，那么可以利用移动节点部署算法里面的基于网格划分的节点部署算法或者基于矢量的节点部署算法等来解决。

② 自组织部署。

另外一种静态部署算法是不确定性部署，也称自组织部署。手工部署节点无法实现监测区域环境恶劣或存在危险时的情况。并且，当节点数量众多或分布密集时，采用手工方式部署大型无线传感器网络的节点太过繁琐。此时，通常的做法是利用飞机、炮弹等载体随机地把节点抛撒在监测区域内，节点到达地面以后自组成网。这种利用空中散播部署的方式比较方便，但它存在的问题是，在节点被散播到监测区域后的初始阶段，无法快速形成最优化的网络。比如会导致某些区域感知密度较高，某些区域感知密度低，甚至出现覆盖漏洞、部分网络不连通的问题，这就需要针对“问题区域”进行二次部署。

2. 动态部署

（1）动态部署的基本概念。

动态部署存在于移动无线传感器网络中，节点监测区域的连通度和覆盖率的提高通过自身的移动来达到。动态部署中，网络中的所有节点可以是移动节点，当然，网络中的个别节点也可以是移动节点。另外，可以动态部署刚刚完成随机抛洒的网络，也可以部署环境或自身拓扑结构发生一定变化且已经运行一段时间的网络。

动态部署的一种方式是利用虚拟力来对网络进行部署。这里的虚拟力指的是一种抽象力。假设节点之间具有某种力的作用，根据具体的网络环境与要求来计算力的大小与相关性质，然后通过力的作用使节点位置发生变化来提高网络的覆盖。其他解决节点动态部署问题的方法是利用智能算法、模拟退火算法等，这些算法都是利用遗传效应，通过保留优秀基因，多次迭代计算从而得到最优解。另外，基于泰勒多边形、负载平衡、图论等思想对节点部署进行优化，可以解决覆盖率、连通度等在部署当中出现的问题。

（2）动态部署算法。

动态无线传感器网络节点部署问题跟移动机器人的部署问题是同一类型的问题。国内外的高校和科研机构针对这一问题提出了很多算法，下面在分类的基础上进行简单介绍。

① 增量式节点部署算法。

增量式节点部署算法是逐个部署网络节点，下一个节点应该部署的位置通过已经部署的无线传感器网络节点计算，目的是达到网络的覆盖面积最大。测距和定位模块是该算法的节点必须具备的部分，并且每个节点与其他节点可视的个数不少于一个。这种算法对巷战和危险空间探测等监测区域环境未知的情况非常适用。它的优点是覆盖探测区域只需要很少的节点，但缺点是部署时间长，移动多个节点才能部署一个新节点。

② 基于人工势场（或虚拟力）的算法。

该算法把人工势场用于移动节点的自展开问题。假设虚拟的正电荷由网络中的每个节点构成，当其他节点或者边界障碍排斥某节点时，这种排斥力能够使感知网中的其他地域也充满节点，并防止节点越出边界，从而使平衡状态得以实现，即达到了感知区域的最大覆盖状态。本算法的优点是简单易用，可以使整个感知区域都布满节点，同时每个节点所移动的路径相对较短，其缺点是容易陷入局部最优解。

③ 基于网格划分的算法。

该算法通过将覆盖区域网格化，可把覆盖问题当做对网格或网格点的覆盖问题来解决，网格划分有矩形划分、菱形划分、六边形划分等。本算法的优点是对任务区域的完全覆盖可用最少的节点达到。

④ 基于概率检测模型的算法。

该算法引入了概率检测模型，传感器节点的部署优化问题可在确保网络连通的条件下解决。本算法通过寻求最少数目的节点来达到预期的覆盖需求，同时可得到具体的节点配置位置。

3. 异构/混合节点部署算法

无线传感器网络技术目前主要以同构的无线传感器网络作为研究对象。同构就是指无线传感器网络的所有节点都是同一类型的。但是，一些异构的无线传感器网络在实际的应用环境中需要部署，即小部分异构节点存在于无线传感器网络节点中，相比于其他大部分廉价节点，在多个方面，比如电源、存储空间、计算能力、移动能力、传输带宽等，具有明显的优势。不过毫无疑问，这些异构节点的成本比较高。将适量的异构节点部署在无线传感器网络中，使无线传感器网络的数据传输成功率提高的同时，还能有效地延长网络的寿命。

在无线传感器网络节点部署问题中，异构节点是具备移动能力的节点，而且还具有更强大功能，而其他的不具备这些功能的节点称为静止节点。普通无线传感器网络节点需要在部署异构网络时先进行部署，然后根据应用需求的不同，采用如上诉说的一种静态节点的部署方法。当普通无线传感器网络节点部署好后，可由汇聚节点收集网络中普通节点的位置和路由信息，并结合系统需求，从而确定异构节点的数量和位置。

9.4 无线传感器网络应用实例分析

由于无线传感器网络含有组网灵活、容易更换、移动方便以及可扩展性强等优势，因此，近几年，其应用的范围越来越广。在军事领域，无线传感器网络技术推动了以网络技术为核心的军事技术革命，并且出现了网络中心战的思想和体系。在工业领域，无线传感器网络技术的应用，为提高煤矿业的安全生产、先进制造业的效率以及仓储管理方面的便利性等提供了解决方案。另外，在其他领域，无线传感器网络也因其特点有很多方面的典型应用。

9.4.1 军事无线传感器网络应用

信息化时代的战争需要一个智能的作战控制中心，该中心需要对战场的士兵进行全方位监控、管理和保护。比如，单兵作战系统主要是利用传感器对士兵的身体状况以及士兵周围环境参数进行采集，通过单兵携带的传感器网络节点将数据传输到后方指挥部，指挥员可以对士兵的作战进行指挥。无线传感器网络受到了军事发达国家的普遍重视，传感器节点可以工作在恶劣的环境，且自组织能力强。传感器节点具有智能化、价格低廉、易拓扑以及良好的适应能力等优势。工作环境的特殊性是指无线传感器网络的工作环境比较恶劣，存在隐藏的危险性。无线传感器网络节点数量巨大，位置部署比较随机，容错性高和强大的自组织能力，使得无线传感器网络能够容忍网络中的某些节点损坏，并且保持整个系统的稳定，传感器网络的这些特点可以在恶劣的战场环境得到很好的应用。比如，监控物资装备，侦察敌方地形，定位目标，评估损失，探测核、生化武器攻击力等。对作战地点和敌方指挥中心的监视在战争中是极其重要的，可以通过随机播撒隐形的传感器节点，尽可能地接近敌方，迅速地收集敌方的信息。传感器网络的定位功能可以用在控制核导弹指挥系统中，比如，在生物和化学战中，利用传感器网络定位功能准确的探测爆炸地点信息，可以提供及时的信息，从而降低直接暴露在核福射的概率，大大地减小士兵受到威胁的可能性。下面主要对无线传感器网络在军事领域中的应用情况进行介绍。

1. 智能尘埃

智能尘埃的每一个传感器节点的直径为 1mm 到 3mm 之间甚至更小。它开始于 20 世纪 90 年代末加州大学伯克利分校的一项研究课题。“智能尘埃”是一些由超微型传感器节点所组成的网络，具有低成本、低功率的特点。该网络可以监测温度、光等周边的环境信息，也可以察觉到周围环境中是否存在不安全因素，比如辖射或有毒的气体等。智能尘埃的节点由微处理器、无线收发器和管理节点系统组成。尘埃随机的分布在一定空间内，他们之间根据互相的位置关系就能够相互定位，采集实时数据并向集中器发送数据。随着硅片技术和生产工艺的飞速发展，集成了传感模块、处理器模块、无线通信模块和供电模块的智能尘埃体积可以非常小，这些微小的尘埃包含了信息采集、处理和发送的所有模块。由于尘埃工作时低功耗的特点，由其自身携带的微型电池提供的能量可以保持这些尘埃工作很长时间。在军事中，可以将智能微尘伪装或者搭载在子弹中，随机播散到目标地点，微尘形成自组织的监视网络，尘埃的传感器芯片可以将信息发送到我方的集中器中，从而达到了实时了解敌方的军事力量和人员等信息的目的。

2. 智能传感器网络

针对网络战争的需求，美国军方开发了一种无线传感器网络——智能传感器网络。其基本思想是通过布设传感器节点，采集数据并对其进行处理，然后再把信息传送到数据汇集节点，最终将信息汇集成作战全景图。智能传感器网络系统作为一个军事工具可向指挥员和作战人员提供战场实时数据信息。智能传感器网络系统是基于网络平台集成的网络，它是通过主体交互实现的。

3. 嵌入式系统网络技术

作为美国国防部开发的又一个新型的战场应用实验项目，嵌入式系统网络技术采用了先进的传感器技术和数据处理等技术。美国国防研究中心已经成功验证了嵌入式系统网络具有准确定位敌方位置的能力，该系统采用大量微小传感器节点，协同定位敌方位置并将所有定位到的敌方的位置信息记录在控制中心，定位的精度非常之高，且定位时延也非常小。

因此，无线传感器网络具有微型化、低成本、智能化、节点位置随机分布、自组织能力强大和容错性高等特点，在工作环境特殊的军事领域中可以得到很好的应用。

9.4.2 工业无线传感器网络应用

在各种危险的工作环境中，无线传感器网络可广泛应用并发挥其独特的优势，如在石油钻井、核电站、煤矿以及组装线工作的员工可以利用该网络实时监控。这些传感器网络能够监测工作现场的情况，比如员工数量、工作状态和安全保障等重要信息。通过在某些潜在污染物排放工厂的排放口安装无线节点，可对工厂的废气和废水污染进行监测，还可测定、采集以及分析样本的流量。对于石油、化工、煤矿、冶金等行业，监测工作人员的安全，及时发现易燃、易爆和有毒物质的成本一直很高，而把无线传感器网络引入工业领域，尤其是高危环境，不仅有利于操作人员的安全，更提高了对险情的反应精度和速度。

无线传感器网络的几大优势特点，比如组网灵活、容易更换、移动方便以及可扩展性强等，从而避免了传统的有线网络中监测点位置固定和布线困难等问题。并且，随着电子技术的逐渐完善，无线传感器网络的应用使工业监控网络的组网成本降低，更新也更加容易。工业监控类应用需求的不断加大，催生了工业界硬件平台及协议标准的研发和制定。目前，工业协议标准方面，应用较多的包括ZigBee、ISA-SP100、Wireless HART等。不过，由于工厂环境下对象多变且干扰严重的问题，导致无线传感器网络在复杂的工业环境中仍难以大规模的应用。

下面列出几例无线传感器网络在工业领域的典型应用。

1．煤矿安全环境检测

煤矿的安全问题一直是煤矿企业、国家和社会关注的重点。但是，我国的煤矿安全监测技术研究起步较晚，在20世纪80年代时，首先从当时矿井监测技术比较成熟的美国和英国等国家引进了几套综合性监测系统。后来通过对引进的系统技术进行研究和吸收，并结合我国矿井的地质结构情况，开发了一系列的监控系统。随着电子及计算机技术的发展，加之工业总线技术的普遍应用，又推出了一批安全监测系统并应用在煤矿装备上。随着国家和社会对煤炭资源开采过程中安全问题的重视，我国安全监测系统的研究也上了一个新的台阶。目前，无线传感器网络在煤炭应用领域得到了越来越多的关注。无线传感器网络的结构灵活、网络自组织和以数据为中心等特点非常适合应用于矿井开采环境监测领域。

最近几年，国内外对无线传感器网络的领域应用研究热情高涨，取得了丰硕的成果。加拿大的矿山企业INCO公司从20世纪末就对采用地下无线通信和精确定位系统的无线智能采矿技术进行研究，并在21世纪初应用于萨德泊里盆地的几个矿井中。我国的一些学校和科研单位也在进行相关的研究，将无线传感器网络技术应用于矿井安全监控和安全救灾的项目中。无线传感器网络技术在煤矿环境监测领域的广泛应用，使我国矿井生产过程中的安全监测水平有了较大的提高，工人的生命安全得到了更充分的保障。

无线传感器网络在矿井安全监测中的应用与目前常用的安全监测系统相比，突出了3大优势：

（1）无线传感器网络采用自组织的网络，有很好的扩展性，随着煤矿的挖掘深度可随时布置新的传感器节点并及时加入到新网络中。

（2）传感器节点的布置位置灵活，解决了有线网络中节点布置受线路影响的问题，有效地避免了有线通信网中容易出现的监测盲点现象。

（3）某一个节点出现问题的时候，系统可自动重新构建网络，减少了由线路问题导致的安全隐患。

无线传感器网络的这些优势，弥补了目前运行的多数煤矿安全监测系统的不足，对整个煤炭行业生产环境的安全监测领域意义重大。

2. 先进制造

随着制造业的发展，其应用的技术也越来越先进，各类生产设备变得更加复杂精密。在生产流水线以及复杂机器设备上安装无线传感器节点，可以将设备的工作健康状况实时传输到总控制中心，有利于及早发现问题并处理，从而使损失减少，并使事故的发生率降低。对于大型风洞测控环境，利用无线传感器网络，可对旋转机构、气源系统、风洞运行系统，以及其他有线传感器系统安装不方便或不安全的应用环境，进行全方位监测。

3. 仓储管理

由于无线传感器网络具有多传感器高度集成，且部署方便、组网灵活的特点，可对存储仓库的温度和湿度进行控制并监测与控制中央空调系统，以及对厂房和特殊实验室的环境控制等，所以无线传感器网络能为保障存货的质量安全和降低能耗提供了解决方案。

仓储生产的作业环节包括货物的入库、储存货物、拣选以及出库等，安全、低耗、高效是该行业必须坚持的原则，并且要充分利用先进的作业流程、管理信息系统和自动化机械设备，提高仓储的效率，从而降低生产成本。目前，仓储规模不断扩大，自动化水平也不断提高，因此，结合无线传感器网络独特的技术优势，可以对仓储环境和仓储作业设备的运行状态进行实时监控。通过将这种无线传感器网络技术附加到传统仓储作业管理信息系统中，构建基于无线传感器网络的仓储监控管理系统，便可以利用计算机统一管理仓储环境、设备、作业调度和仓储信息。

无线传感器网络在工业监控的应用中仍存在以下几方面的问题。

（1）能量消耗较高，持续工作时间有限。因为无线传感器节点多由电池供电，各类冗繁的无效信息会加大能量的消耗，从而导致节点失效甚至死亡。

（2）抗干扰能力差，通信可靠性较低。由于工厂环境下存在比较强的电磁干扰和多径效应，因此严重限制了无线传感器网络的通信效率，并降低了节点的接包率。

（3）通信距离有限。在某些工厂环境中，因为设备间的跨度较大，对数据传输的距离提出了更高要求，然而现有节点较低的远距离通信能力限制了无线传感器节点在大型工厂场景中的应用。

9.4.3　其他领域无线传感器网络典型应用

近年来，随着无线传感器网络技术及其相关技术的发展，结合它的显著特点，例如节点密度大，鲁棒性强，容错性高，且网络具有可重构和自调整性。因此，除了军事和工业领域，无线传感器网络在其他领域也已经突显它的优势。

1．智能家居

良好的家居环境是一种环保健康、节能生态的生活理念。通过无线传感器网络将各种家居设备联系起来，建立一个智能家居网络，并保持各智能家居自动运行、相互协作，不仅满足了用户精神上和物质上的需求，更提高了居住者的生活品质。

利用无线传感器网络组网技术，可以形成全方位的智慧家庭系统，如图 9.5 所示，包括：家庭安全系统、家电控制系统、智能照明系统、家庭娱乐系统、家居环境管理系统、家庭健康关怀系统、自动灌溉喂宠系统等。

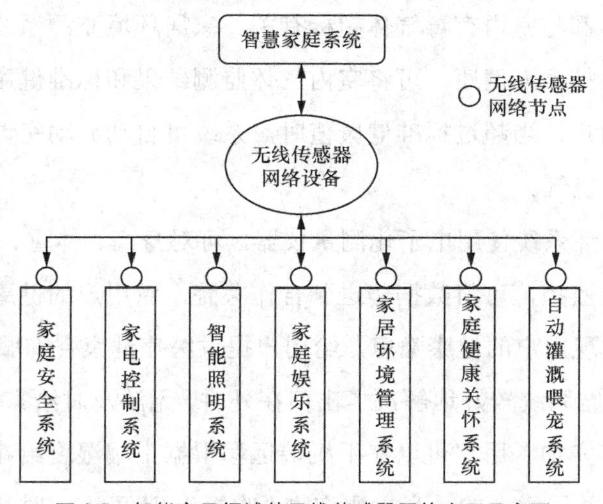

图 9.5　智能家居领域的无线传感器网络应用示意图

（1）家庭安全系统通过智能门禁、摄像监控、入侵报警、联网报警和远程监控等技术构筑多层防护网，使家人和财产得以安全。门窗入侵时报警，系统会立即发送短信或电话告知业主和安保公司。当屋内着火时，烟雾报警器会尽早通知业主及保安险情，并及时进行处理。对于门窗可进行远程开关，以满足安防要求和避免来访无人在家开门情况。

（2）家电控制系统利用一部手机或平板电脑，就可以控制家中所有家电设备，代替各种遥控器来操作设备，还可以将网络并入无线互联网，对家电进行远程控制。通过手机等终端提前开启家中的空调和地暖设备，回家即可享受。还可设置离家自动切断部分电源，定时开关家电设备等。

（3）智能照明系统利用智能调光、定时开关、遥控开关以及编程组合灯光控制等技术，为家庭提供智能照明新体验。对于家中的所有灯光亮度均可按照用户要求自由调节，当离家时自动切断全部照明电源，就寝时可一键全关家中照明灯具。夜间起夜时，系统自动把卧室、走廊及卫生间灯光打开并置于微光状态。外出度假时，通过设置系统可定时打开和关闭全宅部分电器，模拟家中有人场景。

（4）家庭娱乐系统可一键控制家中影音设备的开启，全中文的操作界面使用方面，当开启娱乐系统时，投影幕布、影音功放和高清碟机等影音设备自动调整到位。相应地，智能照明、电动窗帘、空气质量控制等设备自动开启，为用户提供影音娱乐环境。

（5）家居环境管理系统可用来监测家居环境质量，家居环境的空气质量直接影响家人的健康，相对于成年人来说，儿童更容易受到室内空气污染的危害，儿童哮喘病、皮肤过敏及白血病等，都与室内有毒气体超标有关。家居环境监测系统通过监测和净化，来提升空气质量，保护家人健康。可将室内气体监测结果和标准健康值进行对比评估并把对比结果反馈给用户，当超过标准健康值时，系统可自动启动空调、换气扇或空气净化器等设备净化室内空气。

（6）家庭健康关怀系统使用电子化测量仪器，可对身高、体重、体温、脉搏、血压、血糖等数据进行测量监控，可将数据传送到合作医院，对用户的健康状况进行实时了解和长期跟踪，及时发现用户的健康隐患，给用户提供医疗健康咨询服务和指导。

（7）自动灌溉喂宠系统较好地解决了出门在外时，无法及时给家中的花草浇水问题，还可以自动定时喂养宠物。用户可以在手机端远程根据土壤湿度给花草浇水，可以自动按量分配宠物食物，并用主人的录音提醒宠物“吃饭”，还可以定时和远程给鱼池换水及撒播鱼食。

2. 医疗监护

无线传感器网络的优势同样体现在医疗研究和护理领域，它可以实时检测人体生理数据和老年人健康状况，还可以对医院药品进行管理，以及进行远程医疗等。医生可通过安置在病房的体温、呼吸和血压等测量传感器，远程了解病人的情况。对于研制新药品，利用无线传感器网络收集的生理数据同样发挥了巨大的作用。

英特尔家庭护理方案是英特尔为探讨应对老龄化社会的技术项目的一个环节而开发的，用于帮助老龄人士、阿尔茨海默病患者以及残障人士的家庭生活。通过无线传感器网络技术，可高效传递必要的生理信息给医生，并可减轻护理人员的负担。该方案是将多个传感器节点布置在患者家中，采集患者的相关数据并以多跳路由的方式进行数据传递，然后将所采集到的数据集中于一个通信、数据处理和存储能力较强的中心节点，最后将该中心节点按一定周期把处理后的数据发送给医院的护理中心，由护理中心对数据进行分析，从而给患者提供更精准有效的护理。

3. 建筑领域

为了能较好地对可能遭受的自然灾害和人为事件进行预防，减少其带来的人员伤亡和经济损失，可利用无线传感器网络采集建筑物结构的重要物理量数据，然后由建筑物风险监测系统软件分析收集到的数据，从而发现和预测一些灾难和人为事件。由于要采集的数据种类比较多，因而用到的传感器节点的种类和数目很多。传感器节点之间应用多跳方式对数据进行传递，然后在每个建筑物外建立一个基站，由基站对所有传感器节点传来的数据进行融合并处理后发送给监测中心，然后由相关软件进行数据分析并得出结果。其应用示意图如图 9.6 所示。

当有突发事件在建筑物内发生时（如火灾），监测中心可立即发布信息，疏散建筑内的人群。当有台风等自然灾害发生时，通过对建筑物的结构承受能力的监测，来发布相关信息，告知建筑内的人员等注意安全防范。

在建筑领域通过应用无线传感器网络技术，不仅能监测建筑物的结构安全，及时发现可能存在的安全隐患，还可以尽早发现火灾漏气等突发事件，对于大型的复杂建筑物，极大地降低了因事故可能带来的巨大经济损失和生命安全威胁。

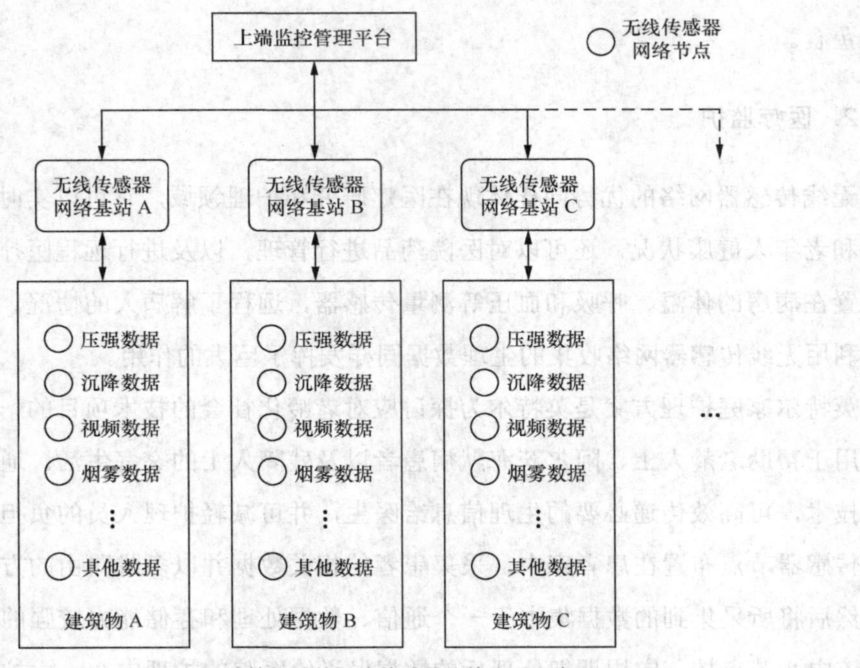

图 9.6 建筑领域的无线传感器网络应用示意图

4. 交通控制领域

随着城市的发展，尤其是一些老城区，由于缺少空闲的区域，加之修建新道路的高昂费用，因此，应用更合理的交通系统规范，并利用无线传感器网络技术，在很大程度上是一种可持续解决道路拥堵问题的方法。

为了更好地实现交通管理和调控，需要对某些重要的交通参数进行检测，包括车型、车速、车重、车间距、车流量及道路情况（如积水、结冰）等。利用无线传感器网络节点，将测量的交通参数数据上传至总交通控制中心，然后利用专家系统等软件进行分析，推测道路拥堵情况。交通控制中心将道路拥堵情况信息及时发布，可建议司机选择其他道路或紧急出口来绕行拥堵的路段。

5. 农业领域

目前农业在我国正处于由传统向现代转变的关键阶段，通过优化农业经济结构，提高土地产出率、资源利用率和劳动生产率，可实现农业的可持续发展。而借助无线传感器网络技术，能够实时提供土壤温湿度，土壤内养分信息，空气温湿度，风速风向，光照参数，有害物的监测与报警等如图 9.7 所示。利用收集的这些数据可为用户提供信息参考，从而帮助农民及时发现问题，并准确地锁定发生问题的位置。

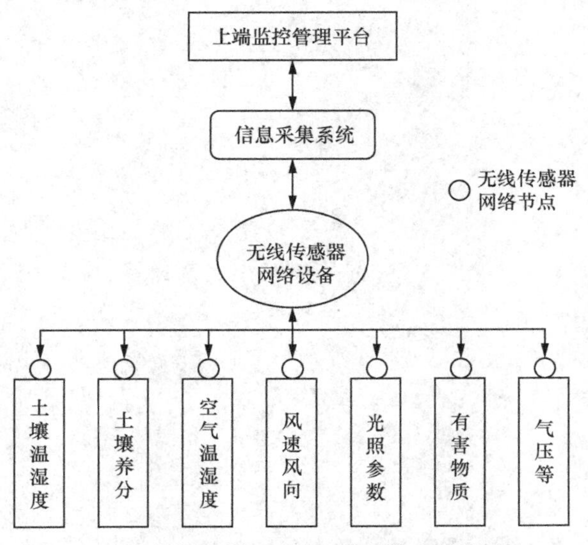

图 9.7 农业领域的无线传感器网络应用示意图

由大量的传感器节点构成的监控网络，可对大面积的农业生产区域，进行土壤湿度、降雨量、氮元素浓度、pH 值、空气温湿度和气压等信息采集，从而及时发现农业生产中的问题。在传统的农业生产中，农业生产信息的获取一般通过人工记录和分析，然后手动输入计算机存储，再由信息管理软件进行分析，并生成相应报表。目前在农业中应用的信息采集系统，多是有线方式，给现场的安装维护带来不便。而采用无线传感器构建的监控网络，优势体现在成本低廉和部署方便，可有效地实现环境信息的采集和传输，是现代农业的重要发展趋势。

习 题

9.1 按照覆盖目标的不同，无线传感器覆盖类型有哪些？

9.2 无线传感器网络覆盖算法与协议有哪几种？

9.3 简述无线传感器节点部署的评价标准。

9.4 简述无线传感器网络在军事、工业及其他领域的应用及其关键技术。

参考文献

[1] 朱刚，谈振辉. Bluetooth 技术原理与协议[M]. 北京：北方交通大学出版社，2002.

[2] 于海斌，梁炜，曾鹏. 智能无线传感器网络系统（第二版）[M]. 北京：科学出版社，2013.

[3] 王汝传，孙力娟. 无线传感器网络技术及其应用[M]. 北京：人民邮电出版社，2011.

[4] 姚向华，杨新宇，易劲刚，韩九强. 无线传感器网络原理与应用[M]. 北京：高等教育出版社，2012.

[5] 景博，张劼，孙勇. 智能网络传感器与无线传感器网络[M]. 北京：国防工业出版社，2011.

[6] AKYILDIZ Ian F. A survey on sensor networks[J]. IEEE Communications Magazine， 2002，40(8)：102- 114.

[7] ZHAO F，GUIBAS L. Wireless sensor networks：An information processing approach [M]. San Francisco，CA：Morgan Kaufmann2004.

[8] WAN CY. CAMPBELL A T，KRISHNAMURTHY L. Pump-slowly，fetch-quickly (PSFQ)：A reliable transport protocol for sensor networks[J]. IEEE Journal on Selected Areas in Communications，2005，23(4)：862- 872.

[9] FLOYD S，JACOBSON V，LIU C，et al. A reliable multicast framework for light-weight sessions and application level framing [J]. IEEE/ACMTransactions on Networking, 1997，5(6)：784- 803.

[10] STANN F，HEIDEMANN J．RMST:Reliable data transport in sensor networks[C]．Proceedings of the First IEEE International Workshop on Sensor Network Protocols and Applications， Alaska:IEEE，2003．102- 112.

[11] INTANAGONWIWAT C, GOVINDAN R, ESTRIN D, et al. Directed diffusion for wireless sensor networking[J]．IEEE/ACM Transactions on Networking，2003，11(1)：2- 16.

[12] AKAN O B，AKYILDIZ IF. Event-to-sink reliable transport in wireless sensor networks [J]．IEEE/ACM Transactions on Networking，2005，13(5)：1003- 1016.

[13] 谢展鹏，谢显中．WCDMA 无线传播模型测试校正[J]. 广东通信技术，2005(5): 34- 40.

[14] 蒋招金．3G 无线传播模型校正[J]．邮电设计技术， 2006(5)：24- 27.

[15] 严彬．WCDMA 无线网络规划中的传播模型校正[J]．电信工程技术与标准化，2006(7)：43- 47.

[16] Wong, K.D.“Physical layer considerations for wireless sensor networks”, Networking, Sensing and Control, 2004 IEEE International Conference on, Volume: 2, 2004, Pages: 1201 - 1206 Vol.2.

[17] 韩旭东，曹建海．基于 IEEE 802.15.4 无线智能化传感器网络研究及其性能分析[J]．电工技术杂志，2004（9）：62-66.

[18] Eady F. Hands-on ZigBee Implementation 802.15.4 with Microcontrollers[J]. Elsevier,2007.

[19] 王东，张金荣等. 利用 ZigBee 技术构建无线传感器网络[J]. 重庆大学学报，2006，29(8)：95-110.

[20] 李士宁，覃征. 基于传感器网络的超级 RFID 系统[J]. 无线通信技术， 2005(3): 57-59.

[21] 马建仓，罗亚军，赵玉亭.蓝牙核心技术及应用[M]．北京：科学出版社，2003.1

[22] 王金龙，王呈贵，阚春荣. 无线超宽带（UWB）通信原理与应用 (第 1 版)[M]. 北京：人民邮电出版社，2005.

[23] 李育红，周正. 超宽带无线通信技术的新进展[J]. 系统工程与电子技术，2005，1：20-24.

[24] 田贤忠，陈登，胡同森．无线传感器网络按需时间同步算法研究[J]．传感技术

学报，2008(11)．

[25] YAN Dongmei， WANG Jinkuan，Sensor Scheduling Target Tracking-oriented with Wireless Sensor Network[A]，第 25 届中国控制与决策会议论文集[C]．2013．

[26] Fei Du，Jianping Lv，A Routing Algorithm for Wireless Sensor Networks[A]，2012 年计算机应用与系统建模国际会议论文集[C]．2012．

[27] Haikuan Wang，Lin Li，Jingqi Fu，Weihua Bao，Tianyi Wang，The Design and Implementation of Dual-mode Wireless Sensor Network for Remote Machinery Condition Monitoring[A]，第 25 届中国控制与决策会议论文集[C]．2013．

[28] 杨东．分簇型无线传感器网络时间同步机制的研究[J]．电视技术，2013.

[29] 孙雨耕，张静,孙永进,房朝晖;无线自组传感器网络[J]．传感技术学报，2004 年 02 期.

[30] 李艳峰．自适应调制与编码技术研究[D]．哈尔滨：哈尔滨工程大学，2006.

[31] 喻学春.基于 LDPC 码的 Ka 频段卫星通信自适应编码调制技术研究[D].西安：西安电子科技大学，2011.

[32] 李水平．低密度校验码的研究进展[D]．郑州：解放军信息工程大学，2004.

[33] 朱立君．Turbo 编译码技术的软件仿真 [D]．西安：西安电子科技大学，2007.

[34] 周贤伟，韦炜，覃伯平．无线传感器网络的时间同步算法研究[J]．传感技术学报．2006 年 01 期.

[35] 沈玉龙．无线传感器网络安全技术概论[M]. 北京：人民邮电出版社，2010.

[36] 杨庚，陈伟，曹晓梅．无线传感器网络安全[M]. 北京：科学出版社，2010.

[37] 陈志德．无线传感器网络节能、优化与可生存性[M]. 北京： 电子工业出版社，2013.

[38] 陈敏，王擘，李军华. 无线传感器网络原理与实践[M]. 北京：化学工业出版社，2011.

[39] （美）法鲁迪，沈鑫．Arduino 无线传感器网络实践指南[M]．北京：机械工业出版社，2013.

[40] 张杰．无线传感器网络[M]．北京：国防工业出版社发行部，2014.

[41] 陈铁明．无线传感器网络轻量级密码算法与协议[M]．北京：人民邮电出版社，2014.

[42] 李晓卉．智能家居无线传感器网络路由[M]．北京：电子工业出版社，2014.

[43] 刘伟荣，何云．物联网与无线传感器网络[M]．北京：电子工业出版社，2013.

[44] 陈志德．无线传感器网络节能、优化与可生存性[M]．北京：电子工业出版社，2013.

[45] 曾园园．无线传感器网络技术与应用[M]．北京：清华大学出版社，2014.

[46] 杨庚，陈伟，曹晓梅．无线传感器网络安全[M]．北京：科学出版社，2010.

[47] Waltenegus Dargie，Christian P．无线传感器网络基础:理论和实践[M]．北京：清华大学出版社，2013.

[48] 许毅．无线传感器网络原理及方法[M]．北京：清华大学出版社，2012.

[49]（美）塞佩丁 等．无线传感器网络同步技术[M]．北京：科学出版社，2011.

[50] 汪祥莉，王文波．无线传感器网络中高能效路由技术 [M]．武汉：武汉理工大学出版社，2014.

[51] 王殊 等．无线传感器网络的理论及应用[M]．北京：北京航空航天大学出版社，2007.

[52] 陈铁明．无线传感器网络轻量级密码算法与协议[M]．北京：人民邮电出版社，2014.

[53] 吴迪．无线传感器网络实践教程[M]．北京：化学工业出版社，2014.

[54] 青岛东合信息技术有限公司．无线传感器网络技术原理及应用[M]．西安：西安电子科技大学出版社，2013.

[55] 蒋畅江，向敏．无线传感器网络：路由协议与数据管理[M]．北京：人民邮电出版社，2013.

[56] 彭力．无线传感器网络技术[M]．北京：冶金工业出版社，2011.

[57] 姚向华．无线传感器网络原理与应用 [M]．北京：高等教育出版社，2012.

[58] 周贤伟，覃伯平，徐福华．无线传感器网络与安全[M]．北京：国防工业出版社，2007.

[59] 柳春锋．Turbo 码性能分析[D]．哈尔滨：哈尔滨工程大学，2007.

[60] 陈敏 等．无线传感器网络原理与实践[M]．北京：化学工业出版社，2013.

[61] 冯秀芳，王丽娟，关志艳．无线传感器网络研究与应用[M]．北京：国防工业出版社，2014.

[62] Ian F.Akyildiz. Mehmet Can Vuran， 徐平平，刘昊，等. 无线传感器网络 [M]. 北京：电子工业出版社，2013.

[63] 陈敏，王擘，李军华. 无线传感器网络原理与实践 [M]. 北京：化学工业出版社，2011.

[64] 赵仕俊，唐懿芳. 无线传感器网络[M]. 北京：科学出版社，2013.

[65]王殊，阎毓杰，胡富平，屈晓旭. 无限传感器网络的理论及应用[M]，北京：北京航空航天大学出版社，2007.

[66]Holger Karl，Andreas Willing 著. 邱天爽，唐洪，李婷，杨华，姜一译. 无限传感器网络协议与体系结构[M]. 北京：电子工业出版社，2007.

[67] 王辉. Turbo 码及其相关技术的应用与仿真[D]. 烟台：烟台大学，2009.

[68] 黄海平，沙超，蒋凌云，肖甫，郭剑. 无线传感器网络技术及其应用[M]. 北京：科学出版社，2013.

[69] 李博. 基于速率兼容 LDPC 码的自适应编码调制技术研究[D]. 哈尔滨：哈尔滨工业大学，2009.

[70] 王丽娜. 基于 CT-TCM 码的自适应编码调制技术研究[D]. 西安：西安电子科技大学，2005.